环保公益性行业科研专项经费项目系列丛书

环境污染与健康特征识别
技术与评估方法

于云江　著

科学出版社

北　京

内 容 简 介

本书分为 6 章，第 1 章主要介绍了国内外环境污染与健康特征识别、评估管理技术及研究现状；第 2 章主要介绍了环境污染与健康特征识别与评估框架；第 3 章主要介绍了环境污染与健康特征识别技术，包括环境污染特征识别技术、人群暴露特征识别技术、健康损害特征识别技术；第 4 章主要介绍了环境污染与健康损害评估方法，包括环境污染评估方法、健康效应评估技术、区域人群健康危害评估方法；第 5 章主要介绍了环境污染与健康损害相关关系的判断，包括相关关系判断、因果关系判断、不确定性分析与控制及混杂因子控制等；第 6 章主要介绍了环境污染与健康特征识别与评估方法的应用案例研究，在不同污染类型区域展开环境污染与健康特征识别技术与评估方法的应用。

本书可供从事环境污染健康管理与研究的人员及相关专业研究生参考阅读。

图书在版编目 (CIP) 数据

环境污染与健康特征识别技术与评估方法 / 于云江等著 .
—北京：科学出版社，2014.1
（环保公益性行业科研专项经费项目系列丛书）
ISBN 978-7-03-038677-9

Ⅰ . ①环⋯ Ⅱ . ①于⋯ Ⅲ . ①环境污染–影响–健康–特殊识别②环境污染–影响–健康–评估方法 Ⅳ . ①X503.1

中国版本图书馆 CIP 数据核字 （2013） 第 226233 号

责任编辑：刘 超 / 责任校对：宣 慧
责任印制：徐晓晨 / 封面设计：无极书装

科 学 出 版 社 出版
北京东黄城根北街 16 号
邮政编码：100717
http://www.sciencep.com

北京中石油彩色印刷有限责任公司 印刷
科学出版社发行 各地新华书店经销
*
2014 年 1 月第 一 版 开本：787×1092 1/16
2020 年 1 月第四次印刷 印张：16
字数：359 000
定价：98.00 元
（如有印装质量问题，我社负责调换）

环保公益性行业科研专项经费项目系列丛书

编著委员会

顾　　问：吴晓青

组　　长：赵英民

副 组 长：刘志全

成　　员：禹　军　陈　胜　刘海波

《环境污染与健康特征识别技术与评估方法》

撰写组主要成员

于云江　杨　彦　孙　朋　于宏兵　展思辉

林海鹏　何　焱　王　琼　张艳平　谢满廷

丁文军　向明灯　李红波　王友洁

序　一

我国作为一个发展中的人口大国，资源环境问题是长期制约经济社会可持续发展的重大问题。党中央、国务院高度重视环境保护工作，提出了建设生态文明、建设资源节约型与环境友好型社会、推进环境保护历史性转变、让江河湖泊休养生息、节能减排是转方式调结构的重要抓手、环境保护是重大民生问题、探索中国环保新道路等一系列新理念、新举措。在科学发展观的指导下，"十一五"环境保护工作成效显著，在经济增长超过预期的情况下，主要污染物减排任务超额完成，环境质量持续改善。

随着当前经济的高速增长，资源环境约束进一步强化，环境保护正处于负重爬坡的艰难阶段。治污减排的压力有增无减，环境质量改善的压力不断加大，防范环境风险的压力持续增加，确保核与辐射安全的压力继续加大，应对全球环境问题的压力急剧加大。要破解发展经济与保护环境的难点，解决影响可持续发展和群众健康的突出环境问题，确保环保工作不断上台阶出亮点，必须充分依靠科技创新和科技进步，构建强大坚实的科技支撑体系。

2006年，我国发布了《国家中长期科学和技术发展规划纲要（2006～2020年）》（以下简称《规划纲要》），提出了建设创新型国家战略，科技事业进入了发展的快车道，环保科技也迎来了蓬勃发展的春天。为适应环境保护历史性转变和创新型国家建设的要求，原国家环境保护总局于2006年召开了第一次全国环保科技大会，出台了《关于增强环境科技创新能力的若干意见》，确立了科技兴环保战略，建设了环境科技创新体系、环境标准体系、环境技术管理体系三大工程。五年来，在广大环境科技工作者的努力下，水体污染控制与治理科技重大专项启动实施，科技投入持续增加，科技创新能力显著增强；发布了502项新标准，现行国家标准达1263项，环境标准体系建设实现了跨越式发展；完成了100余项环保技术文件的制修订工作，初步建成以重点行业污染防治技术政策、技术指南和工程技术规范为主要内容的国家环境技术管理体系。环境科技为全面完成"十一五"环保规划的各项任务起到了重要的引领和支撑作用。

为优化中央财政科技投入结构，支持市场机制不能有效配置资源的社会公益研究活动，"十一五"期间国家设立了公益性行业科研专项经费。根据财政部、科技部的总体部署，环保公益性行业科研专项紧密围绕《规划纲要》和《国家环境保护"十一五"科技发展规划》确定的重点领域和优先主题，立足环境管理中的科技需求，积极开展应急性、培育性、基础性科学研究。"十一五"期间，环境保护部组织实施了公益性行业科研专项项目 234 项，涉及大气、水、生态、土壤、固废、核与辐射等领域，共有包括中央级科研院所、高等院校、地方环保科研单位和企业等几百家单位参与，逐步形成了优势互补、团结协作、良性竞争、共同发展的环保科技"统一战线"。目前，专项取得了重要研究成果，提出了一系列控制污染和改善环境质量技术方案，形成一批环境监测预警和监督管理技术体系，研发出一批与生态环境保护、国际履约、核与辐射安全相关的关键技术，提出了一系列环境标准、指南和技术规范建议，为解决我国环境保护和环境管理中急需的成套技术和政策制定提供了重要的科技支撑。

为广泛共享"十一五"期间环保公益性行业科研专项项目研究成果，及时总结项目组织管理经验，环境保护部科技标准司组织出版"十一五"环保公益性行业科研专项经费项目系列丛书。该丛书汇集了一批专项研究的代表性成果，具有较强的学术性和实用性，可以说是环境领域不可多得的资料文献。丛书的组织出版，在科技管理上也是一次很好的尝试，我们希望通过这一尝试，能够进一步活跃环保科技的学术氛围，促进科技成果的转化与应用，为探索中国环保新道路提供有力的科技支撑。

中华人民共和国环境保护部副部长

吴晓青

2011 年 10 月

序　二

近年来，随着社会经济特别是工业的不断发展，环境污染形势日趋严峻，环境污染导致的健康损害事件频繁发生，引起了全社会的高度关注。我国政府历来高度重视环境与健康问题，明确提出要把保护人民群众健康的宗旨落到实处，切实加强环境与健康的相关工作。2007 年，环境保护部与卫生部共同牵头，联合其他部委共同制定并颁布了《国家环境与健康行动计划（2007—2015）》，该行动计划已成为指导国家环境与健康工作的第一个纲领性文件。2011 年，《中华人民共和国国民经济和社会发展第十二个五年规划纲要》明确提出，要加大环境保护力度，以解决饮用水不安全和空气、土壤污染等损害群众健康的突出环境问题为重点，防范环境风险，提高环境与健康风险评估能力。为了应对环境与健康领域面临的严峻形势，破解该领域的技术瓶颈问题，近年来，环境保护部在环保公益性行业科研专项经费项目中设立了多项关于环境健康问题的科研项目，其中 2009 年专门设立了"环境污染与健康特征识别技术与评估方法"项目，以期突破环境与健康管理中存在的识别不清、评估不易等难点问题。

随着环境污染与健康管理的迫切需要，环境污染与健康特征的识别和评估也日益成为诸多学者探索的重要问题。欧美等发达国家从 20 世纪 50 年代始即开展环境污染与健康判定评估等方面的研究，但这些研究更多关注基础理论，环境污染健康的相关管理技术难以适用于我国的具体情况；日本为了解决环境健康事件的赔偿问题，提出了为管理服务的判定与赔偿原则，然而，这些技术文件只是针对日本国内特定环境健康事件而完成的，尚缺乏可资借鉴的具体识别技术和评估方法。我国在环境污染与健康识别评估研究方面相对滞后，尚未形成系统的理论、技术与方法体系，更缺乏环境污染与健康特征识别与评估的管理技术。

本书作者在充分吸收国外研究成果的基础上，立足我国环境与健康现状和发展趋势，深入开展环境污染与健康的特征识别与评估技术的研究，取得了一系列具有实用价值的研究成果，这些成果获得了国内同行专家的充分肯定和好评。《环境污染与健康特征识别技术与评估方法》一书就集中展示了该研究的代表性成果。

本书结合我国环境污染特点，较为系统地提出了我国环境污染与健康特征识别与评估的技术方法，并在理论研究的基础上，结合典型案例，对环境污染与健康特征识别技术与评估方法进行了实际应用与优化，对于判定不同类型的环境污染所致健康损害的主要污染因子和健康效应提供了有效手段，为准确评估区域环境污染产生的健康损害提供了方法学上的依据，将为今后进一步深入开展环境与健康特征的识别、评估和管理提供科学指导。因此，相信该书的出版可对提高环境健康的科学研究与管理水平发挥积极的作用。

环境与健康工作是一项复杂的社会系统工程，是关系到和谐社会建设、人民身体健康和生命安全的重大民生工程，尚有很多科学问题需要广大环境与健康科研工作者不断地深入探索。我们期待广大环境与健康科研人员能够共同参与，为解决我国环境和健康管理问题提供科技支撑，为我国环境保护事业做出更多贡献。

中国工程院院士

前　言

20世纪以来，人类社会经济的快速发展带来了日益严重的环境污染，环境污染及污染事故导致的人体健康损害事件不断发生，对人类自身安全构成了很大威胁，因此，许多国家围绕着环境与健康的相关问题积极开展管理与科学研究工作。在环境污染与健康管理和研究中，环境污染与健康特征的识别和评估已日益成为人们关注的难点和要点，许多管理者和科学家都在积极探索，以建立有效的技术手段，应用于环境与健康事件的甄别和处理。目前，我国尚未有识别和评估环境污染与健康特征的技术指南，所用方法参差不齐，因此，建立具有指导意义的环境污染与健康特征识别技术和评估方法，可为广泛开展环境污染与健康特征调查工作提供科学支撑，为摸清我国环境污染与健康现状提供技术方法，为环境与健康管理部门进行高效管理提供理论依据。

环境污染与健康特征是指能够确定环境污染与健康相关关系的关键要素，主要包括环境污染、人群暴露和健康效应等方面的特征。对这些特征的识别，可为评估环境污染对人群健康损害的影响提供依据。环境污染、人群暴露和健康效应等要素的复杂性、多样性，给建立统一的识别技术和评估方法带来了困难，也对本书的编写提出了挑战。

本书是在广泛调研国内外关于环境污染与健康特征识别、评估管理技术等方面的研究成果的基础上，经过三年深入的研究完成的。本研究结合我国环境污染特点，较为系统地提出了我国环境污染与健康特征识别与评估技术方法，包括环境污染特征识别与评估技术、人群暴露特征识别与健康效应评估技术、区域人群健康损害特征识别与评估技术，以及环境污染与健康损害相关关系判断等。在理论研究的基础上，结合典型案例，对环境污染与健康特征识别技术与评估方法进行实际应用与优化。本书分为6章，第1章主要介绍国内外环境污染与健康特征识别、评估管理技术及研究现状；第2章主要介绍环境污染与健康特征识别与评估框架；第3章主要介绍了环境污染与健康特征识别技术，包括环境污染特征识别技术、人群暴露特征识别技术、健康损害特征识别技术；第4章主要介绍了环境污染与健康损害评估方法，包括环境污染评估方法、健康效应评估方法、区域人群健康危害评估方法；第5章主要介绍环境污染与健康损害相关关系的判定，包括相关关系判断、因果关系判断、不确定性分析与控制及混杂因子控制等；第6章主要介绍环境污染与健康特征识别与评估方法的应用案例研究，在不同污染类型区域展开环境污染与健康特征识别技术与评估方法的应用。本书适合从事环境污染健康管理与研究的人员阅读，对相关专业研究生也具有重要的参考价值。

　　本书是 2009 年度国家环境保护公益性行业科研专项的研究成果，在研究过程中，得到了环境保护部科技司宛悦副处长的支持，在编写过程中，得到了科学出版社相关人员的鼎力支持，谨向他们表示衷心感谢。由于我们的水平和能力有限，而环境污染与健康涉及的知识较为广泛，书中难免有不足之处，恳请读者批评指正。

作　者

2013 年 4 月

目　录

1 环境污染与健康特征识别、评估管理技术及研究现状

　　人类在发展过程中，不断地利用自然资源生产各类消费品满足自身的需求，在生产过程中，产生了大量的废物、废水、废气，对其生存空间造成了严重污染。随着近代工业文明的快速发展，环境污染事件不断出现，如 1943 年美国洛杉矶光化学烟雾事件、1952 年英国伦敦烟雾事件、1968 年日本米糠油事件及近年来我国发生的一些环境污染事件。目前，由环境污染导致的公民健康损害甚至死亡的事件越来越多，污染对公众健康的危害引发了强烈的社会关注。

　　面对如此严峻的现实，对已发生的环境污染导致健康损害的事件如何识别和评估，成为解决环境与健康问题的重要环节，因此，开展环境污染与健康特征识别和评估的研究具有重要的现实意义。当前环境污染与健康损害识别、评估方法水平参差不齐，对污染物的环境健康评估侧重于宏观性评估，缺乏完整系统的评价体系，因而，需要结合现有方法和资料，综合各种因素，建立科学的识别技术和评估方法。

　　环境污染与健康特征识别与评估包括环境污染与健康特征识别及环境污染与健康损害评估。其中，环境污染与健康特征识别主要揭示环境污染特征、人群暴露特征和健康损害特征。环境污染与健康损害评估包括环境污染评估、健康效应评估和区域人群健康危害评估。在环境污染与健康特征识别的基础上对环境污染和人群健康损害进行定性、定量的评估，可为环境污染与健康事件的应对提供科学依据。同时，对处理污染损害赔偿纠纷、加强环境保护管理及构建我国环境与健康管理工作体系有着较好的理论与现实意义。

1.1 国内外环境污染与健康特征识别、评估管理技术现状

　　我国的环境与健康工作和环境污染防治相比起步较晚，现行的环境制度中尚未明确环境健康工作的要求，环境健康相关的标准、法律、法规、管理制度也比较缺乏。而美国、日本等发达国家经过多年的发展，已经形成了适合本国国情的比较完善的环境健康管理体系。

1.1.1 国外环境污染与健康特征识别、评估管理技术现状

1.1.1.1 美国环境污染与健康特征识别、评估管理技术

　　美国环境健康管理包括两部分：一是通过环境基准（标准）等手段监管各种环境介质（如空气、水和土壤）中的污染物来应对环境健康问题；二是环境健康风险评价。

1）环境基准和标准

在水质基准方面，美国联邦政府于 2004 年发布了最新的《国家推荐的水质基准》（*National Recommended Water Quality Criteria*），确立了基于风险评价方法的保护水生生态和人体健康的水质基准，各州在水质基准的基础上，建立了不同的水质标准，采取指定水体用途、确定相应用途采用的基准值、防止水体用途降级及综合水质管理等措施。《国家推荐的水质基准》包含 120 种优先控制污染物和 45 种非优先控制污染物的标准最高浓度、标准连续浓度和人群健康风险指标。大气方面，《国家环境空气质量标准》（*National Ambient Air Quality Standard*）对一氧化碳、铅、二氧化氮、颗粒物（PM_{10}、$PM_{2.5}$）、二氧化硫和臭氧六类污染物提出了标准限值；《室内空气指南》对居室中的主要污染物氡、环境烟草烟雾（ETS）、甲醛、生物污染物等提出了参考指南。

美国是最早对工业污染开展优先监测的国家，早在 20 世纪 70 年代后期就对各工业类型的污染源和排放的有毒污染物及其处理技术、排放限制作出规定，要求排放优先污染物的厂家采用最佳可利用技术（best available technique, BAT）对工业废水、废气进行处理，并对排放的优先污染物实施优先控制与优先监测。1972 年美国国会通过实施了《联邦水污染控制修正案》（*Federal Water Pollution Amendments*），并据此确定了 129 种水环境优先监测污染物。1977 年的《清洁水法》（*Clean Water Act*）和 1987 年的《水质法》（*Water Quality Act*）作了进一步修订和完善。这一系列水环境法案要求排放优先污染物的工厂采用最佳可利用技术，控制点源污染排放，同时美国环境保护署（US EPA）还制定了环境质量标准，对各水域实施优先监测。在大气污染方面，美国先后通过了《空气污染控制法》（*Air Pollution Control Act*，1955）、《清洁空气法》（*Clean Air Act*，1963）、《空气质量法》（*Air Quality Act*，1967）、《清洁空气法扩展案》（*Clean Air Act Extension*，1970）、《清洁空气法修正案》（*Clean Air Act Amendments*，1977；1990）、《清洁空气州际法案》（*Clean Air Interstate Rule*，CAIR，2003），实施监测和控制的大气污染物不断扩展。

2）环境健康风险评价

美国有较为完备的环境健康风险评估技术规范体系，以及环境健康风险管理的相关措施和技术规范。从 20 世纪 70 年代起 US EPA 陆续发布了《比较风险评估》（*Comparative Risk Assessment*）、《致癌物健康风险评估技术指南》（*Guidelines for Carcinogen Risk Assessment*）、《化学混合物健康风险评估指南》（*Guidance for Conducting Health Risk Assessment of Chemical Mixtures*）、《暴露评价指南》（*Guidelines for Exposure Assessment*）、《超级基金的风险评估指南》（*Risk Assessment Guidance for Superfund*，RAGS）等一系列规范或指南，为环境健康风险评估提供了统一的方法和参考的基础数据。此外，为了支持这些技术方法标准的执行，还建立了综合风险信息系统（IRIS），为环境健康风险评估提供可供引用的化合物毒性数据。1997 年 US EPA 发布了《暴露参数手册》（*Expose Factors Handbook*），并在 2009 年发布更新版本，2008 年还专门针对儿童发布了《儿童暴露参数手册》（*Child-Specific Exposure Factors Handbook*），为环境健康风险评估提供了很好的参考数据基础。

同时，美国在防治环境污染风险方面，积极公开信息。1986 年美国国会通过了超级基金（Super Fund）的修正案，其中第三部分为《应急计划和社区知情权法》（*The*

Emergence Planning and Community Right to Know Act，EPCRKA），该法案要求企业向政府环境保护部门报告其排放的所有有害物质，然后再由政府环境保护部门将这些信息披露给公众。公民通过审查某些公司在环保上的表现，可对环境污染进行监督。1996 年修订的《安全饮用水法》（*The Safe Drinking Water Act*，SDWA）规定公共水供应商注明饮用水中所含污染物的性质和级别，同时，供应商将这些信息随税费账单寄给用户。

1.1.1.2　日本环境污染与健康特征识别、评估管理技术

在经历了第二次世界大战的重创后，日本开始了大规模的工业化进程。毫无节制的工业发展造成了严重的水污染、空气污染、土壤污染，不但影响了居民的健康与生活质量，而且引发了震惊世界的公害事件，如水俣病（汞中毒）事件、痛痛病（镉中毒）事件和四日市哮喘（吸入二氧化硫）事件。迫于群众和媒体的压力，日本政府不得不紧密围绕公害病的处理处置、损害赔偿和预防等方面开展工作，逐渐形成了以应对公害病推动环境与健康管理的发展模式。

日本以应对"四大公害事件"为契机，制定了一系列法律法规，对推进环境污染健康损害判定及保护受害者合法权益起到了积极的作用。日本是世界上唯一形成了较为完备的环境健康损害补偿制度和标准的国家。20 世纪 50 年代初，日本的公害问题首先以司法救济的形式出现，1965 年日本政府设立了公害审议会，并于 1967 年颁布了《公害对策基本法》，这部《公害对策基本法》以"达到保护国民健康和维护生活环境"为立法目的，要求政府"建立斡旋、调解等解决公害纠纷的制度"、"建立有效的救济公害被害制度"。1970 年日本召开第 64 届国会会议，修订了《公害对策基本法》。1972 年日本政府制定了《自然环境保护法》和《环境厅设置法》等重要法律，形成了以《公害对策基本法》为主的较为完备的环境法律体系。1993 年 11 月，日本出台了《环境基本法》以取代《公害对策基本法》，《环境基本法》是环境政策的根本性法律，第 16 条明确规定了环境标准的设定是环境政策目标："政府根据与大气污染、水污染、土壤污染和噪声相关的环境条件，分别建立环境质量标准，该标准必须符合保护人类健康和维护生存环境的要求。"70 年代初，日本通过颁布《公害纠纷处理法》《公害健康损害赔偿法》构建了公害健康被害行政补偿制度、公害纠纷行政调解制度。此后，日本还制定了《关于防止公用飞机场周边飞机噪声妨害的法律》《关于原子能损害赔偿补偿契约的法律》等，它们是对特殊领域环境健康损害赔偿问题予以规范的特别法。

日本的环境与健康标准体系以"救济公害病患者"为起点，因此也形成了相关的环境污染与健康损害判定标准细则。1973 年发布的《公害健康损害赔偿法》中规定了公害健康赔偿的三个条件，亦是环境污染健康损害判定的重要方法。

（1）指定地区。所谓指定地区，是指得到健康赔偿的受害人必须居住在经政府指定的公害地区，分为第一类区域和第二类区域。第一类区域是指由大气污染引起的多发哮喘、肺气肿等非特异性疾病（指污染物质与疾病没有一一对应关系的疾病，即没有污染也会发生的疾病）的区域，全国共指定东京都的 19 区，川崎、千叶、尾崎等 20 多个区域；第二类区域是指水俣病和痛痛病等多发区域，这些疾病是特异性疾病（指污染物质和疾病有一一对应关系的疾病，即有某种污染物质才会引起的疾病，相反，如果没有那种物质的存在

就不会发生某种疾病），全国共指定了熊本、新潟的一部分等 4 个区域。

（2）指定疾病。所谓指定疾病，是指在特定地区发生的，并由政府指定其为公害病的疾病。第一类区域为哮喘、肺气肿等非特异性疾病，第二类区域是指"水俣病"和"痛痛病"等特异疾病。

（3）暴露期限。所谓暴露期限，是指在公害指定区域居住的期间或时间。根据该制度，可以接受补偿救济的对象，在第一类区域为在指定区域居住或工作一定期限（期限因不同的疾病而有差异）而患指定疾病的人。第二类区域中的特异疾病，其因果关系需要个别加以认定。

在化学品和优先污染物控制方面，由于日本曾经是环境化学污染严重的国家，1973 年政府颁布了《化学物质的审查规制法》（简称《化审法》），对化学品生产等过程严加管理，环境厅于次年开展了大规模的"化学物质环境安全性综合调查"。日本环境厅于 1986年公布了 1974～1985 年对 600 种优先有毒化学品进行环境普查的结果，其中检出率高的有毒污染物 189 种，有机氯化合物占的比例最大。为了从登记在册的 20 000 多种化学品中选出优先监测物质，日本采取了资料调研、现场调查与实验室研究相结合的方式，筛选出了约 2000 种优先化学品，在此基础上逐年对其中的一些物质开展环境安全性调查评估，为政府决策提供支持。

1.1.1.3　加拿大环境污染与健康特征识别、评估管理技术

加拿大的环境健康风险评估、管理和沟通框架可以分为三类：人类健康、生态风险评价和风险管理一般框架；职业健康风险评价和风险管理框架；特殊应用领域的框架。其中，特殊应用领域包括但不限于以下方面：①污染场地；②北极污染物；③优先物质；④标准制定；⑤食品安全；⑥医疗建议；⑦处方药使用；⑧应急响应；⑨交通；⑩风险沟通。

在加拿大，除了卫生部、环境部等政府部门制定的生态、健康风险评价和管理指南外，加拿大标准协会也发挥了重要作用，许多省级环境部门，如安大略省也已经制定了类似的污染场所环境健康风险评价的指导文件。1990 年，加拿大提出《确定健康风险：保护健康的挑战》（*Health Risk Determination：The Challenge of Health Protection*），并一直被联邦政府用做健康风险评价和管理的模型。1991 年，加拿大发布了《风险分析要求和指南》（CSA-Q634-91 *Risk Analysis Requirements and Guidelines*），主要强调危险物质或过程暴露的职业风险。1994 年，加拿大政府制定了《加拿大环保法》（*Canadian Environmental Protection Act*），提出优先物质的人类健康风险评价，为列入环境保护法清单上的优先性物质进行人类健康风险评价提供指南，确定某种物质是否"有毒"。在借鉴 US EPA 的《生态风险评价指南》（CAS-Q850 *Risk Management Guide for Decision-Makes*）的基础上，加拿大于 1996 年提出《加拿大环保法》中优先物质生态风险评价，为加拿大优先污染物开展生态风险评价提供指导，包括风险沟通部分。同年加拿大提出了《生态风险评价框架》，该框架是加拿大全国污染场所修复的一般指南，并提出了两种修复方法。1997 年颁布的《风险管理：决策者指南》（CAS-Q850 *Risk Management Guide for Decision-Makes*）为政府、工业和商业等风险管理过程提供一般指导，适用于健康、生态和职业多种类型风险。

1.1.1.4 欧盟环境污染与健康特征识别、评估的相关管理技术

欧盟在环境与健康方面工作的特点是加强对化学品的管理，通过化学品的风险评估和管理，将环境污染控制在"源头"，保护人体健康。

欧盟环境政策优先权设定的一项重要工具就是"主题战略"，其中包括"欧盟环境与健康战略（EU Strategy on Environment and Health）"（2003 年通过）。"欧盟环境与健康战略"，以未来眼光关注 2020 年左右的情况，以全面的研究和科学技术为基础，对现行政策进行深入的审视并广泛地向利益相关方征求意见。在该环境与健康战略制定后，欧盟还进一步制订了《2004~2010 年欧洲环境和健康行动计划》（*European Environment and Health Action Plan* 2004~2010），该计划提议建立"环境和健康综合信息系统"及协调的"人类生物监测"方法。

欧盟将"欧盟环境指令"作为保护环境的主要手段，它要求欧盟成员国必须采取措施达到环境标准。该指令中有关空气质量、水质、饮用水、废物、垃圾掩埋和土壤（建议）等的"框架指令"明确了环境质量保护的目标，并在"子指令"中作了补充。欧盟还有控制来自不同工业源排放物的法律，如大型火电厂指令和整合污染及防控指令；此外，欧盟在"Seveso 指令"中包括了工业活动导致的主要事故危害指令和含有危险物质的主要事故危害控制指令，这些指令提出了使用普遍方法和标准来评估环境质量的过程（如指导值，主要根据 WHO 的指导方针制定），规定了怎样获得环境质量的信息并向公众公开。欧盟将健康监督作为国家健康系统的一部分，其协调工作通过《2004~2010 年欧洲环境和健康行动计划》来确保，欧盟环境健康委员会负责检查协调工作和后续工作。

1979 年，欧盟颁布"关于危险物质分类、包装和标志指令（79/831/EEC）"，建立了新化学物质申报制度，该制度规定，对于经过风险评价判定具有健康和环境风险的新化学物质，将对其采取生产、使用和进出口的禁止或限制等风险管理措施。2006 年 12 月 18 日，欧洲议会批准了经修改的《关于化学品注册、评估、许可和限制制度》（*Registration*, *Evaluation*, *Authorization and Restriction of Chemicals*，REACH），该法明确提出要对进入欧盟市场的全部化学物质进行登记、评估，特别是有毒有害物质等有高健康和环境风险的化学物质。

另外，欧洲经济共同体在 1975 年提出的"关于水质的排放标准"的技术报告中，列出了所谓"黑名单"和"灰名单"。"黑名单"包括有机卤化物、有机磷化合物、有机锡化合物、水中或水环境介入显示致癌活性的物质、汞及其化合物、镉及其化合物、油类和来自石油的烃类等八类物质。欧盟《水框架指令》（*Water Framework Directive*，WFD），也筛选了水环境中的优先污染物，用以监测和治理。

1.1.1.5 其他国际组织机构及地区的环境污染与健康管理技术

世界卫生组织（WHO）的环境健康标准有两类，一类是综合性健康标准，如 WHO 和联合国环境规划署联合出版的《环境卫生标准》（*Environmental Health Criteria*，EHC）；另一类为分类标准，主要有空气环境和生活饮用水标准。EHC 提供化学物质或化学、物理、生物试剂联合作用对人体健康和环境影响的世界范围内的评论性综述。EHC 有两个系列，

一类是关于特定化学物质或相似化学物质的标准，另一类是关于风险评价的方法学，EHC至今已经出版了 238 本报告，该报告在全球范围内被世界各国广泛采用。WHO 生活饮用水标准《生活饮用水水质指南》（*Guidelines for Drinking-water Quality*）在世界范围内被作为确保饮用水安全管理的基础标准，目前该标准已经出版了第 3 版，主要内容有饮用水安全的基本框架、健康目标、饮水安全计划、饮水安全监督、特殊情况下的应用、水中微生物、化学污染物、放射性物质的卫生要求及各种污染物名单。在空气环境标准方面，得到广泛应用的是《空气环境标准》（*Air Quality Guidelines*），它包括 16 种有机污染物、12 种无机污染物、4 种传统空气污染物和 3 种室内空气污染物的限值及人类健康风险评价和生态毒理学评价。

联合国环境规划署编写的《国际常见有毒化学品资料简明手册》，分三批公布了 60 种、192 种和 450 种优先控制的污染物名单。同时，联合国环境规划署还设立了其他相应的机构，对有毒化学品进行鉴定，提出了控制全球的、国家的、地区的有毒化学品政策、措施、标准等方面的建议。

1.1.2 我国环境污染与健康特征识别、评估管理技术现状

从 20 世纪 70 年代以来，我国制定了相对比较齐全的环境标准体系，为环境与健康特征的识别与评估管理提供法律法规基础。我国的环境标准主要有环境质量标准、污染物排放标准（或污染控制标准）、环境基础标准、环境方法标准、环境标准物质标准、环保仪器设备标准等六类。环境质量标准是指为保障人群健康和社会物质财富，维护生态平衡，并考虑经济、技术条件对环境中有害物质和因素所作的限制性规定，该类标准根据污染物环境背景值和环境容量等，将各种环境污染指标进行级别划分，为环境评价提供了参考和依据，包括《环境空气质量标准》（GB 3095—2012）《地表水环境质量标准》（GB 3838—2002）《地下水质量标准 GB/T 14848—93》《生活饮用水水源水质标准》（CJ 3020—1993）《海水水质标准》（GB 3097—1997）《声环境质量标准》（GB 3096—2008）《土壤环境质量标准》（GB 15618—1995）及其他一些常用的环境质量标准（如《室内空气质量标准》（GB/T 18883—2002）《农田灌溉水质标准》（GB 5084—2005）《保护农作物的大气污染物最高允许浓度 GB 9137—1988》等）。污染物排放标准是根据环境质量标准及适用的污染治理技术，并考虑经济承受能力，对排入环境中的有害物质和产生的各种因素所作的限制性规定，是对污染源控制的标准，包括《大气污染物综合排放标准》（GB 16297—1996）《污水综合排放标准》（GB 8978—1996）《工业企业厂界环境噪声排放标准》（GB 12348—2008）《建筑施工场界环境噪声排放标准》（GB 12523—2011）《恶臭污染物排放标准》（GB 14554—93）《工业炉窑大气污染物排放标准》（GB 9078—1996）《锅炉大气污染物排放标准》（GB13271—2001）《生活垃圾填埋污染控制标准》（GB 16889—2008）《城镇污水处理厂污染物排放标准》（GB 18918—2002）等，以及其他污染物排放标准（如《船舶污染物排放标准》（GB 3552—1983）《城镇垃圾农用控制标准》（GB 8172—1987）《核电厂环境辐射防护规定》（GB 6249—1986）等）。我国已颁布的环境基础标准有《制定地方水污染物排放标准的技术原则与方法》（GB3839—83）《制定地方大气污染物排放标准的

技术原则与方法》（GB3840—83）。已发布的《土壤环境质量标准》（GB 15618—1995）《地表水环境质量标准》（GB 3838—2002）《地下水质量标准》（GB/T 14848—93）等环境标准在我国环境污染评价工作中被广泛地运用。

在我国，筛选环境优先污染物的工作虽然起步很晚，但是近几年也取得了很多的成果。中国环境优先污染物黑名单是由中国环境监测总站组织研究，针对水环境污染和监测，于 20 世纪 90 年代提出的，共有 14 类 68 种水中污染物，包括有机物 12 类 56 种。其中，卤代烃类 10 种、苯系物 6 种、氯代苯类 4 种、酚类 6 种、硝基苯 6 种、苯胺类 4 种、多环芳烃 7 种、酞酸酯类 3 种、农药 8 种、亚硝胺 2 种、重金属及其化合物 9 种，以及其他 3 种。另外，从工业污染源调查和环境监测着手，我国地方政府和环保部门也提出了相应的优先污染物名单，如北京市环境监测中心采用系统评分确定了包括 33 种物质的优先控制名单。

自 20 世纪 80 年代以来，国家环保系统开始开展以砷、镉、铅、氟和铬为代表的环境污染导致健康损害的研究及淮河、白河流域"癌症村"的研究。2006 年，国家环保总局启动了汞、镉、砷、氟、铅等 6 个环境污染物导致健康损害判断标准的制定工作，这是我国首次针对因工业废弃物产生的环境污染引发的污染区内居民长期、低剂量暴露造成体内毒物蓄积所导致的健康损害开展的系统性研究，先后起草了《公害病认定与赔偿办法》《急性环境污染事故健康危害应急办法》《环境镉污染所致慢性镉中毒症的诊断标准》《环境砷污染所致慢性砷中毒症的诊断标准》《环境氟污染所致慢性氟中毒症的诊断标准》等征求意见稿。

针对我国重点环境污染物，卫生部相继发布了《水体污染慢性甲基汞中毒诊断标准及处理原则》（GB 6989—1986）、《环境镉污染健康危害区判定标准》（GB/T 17221—1998）、《环境砷污染致居民慢性砷中毒病区判定标准》（WS/T 183—1999）等，尤其是砷的判定标准，从调查地区和人群的选择、环境砷污染的测量、人群生物材料中砷的测量、人群健康的测量、个体病例的诊断、慢性砷中毒病区的判定等方面都给出了详细的说明。

但是，我国在应对环境污染引发的健康不良影响的防范和救治等问题上，还存在诸多问题和挑战，急需建立一套有效的环境与健康管理体系和机制来加以应对。本着满足国内需求、体现共同关注、积极参与的原则，中国环境与发展国际合作委员会在 2006 年度设立了"中国环境与健康管理体系与政策框架"的研究课题，旨在分析中国环境与健康管理方面面临的问题和挑战，学习国际开展有效环境与健康管理的经验和教训，构建中国环境与健康管理体系与政策框架。

1.2　环境与健康特征识别与评估方法研究现状

1.2.1　区域环境污染特征识别研究现状

环境污染特征识别主要包括区域环境污染特征识别、区域人群暴露特征分析和区域健康损害特征识别。

1.2.1.1　区域环境污染特征识别研究现状

1）区域污染源调查和分类

区域污染源调查和分类，是环境保护技术的重要组成部分，是认识和研究环境污染的必不可少的基础工作。要认识和治理环境就必须首先对环境进行深入和全面的调查，并将调查得到的环境监测数据系统地加以科学分析，确定影响环境的主要污染源和主要污染物，从而为控制环境污染和治理重点污染源提供科学依据。根据污染物的来源、特性、结构形态和调查研究目的的不同，污染物的分类系统也不一样。按形成原因可分为天然污染源和人为污染源；按污染类型可分为大气污染源、水污染源、固体废物污染源、噪声污染源、辐射污染源等；按人类社会活动功能可分为工业污染源、农业污染源、交通运输污染源和生活污染源等；按分布特性可分为点源和面源等；按空间位置可分为固定源和移动源等；按时间特点可分为恒定源、间歇变动源、瞬时污染源等。了解污染源的分类，有助于了解污染源的特点和规律，从而更准确地计算污染物的数量。

2）区域污染源分析

区域污染源分析是在污染源和污染物调查的基础上进行的，是指对污染源的污染能力的识别和比较。环境污染能力的识别是对污染物来源、污染浓度、迁移转化途径和持续时间等进行特征分析。区域污染源分析的目的是要确定主要污染物和主要污染源，提供环境质量水平的成因，为环境影响评价提供基础数据，为污染源治理和区域治理规划提供依据。区域污染源分析的关键在于，对区域污染源进行污染源特征分析，其主要方法包括等标污染负荷法、计算污染贡献率和建立污染指标群。通过对区域内污染源位置、产品、生产工艺、污染物产生与排放等基本信息资料的分析，结合现场调查，了解污染区域内污染源污染物排放、分布等特点，判定区域内主要的污染源及污染途径。

3）特征污染因子筛选

针对日益增加的环境化学污染物，国际上多采用筛选优先污染物开展重点监测、监管和治理的策略。国际上优先污染物筛选的具体方法可以分为两大类。第一类是定量评分系统，主要有模糊综合评判法、综合评分法、密切值法、Hasse图解法、潜在危害指数法和灰色模型法等。应用这类方法往往可以计算出各个（类）污染物的定量得分，并在此基础上对污染物进行排序筛选，各模型原理及优缺点见表1-1。第二类是实用式的半定量评分系统。这类方法虽然也可能给出各污染物的得分，但是优先污染物的确定更多是基于得分阈值基础上的专家评判。这两类方法强调从实际出发，在环境调查的基础上，结合毒性效应、产品的生产、进口及使用量、专家经验等确定筛选原则，是目前广为采用的方法。

表1-1　各模型原理及优缺点（楼文高，2002；刘存等，2003）

模型类别	模型原理	优缺点
模糊综合评判法	通过计算评价因子的隶属度并建立模糊关系矩阵，评价因子的权重，对各评价样本的评价因子进行加权，得出污染物综合评判分值	优点：①结果清晰，系统性强；②能较好地解决模糊的、难以量化的问题，适合非确定性问题的解决。缺点：①过强调极值，丢失了数据的一些有用信息；②可能使单因素判别失去作用，出现以权数作为评判函数的现象，影响评价精度

模型类别	模型原理	优缺点
综合评分法	对各单项指标的分值,通过专家打分的方式,引入权重系数,进行加权计算,并按计算结果进行排序和筛选	优点:方法较为全面,且简单易行。缺点:①不同污染物某些指标间存在矛盾的情况在总分值上得不到反映或被忽略掩盖;②某些参数的分级比较困难;③范围较大且污染物种类较多时,该方法具有明显局限性
密切值法	以单指标的最大或最小值的极端情况构造"最优点"和"最劣点",求出各样本与"最优点"和"最劣点"的距离,将这些距离转化为能综合反映各样品质量优劣的综合指标–密切值,计算各污染物的最优(劣)密切值,并根据最优(劣)密切值的大小进行优先排序;按密切值大小是否发生突变进行风险分类	优点:该方法概念清晰,参数意义明确,步骤意图明了,计算方法较为灵活,具有较强的可行性、合理性和实用性。缺点:考虑的因素很多,各指标间的关系错综复杂,很难对其作精确化和定量化的处理
Hasse图解法	在应用Hasse图解法时,化合物的危害性用向量的诸元素表征,化合物之间相对危害性的大小是通过一对一比较向量中相应元素的数值来确定的,用带数字编号的圆圈在Hasse图上表示化合物,排列在直线交错的网络中,危害性最大的化合物置于图的顶部,危害性最小的置于底部	优点:该方法能直观地表示出各种化合物相对危害性的大小,最大限度地展示不同指标之间的矛盾,使得危害性最高和最低的化合物处于最显著的位置,便于作出重点监测的决策。缺点:该方法图谱绘制比较烦琐,容易出错
潜在危害指数法	利用各种毒性数据通过模式运算来估计化学物质的潜在危害大小,并据此予以排序和筛选,潜在危险指数越大,说明该化学物质对环境构成危害的可能性越大	优点:①该方法可以有效地对缺少环境标准的复杂化学物质进行筛选,及时找出主要污染物,在进一步研究中避免盲目性。②既考虑了一般毒性、特殊毒性,也考虑到累积性和慢性效应。缺点:①未考虑化学物质的环境暴露和环境转化;②在处理复杂混合物时,未考虑化学物质的协同拮抗作用;③模式中还没有体现化学物质在介质中的扩散规律。
灰色模型法	先建立某种污染因子的检测值随时间的变化序列,然后对序列作累加,得出两个数据矩阵,根据最小二乘法的原理,得出累加值的变化方程,以此判断污染因子的变化趋势	优点:①该方法易确定关键污染因子,参数物理意义明确,简便易用;②通过对某个时间段污染物原始监测数据的灰色处理,从动态中找出关键因子,客观地判断各污染因子所起的作用;③根据趋势因子对各因子在下一个时间段的发展趋势作出预测,以增加评价的准确性。缺点:灰色模型理论引入灰导数和背景值的概念,在一定程度上会影响精确度

1.2.1.2　区域人群暴露特征分析研究

暴露是指污染物在一定的时间内与人体外界面(如皮肤、鼻、口)的接触。人体在一定时间内接触某一污染物的总量称为暴露剂量,暴露剂量包括潜在暴露剂量(potential dose)、应用暴露剂量(applied dose)和内部暴露剂量(internal dose)。例如,对于大气污染物而言,潜在暴露剂量是指在一定时间内人所吸入的污染物量;应用暴露剂量是指能够被呼吸系统所吸收的污染物量；内部暴露剂量是指被吸收且通过物理、生物过程进入人体内部的污染物量。通常，潜在暴露剂量大于应用暴露剂量，应用暴露剂量大于内部暴露剂量。由于应用暴露剂量和内部暴露剂量较难测定，在实际暴露评价过程中一般采用潜在暴露剂量。

区域人群暴露特征分析方法主要包括资料收集、流行病学调查、环境污染调查和生物样本检测。通过上述方法，可掌握区域内人口数量、结构、年龄与性别构成、分布，区域内人群的生活习惯、饮食、暴露途径、暴露时间、暴露参数等特征，以及暴露人群的体内负荷、不良症状、健康状况等情况。由于我国没有建立适合人群的暴露参数手册或信息库，我国的健康风险评估通常使用 US EPA 的暴露参数手册（US EPA，1992）中提供的暴露参数，这会给人群暴露评估造成一定的误差。区域人群暴露特征分析可以为区域暴露评估提供更加准确的暴露数据，以评估特定暴露情景下的人体健康风险，并为制定保护人体健康的环境质量基准及相关污染控制政策提供科学依据。近年来，国内外学者结合了生物样本检测和生物化学检测方法，选择适当的暴露标志物和效应标志物等，对人群污染负荷进行分析，以更加精确地评价污染物对人群的健康风险。人体暴露监测方法主要如下。

（1）个体监测法。采用便携式个体采样器，将其直接固定在暴露个体的身上，测量一定时间内个人身体表层接触环境介质中污染物的时间加权平均浓度。该方法的优点是可以直接测量个体一定时间内的暴露浓度，但其花费昂贵，且不能用于所有化学品的精确测定（Palmes et al.，1976）。

（2）微环境监测法。微环境是指某一时间段污染物浓度和周围环境相比较为均匀的一个空间。通过测量、模型或已有数据来间接估算各种微环境中污染物的浓度，结合人体暴露参数，评价人群的污染物暴露水平。该方法费用较低，可操作性强，且结果准确度较好，被广泛地用于大范围的暴露评价。

（3）生物监测法。生物监测是指直接测定暴露个体所吸收的即进入人体内部的污染物的剂量。选择有效的暴露标志物是进行生物监测的前提。暴露标志物包括两大类：一类是体液中的化合物及其代谢产物；另一类是体液中与暴露污染物相关的可逆反应生成物。如何选择暴露标志物十分重要，如无机砷是一种有毒致癌物，最常用的砷暴露生物标志物是测量尿液中的总砷，但尿液中有机砷的存在会使评价风险增大，需区分尿液中有机砷、无机砷甚至氧化砷的形态（Hughes，2006）。Barr 等（2003）发现目前常用的单邻苯二甲酸（MEHP）作为邻苯二甲酸盐（DEHP）的生物标志物灵敏度不高，不能反映其暴露水平，可选用 DEHP 的另外两种代谢产物（MEOHP 和 MEHHP）。表 1-2 为部分污染物的暴露标志物。

表 1-2　部分暴露生物标志物（Paustenbach and Galbraith，2006）

污染物	生物标志物	样本	半衰期
苯并［a］芘（benzo［a］pyrene）	一羟基芘（1-hydroxypyrene）	尿样	—
苯（benzene）	苯（benzene）	血样和呼气	2.5h
	苯酚（phenol）	尿样	3.5h
一氧化碳（carbon monoxide）	碳氧血红蛋白（carboxyhemoglobin）	血样	5h

续表

污染物	生物标志物	样本	半衰期
苯乙烯（styrene）	扁桃酸（mandelic acid）	尿样	5h
正己烷（n-hexane）	2，5-己二酮（2，5-hexanedione）	尿样	14 h
多环碳氢化合物（polycyclic hydrocarbons）	芘醇（pyrenol）	尿样	18 h
四氯乙烯（perchloroethylene）	四氯乙烯（perchloroethylene）	血样和呼气	96h
汞（mercury）	汞（mercury）	血样和尿样	18d
铅（lead）	铅（lead）	血样	30d
镉（cadmium）	镉（cadmium）	血样	100d
六氯苯（hexachlorobenzene）	六氯苯（hexachlorobenzene）	血清	2a
铅（lead）	铅（lead）	骨	5a
二噁英（2，3，7，8-TCDD）	二噁英（2，3，7，8-TCDD）	血样	7a
镉（cadmium）	镉（cadmium）	尿样	> 10a

1.2.1.3　区域健康损害特征识别

区域人群的健康损害可按损害发生时间、健康效应和污染物毒性效应等进行分类，这是对环境损害识别的第一步，以便选择适当的方法对人群健康效应进行分析（于云江，2011）。区域人群健康效应分析是对环境污染因子造成人体生理、生化、结构、功能改变进行定性和定量评价的过程。健康效应谱是当环境变异或环境有害因素作用于人群时，人群对环境有害因素的不同反应呈金字塔形分布的一种模式，通过建立人群效应级度分布模式，对人群健康效应进行分区，并估算人群患病率。在一般慢性毒性人群健康效应中，人群中大多数个体处于健康效应金字塔的最底端——不引起生理变化；有些人稍有生理变化，但属正常调节范围；更上层则是生理代偿状态和患病状态，其人数依次减少；健康效应谱的最顶端是死亡状态，其人数是各种健康效应状态中最少的。通过健康效应谱分析方法，可以更好地表征人群因环境因素的影响而产生的健康效应，以及环境因素的影响可能引起的生理反应。

1.2.2　环境污染健康评估研究现状

1.2.2.1　区域环境污染评估

1）区域环境污染状况评估

根据污染物赋存的环境介质，环境污染分为水环境污染、土壤环境污染、大气环境污染等，环境污染评价是在一段时期的环境污染监测数据的基础上，对区域内环境污染状况作出科学、客观和定量的评价，能较全面揭示环境质量状况及其变化趋势。目前常用的大气、土壤、水环境污染评价广泛运用了内梅罗指数法、综合指数法等各类指数方法，其分级评分成为指数法评价环境污染状况的重要因素，通常根据现有的环境质量标准对污染指标等级作为分级标准。

目前常用的水环境污染评估方法包括水质综合污染指数法、内梅罗指数法、污染指数法、标准指数法等；土壤环境污染评估方法主要包括内梅罗指数法、地积累指数法、潜在生态危害指数法等；大气环境污染评估方法主要包括大气质量指数均值法和空气污染指数法等。

2) 环境污染的生物毒性综合评价

生物毒性指物质能引起生物机体损害的性质和能力。其主要类型有急性毒性、亚慢性毒性、慢性毒性、遗传毒性、内分泌干扰性等（王心如，2004）。生物毒性综合评价法包括环境持续性、累积性评价及生物毒性评价（王瑶等，2011）。环境持久性有机物（POPs）一旦排放到环境中，难以分解，可在水体、土壤中存在较长时间，通过食物链在生物体内蓄积并通过生物体逐级传递。联合国环境规划署于2001年通过了《斯德哥尔摩公约》，公约中提出了首批全球禁用的POPs包括3类12种物质：①杀虫剂。滴滴涕、氯丹、灭蚁灵、艾氏剂、狄氏剂、异狄氏剂、七氯、毒杀酚和六氯苯。②工业化学品。多氯联苯。③非故意生成的工业或燃烧过程中的副产物。二噁英、呋喃（Harner et al.，2006）。2009年，联合国将新增的包括α-六六六和β-六六六、六溴联苯醚和七溴联苯醚、四溴二苯醚和五溴二苯醚、十氯酮、六溴联苯、林丹、五氯苯、全氟辛烷磺酰基化合物、全氟辛基磺酰氟在内的9类化学品列入POPs黑名单。

(1) 生物持久性评价。污染物生物毒性评价方法包括Hasse图解法、健康风险评价法及综合评分法等。化学品评分排序模式（SCRAM）是一种综合评分法中的半定量模式，主要考察化学物质的环境持久性、生物累积性和毒性。SCRAM可通过不确定性赋分系统对数据不足的指标进行赋分，从而克服指标数据不完整对总体评分排序工作造成的困难（杨友明等，1993；Snyder et al.，2002）。该方法对污染物在生物质、空气、土壤、水和沉积物5种环境介质的半衰期数据进行考察，根据一定的赋分原则对污染物持久性进行赋分和排序。

(2) 生物累积性评价。大部分环境持久性毒性物质都具有脂溶性和半衰期较长的特点，能够在生物体内形成蓄积，产生生物富集与生物放大效应（朱才众和熊鸿燕，2005）。因此，国际上将生物累积性作为评判污染物危害的因子之一。生物累积性评价是根据实验测定污染物的生物浓缩系数（BCF）和辛醇–水分配系数（$\log K_{ow}$）（实验测定值或QSAR的估计值）来进行评价的。美国、英国、加拿大、巴黎公约组织、欧盟和中国相继出台了污染物生物累积性的评价标准（王宏等，2011），其中，英国、欧盟和中国生物累积性的评价标准都将污染物分为生物累积性（B）标准和高生物累积性（vB）标准，BCF值高于2000、$\log K_{ow}$值高于4.5的污染物被判定为B类，BCF值高于5000、$\log K_{ow}$值高于5的污染物被判定为vB类。而美国、加拿大、OSPAR公约的评价标准略有不同，表1-3为各国化学物质生物累积性的评价标准。

表1-3 各国化学物质生物累积性（B）和高生物累积性（vB）评价标准

发布者	B 标准		vB 标准		发布年份
	BCF	$\log K_{ow}$	BCF	$\log K_{ow}$	
美国	≥1000	—	≥5000	—	1999
英国	>2000	≥4.5	>5000	>5	1999
加拿大	≥5000	≥5	—	—	2003
OSPAR 公约	≥500	—	—	—	2005
欧盟	>2000	≥4.5	>5000	>5	2006
中国	>2000	≥4.5	>5000	>5	2009

（3）生物毒性评价。在环境健康风险评价中，污染物健康效应毒性评估通常采用国际癌症研究中心（IARC）和 US EPA 综合风险信息系统（IRIS）对化学物质的致癌性分类方法和毒性数据，IARC 和 IRIS 的毒性数据库分别根据人类致癌性证据和动物实验资料对多种化学物质的致癌性进行分类，并提供化学物质的非致癌参考剂量（RfD）值和致癌斜率因子（CSF）值，可用于判断化学物质致癌和非致癌毒性效应的大小。而对于 IARC 和 IRIS 的毒性数据库未提供毒性参数的污染物质，可采用潜在生物毒性指数法（PEEP）、综合毒性风险评价法和生物效应指数法（BAI）等定量计算方法对其生物毒性进行评价。这些生物毒性评价方法均在生物急性或慢性毒性试验的基础上进行计算或赋值评分，来评价污染物毒性。潜在毒性效应指数是一种结合了多种生物测试及生态毒理测试结果的综合性指标，并考虑了污水流量所造成的毒性负荷，是一种新的评价和比较工业废水潜在毒性的方法。综合毒性风险评价是根据生物实验的半数毒性效应值（IC_{50} 或 EC_{50}），对各营养级生物对污染介质（污水、废水、沉积物、疏浚物、污泥及土壤等）毒性的响应程度给予赋值，以此进行确定毒性单位的权重，并计算出综合毒性风险指数。生物效应指数法的生物标志物除微生物和原生动物外，还包括细胞、酶或分子，根据获取的长期暴露下慢性毒性的生态毒理学信息，进行 BAI 指数的分级，从而对污染物毒性效应作出评价。该方法目前研究涉及的生物标志物较少，且只能针对污染物对单一物种的毒性效应的评价，因此应用较少。

1.2.2.2 区域人群健康危害评估

1）健康效应评估

环境健康指标（environmental health indicators，EHIs）表达的是环境与健康之间的相互关系，它是为提高决策的有效性，针对某一个特定的或管理者所关注的问题，以一种易于理解的方式表达的信息。EHIs 有两种类型，即以暴露为基础的指标（exposure-based indicator）和以效应为基础的指标（effect-based indicator），也称为健康相关的环境指标（health-related environmental indicators，HREIs）和环境相关的健康指标（environment-related health indicators，ERHIs）（何万生，2005；张金良等，2004）。

环境健康指标有两个重要的特点：其一是表达环境与健康之间的相互关系；其二是与决策过程有关。EHIs 是一种测量方法，它反映暴露于有害环境因素所产生的健康结局或者与健康结局相关的环境暴露，而不是单纯描述环境状态或单纯描述健康状况的指标。夏彬等（2009）对各类环境健康指标进行了综述，见表1-4。

表1-4 环境污染健康评价指标

暴露指标	摄入量指标	食物、饮用水中污染物浓度 食物、饮用水摄入量 大气中污染物浓度 污染物摄入量		
	暴露标志物指标	血液中污染物或其代谢产物浓度 尿液中污染物或其代谢产物浓度 头发中污染物或其代谢产物浓度 指甲中污染物或其代谢产物浓度		
效应指标	死亡或疾病指标	死亡指标	一般死亡指标	死亡粗率 死亡专率（如老年死亡专率） 病死率（多用于急性病） 生存率（多用于慢性病） 累积死亡率
			妇幼死亡专率	孕产妇死亡率 新生儿死亡率 婴儿死亡率 5岁以下儿童死亡率 围产儿死亡率（核实）
		疾病指标	一般疾病指标	发病率（多用于急性病） 罹患率（多用于急性病） 患病率（多用于慢性病，老年健康评估常用） 感染率（多用于急性病） 续发率（多用于急性病）
			妇幼疾病指标	孕期并发症发生率 出生体重低于2500g新生儿百分比
		残疾失能指标	一般残疾失能指标	病残率（多用于慢性病）
			妇幼残疾失能指标	出生缺陷发生率
			老年失能指标	日常生活（ADL）功能状态 工具性日常生活（IADL）功能状态
		寿命损失指标		潜在寿命损失年（多用于慢性病） 伤残调整寿命年（多用于慢性病）
	早期效应指标			初级DNA损伤生物标志物 靶基因和报告基因的遗传学改变 细胞遗传学改变 氧化应激生物标志物 毒物代谢酶的诱导及其他酶活性的改变 特定蛋白质的诱导生成

生物标志物是指生物体在组织、体液或个体水平上能够反映一种或多种化学污染物暴露及效应的生理生化细胞行为的变化，是识别技术与评估方法的核心技术。1987 年美国国家生物标志物研究委员会将生物标志物划分为三类：暴露生物标志物、效应生物标志物和易感性生物标志物。暴露生物标志物主要测定体内某些外来化合物，或检测该化学物质与体内内源性物质相互作用的产物，或与暴露有关的其他指标。效应生物标志物是反映外来因素作用后，机体中可测定的生化、生理、行为或其他方面改变的指标。易感性生物标志物指示个体之间机体对环境因素影响相关的响应差异，与个体免疫功能差异和靶器官有关（Paustenbach and Galbraith，2006）。①暴露生物标志物。有学者提出，经典的暴露评价方法在将来可能被边缘化，因为可以直接用生物芯片技术检测人体中化学品浓度，虽然环境中化学品的浓度将继续被监测，并与暴露参数相联系，但生物标志物将会被优先考虑。个体暴露评价将是环境健康研究的发展方向，个体暴露监测是关键技术。②效应生物标志物。人群对环境有害因素不同反应的分布模式构成了人群金字塔形效应谱。根据影响的程度可以将环境污染健康的损害分为死亡、疾病、生理反应异常（即亚临床变化）等数个等级。死亡率、发病率和患病率等流行病学指标是判断环境污染健康损害的重要依据且容易获得，但对于亚临床变化随着污染浓度（剂量）的增加和接触时间的延长才逐渐显露出症状、体征、引起疾病，需要检测相关的生物标志物来反映其程度。表 1-5 为部分污染物致健康损伤生物标志物。

表 1-5　主要器官损伤生物标志物

	主要器官指标	生物标志物
神经系统损伤指标		胶质纤维酸性蛋白（GFAP）、神经元特异性烯醇化酶（NSE）、髓鞘碱性蛋白（MBP）、S-100B
肾脏损伤指标	肾小球损伤指标	尿微量白蛋白（MA）、IgG、层粘连蛋白、尿转铁蛋白（TRF）
	肾小管损伤指标	α1-微球蛋白（α1-MG）、β2-微球生白（β2-MG）尿 N-乙酰-β-G-氨基葡萄糖苷酶（NAG）、视黄醇结合蛋白（RBP）
肝脏损伤	肝脏功能敏感指标	甘胆酸（CG）
	肝纤维化早期指标	Ⅲ型前胶原（PCⅢ）、Ⅳ型胶原（Ⅳ-c）
	肝纤维化、肝硬化、肝癌及肿瘤转移	层连黏蛋白（LN，亦称板层素、板黏索）、脯氨酸肽酶（PuD）、α-L-岩藻糖苷酶（AFU）、唾液酸（SA）、透明质酸（HA）、单胺氧化酶（MAO）、脯氨酰羟化酶（PH）
心脏损伤		心肌酶谱、缺血修饰白蛋白、肌钙蛋白
骨骼肌损伤		肌酸激酶（CK）、C-反应蛋白（CRP）、氧自由基、P 物质

2）健康风险评价

健康风险评价是把环境污染与人体健康联系起来的一种评价方法，可以描述多种环境有害因素的健康效应，因此，健康风险评价可以作为环境污染与健康损害特征的识别技术与评估方法。其主要特点是以风险作为评价指标，把环境污染程度与人体健康联系起来，定量地描述污染物对人体产生的健康危害。

目前被各国和组织广泛采用的健康风险评价框架为 1983 年美国国家科学院（NAS）提出的"四步法"，该方法将健康风险评价概述为四个步骤：危害识别、剂量–反应评估、暴露评价、风险表征。危害鉴定是基于流行病学、临床医学、毒理学和环境研究结果，描述有害因素对健康的潜在危害；剂量–反应关系评价是评价某物质的剂量和人类不良健康效应发生率之间关系的过程；暴露评价的评价内容包括暴露方式（接触途径、媒介物）、强度、实际或预期的暴露期限和暴露剂量，可能暴露于特定不良环境因素的人数等；风险表征是总结和阐明由暴露和健康效应评价所获得的信息，并确定在风险评价过程中的不确定性。

健康风险评价不仅能定量地描述特定环境因素的风险，而且能用于那些没有或仅有有限的常规健康资料的地区，如健康风险评价方法能够把较大区域研究得到的空气质量与人类健康结局的关系量化并应用于这些地区。另外，决策者可能会面临一些新的环境问题或遇到新的环境化学物质。对于这些问题或环境物质，现在没有流行病学资料，也没有足够的毒理学研究资料。因此，需要建立一些方法，使人们能够在只有有限的，但是很关键的科学信息的情况下能够准确地预测风险。健康风险评价能够把适当的流行病学、毒理学和体外研究的资料结合起来预测或评价风险。

参 考 文 献

何万生.2005.建立环境健康指标与健康危险度评价的关系.国际医药卫生导报,11（22）：127-128.

刘存,韩寒,周雯,等.2003.应用 Hasse 图解法筛选优先污染物.环境化学,22（5）：499-502.

楼文高.2002.用密切值法进行海域有机污染物优先排序和风险分类研究.海洋环境科学,21（3）：43-48.

王宏,杨霓云,闫振广,等.2011.我国持久性、生物累积性和毒性（PBT）化学物质评价研究.环境工程技术学报,1（5）：414-419.

王心如.2004.毒理学基础.第4版.北京：人民卫生出版社.

王瑶,邹乔,杜显元,等.2011.基于污染物持久性的化学品评分排序模式（SCRAM）修正.安徽农业科学,39（16）：9749-9752,9817.

夏彬,陈建伟,罗启芳,等.2009.环境污染健康损害评价指标体系探索.中国社会医学杂志,26（4）：245-248.

杨友明,柳庸行,王维国.1993.潜在有毒化学品优先控制名单筛选方法研究.环境科学研究,6（1）：1-9.

于云江.2011.环境污染的健康风险评估与管理技术.北京：中国环境科学出版社.

张金良,吴海磊,胡永华.2004.健康危险度评价在建立环境健康指标中的作用.国外医学卫生学分册,31（4）：193-198.

朱才众,熊鸿燕.2005.环境持久性毒物研究进展概述.疾病控制杂志,9（4）：331-335.

Barr D B, Silva M J, Kato K, et al. 2003. Assessing human exposure to phthalates using monoesters and their oxidized metabolites as biomarkers. Environmental Health Perspectives, 111（9）：1148-1151.

Harner T, Pozo K, Gouin T, et al. 2006. Global pilot study for persistent organic pollutants（POPs）using PUF disk passive air samplers. Environmental Pollution, 144（2）：445-452.

Hughes M F. 2006. Biomarkers of exposure: a case study with inorganic arsenic. Environmental health perspectives, 114 (11): 1790-1796.

Palmes E D, Gunnison A F, DiMattio J, et al. 1976. Personal sampler for nitrogen dioxide. The American Industrial Hygiene Association Journal, 37 (10): 570-577.

Paustenbach D, Galbraith D. 2006. Biomonitoring and biomarkers: exposure assessment will never be the same. Environmental Health Perspectives, 114 (8): 1143-1149.

Snyder E M, Snyder S A, Giesy J P, et al. 2000. SCRAM: a scoring and ranking system for persistent, bioaccumulative, and toxic substances for the North American Great Lakes. Environmental Science and Pollution Research, 7 (3): 176-184.

US EPA. 1992. Guidelines for Exposure Assessment. Washington DC: US EPA.

2 环境污染与健康特征识别与评估框架

2.1 环境污染与健康特征定义

环境污染与健康特征是指能够确定环境污染与健康相关关系的关键要素，主要包括环境污染、健康效应和暴露等方面的特征。通过对这些特征的认识，可为识别与评估环境污染对人群健康损害的影响提供依据。

2.2 环境污染与健康特征识别与评估框架

在污染典型区域环境与健康调查基础上，结合国内外相关研究成果，初步构建了环境污染与健康特征识别技术与评估方法框架（图 2-1）。

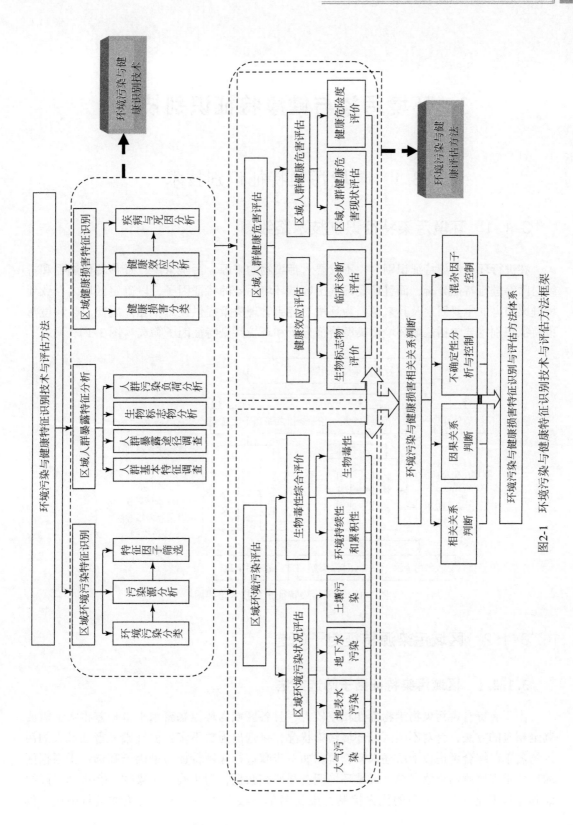

图2-1 环境污染与健康特征识别技术与评估方法框架

3 环境污染与健康特征识别技术

3.1 环境污染特征识别技术

3.1.1 环境污染特征识别技术路线图

在进行环境污染特征识别时，不仅要对污染物的来源、污染浓度、迁移转化途径和持续时间等进行特征分析，而且还要筛选出区域环境污染的特征因子，以确定区域内导致环境健康损害的主要因素及其来源，为环境与健康管理决策提供技术依据。因此，区环境污染特征识别主要包括区域环境污染源特征分析和环境污染特征因子筛选（图3-1）。

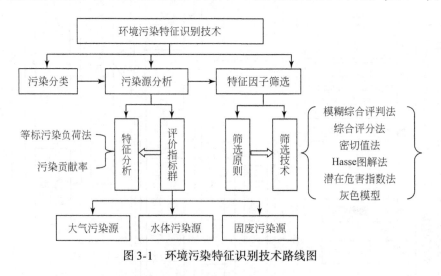

图 3-1　环境污染特征识别技术路线图

3.1.2 区域污染源特征因子筛选

3.1.2.1 区域污染特征因子筛选方法

由于有毒有害污染物生物毒性相差较大，且各区域内环境暴露水平也相差很大，需要制定相应的方法，针对不同区域环境污染状况，挑选出为数不多，但健康危害性最大的污染物名单。综合考虑以上所述因素，遵循如下步骤进行区域特征污染因子筛选：①根据区域环境重点监测污染物名单、区域环境调查与研究数据，初步确定污染物。②选择国际组织和先进工业国家已公布的优先控制污染物名单，根据各种名录对污染物进行筛选。例如，中国优先控制污染物黑名单（表3-1）、美国优先控制污染物黑名单（表3-2）、美国EPA重点控制的水环境污染物名单（表3-3）等。③根据采样结果，与环境标准值进行比较，选择检出率高、环境暴露浓度大、环境持久性和生物蓄积性均较强的污染物。④根据暴露途径和暴露风险，筛选出有污染源、单项毒性较高，可造成严重污染的污染物。

表3-1 中国优先控制污染物黑名单（周文敏等，1991；刘征涛等，2006）

化学类别	名称
1. 卤代（烷、烯）烃类	二氯甲烷、三氯甲烷、四氯化碳、1，2-二氯乙烷、1，1，1-三氯乙烷、1，1，2-三氯乙烷、1，1，2，2-四氯乙烷、三氯乙烯、四氯乙烯、三溴甲烷
2. 苯系物	苯、甲苯、乙苯、邻-二甲苯、间-二甲苯、对-二甲苯
3. 氯代苯类	氯苯、邻-二氯苯、对-二氯苯、六氯苯
4. 多氯联苯类	多氯联苯
5. 酚类	苯酚、间-甲酚、2，4-二氯酚、2，4，6-三氯酚、五氯酚、对-硝基酚
6. 硝基苯类	硝基苯、对-硝基甲苯、2，4-二硝基甲苯、三硝基甲苯、对-硝基氯苯、2，4-二硝基氯苯
7. 苯胺类	苯胺、二硝基苯胺、对-硝基苯胺、2，6-二氯硝基苯胺
8. 多环芳烃	萘、荧蒽、苯并 [b] 荧蒽、苯并 [k] 荧蒽、苯并 [a] 芘、茚并 [1，2，3-c.d] 芘、苯并 [g，h，i] 芘
9. 酞酸酯类	酞酸二甲酯、酞酸二丁酯、酞酸二辛酯
10. 农药	六六六、滴滴涕、敌敌畏、乐果、对硫磷、甲基对硫磷、除草醚、敌百虫
11. 丙烯腈	丙烯腈
12. 亚硝胺类	N-亚硝基二丙胺、N-亚硝基二正丙胺
13. 氰化物	氰化物
14. 重金属及其化合物	砷及其化合物、铍及其化合物、镉及其化合物、铬及其化合物、铜及其化合物、铅及其化合物、汞及其化合物、镍及其化合物、铊及其化合物

表3-2 美国优先控制污染物黑名单

化学类别	名称
二氢苊	二氢苊
不饱和醛	丙烯醛
腈类	丙烯腈
苯类	苯
联苯	联苯胺
四氯化碳	四氯化碳
氯代苯类	氯苯、1，2，4-三氯苯、六氯苯
氯乙烷类	1，2-二氯乙烷、1，1，1-三氯乙烷、六氯乙烷、1，1，2-三氯乙烷、1，1-二氯乙烷、1，1，2，2-四氯乙烷、氯乙烷
氯烷基醚类	二（氯乙基）醚、2-氯乙基乙烯醚
氯萘类	2-氯萘
氯苯酚类	2，4，6-三氯苯酚、对氯间甲酚、氯仿、2-氯苯酚
二氯苯类	1，2-二氯苯、1，3-二氯苯、1，4-二氯苯
二氯联苯胺类	3，3-二氯联苯胺

化学类别	名称
二氯乙烯类	1，1-二氯乙烯、反 1，2-二氯乙烯、1，2，4-二氯苯酚
二氯丙烷和二氯丙烯类	1，2-二氯丙烷、反 1，3-二氯丙烯、2，4-二甲基苯酚
二硝基甲苯类	2，4-二硝基甲苯、2，6-二硝基甲苯、1，2-二苯肼、乙苯、莹蒽
卤代醚类	4-氯苯基苯醚、4-溴苯基苯醚、双（2-氯异丙基）醚、双（2-氯乙氧基）甲烷
卤甲烷类	二氯甲烷、氯代甲烷、溴代甲烷、溴仿、二氯二溴甲烷、三氯氟甲烷、二氯二氟甲烷、氯溴甲烷、六氯丁二烯、六氯环戊二烯、异佛尔酮、萘、硝基苯
硝基苯酚类	2-硝基苯酚、4-硝基苯酚、2，4-二硝基苯酚 4，6-二硝基-邻-甲酚
亚硝胺类	N-亚硝基二甲胺、N-亚硝基二苯胺、N-亚硝基-二正-丙胺、五氯苯酚
苯酚邻苯二甲酸酯类	邻苯二甲酯双（2-乙基己基）酯、邻苯二甲酸丁基苄酯、邻苯二甲酸二正丁酯、邻苯二甲酸二正辛酯、邻苯二甲酸二乙酯、邻苯二甲酸二甲酯
多环芳烃	苯并 [a] 蒽、苯并 [a] 芘、三氯乙烯、氯乙烯
农药和代谢物	艾氏剂、狄氏剂、氯丹
DDT 和代谢物 DDT	4，4′-DDT、4，4′-DDD、4，4′-DDTE、α-硫丹、β-硫丹、硫丹硫酸酯
异狄氏剂和代谢物	异狄氏剂、异狄氏醛
七氯和代谢物	七氯、七氯环氧化物
六氯环己烷类	α-六六六、β-六六六、γ-六六六、δ-六六六
多氯联苯	PCB-1242、PCB-1254、PCB-1221、PCB-1232、PCB-1248、PCB-1260、PCB-1060、毒杀芬、2，3，7，8-四氯二苯-对-二噁英
金属、非金属类	总锑、总棉、总砷、总铍、总镉、总铬、总铜、总氰、总铅、总汞、总镍、总硒、总银、总铊、总锌

表 3-3　美国 EPA 重点控制的水环境污染物

类别	种类
可吹脱的有机物（31 种）	挥发性卤代烃类 26 种（氯仿、溴仿、氯甲烷、溴甲烷、氯乙烯、三氯乙烯、四氯乙烯、氯苯等），苯系物 3 种（苯、甲苯、乙苯）及丙烯醛、丙烯腈
酸性、中性介质可萃取的有机物（46 种）	二氯苯、三氯苯、六氯苯、硝基苯类、邻苯二甲酸脂类、多环芳烃类（芴、荧、蒽、苯并 [a] 芘）、联苯胺、N-亚硝基二苯胺
碱性介质可萃取的有机物（11 种）	苯酚、硝基苯酚、二硝基苯酚、二氯苯酚、三氯苯酚、五氯苯酚、对氯间甲苯酚
杀虫剂和多氯联苯（26 种）	α-硫丹、β-硫丹、α-六六六、β-六六六、γ-六六六、δ-六六六、艾氏剂、狄氏剂、4，4′-滴滴涕、七氯、氯丹、毒杀酚、多氯联苯、2，3，7，8-四氯二苯并对二噁英
金属（13 种）	Sb、As、Cd、Cr、Cu、Pb、Hg、Ni、Se、Tl、Zn、Ag、Be
其他（2 种）	总氯、石棉（纤维）

根据上述筛选原则，综合考虑国内外污染物名录，有毒有害污染物的检出率、理化性质和毒性程度等指标，以及污染物暴露风险，选择适当的方法进行特征污染因子的筛选。

3.1.2.2 污染特征因子筛选与排序技术

目前，污染特征因子筛选方法中，综合评分法、潜在危害指数法和灰色模型法运用最为广泛。针对污染典型区域复合型、结构型污染的特点，经过对各种特征污染因子筛选方法的分析和比较，推荐采用综合评分法与潜在危害指数法相结合的方法、灰色模型法进行特征污染因子的筛选。其方法过程如下所述。

1）综合评分法与潜在危害指数相结合

采用打分的方式，以待选污染物的综合得分的多少来排出先后次序，从而达到筛选的目的。筛选前，事先需设定评分系统和权重，将各参数的数据分级赋予不同的分值。筛选时，给待选的污染物按一定的指标逐一打分，各单项的得分叠加即为每一污染物所得总分。然后设定一分数线来筛选出一定数量的环境优先污染物。综合评分法选取了9个单项指标，见表3-4。然后为各单项指标制定定量标准，有些不易定量的参数，利用定性–数量化方法，进行标准化定量。参数分值叠加，作为污染物的总分值。值越高，表明潜在危害越大。为计算简单，除污染物的检出频率外，定量参数多采用10倍量定值，这样既可使分值下降，也可降低对原始数据精度的要求，使之更符合实际情况。对各单项指标的分值，通过专家打分的方式，引入权重系数，进行加权计算，并按计算结果进行排序和初筛。对初筛结果在综合考虑了治理技术可行性和经济性及可监测条件、对照国内外同类污染物黑名单的基础上，进行复审、调整，得出适合的重点控制名单。计算公式为：综合评价值＝A×25＋B×10＋C×10＋D×6＋E×12＋F×10＋G×7＋H×12＋I×8。

表 3-4 综合评分法指标构成和权重（华蕾等，2008）

序号	指标	指标代码	指标权重
1	环境中的检出率	A	25
2	潜在危害指数	B	10
3	环境（健康）影响度	C	10
4	是否属于有毒化学品	D	6
5	流域污染源的检出情况	E	12
6	是否环境激素	F	10
7	是否美国 EPA《优先有机污染物》	G	7
8	是否中国《优先有机污染物》	H	12
9	是否持久性有机污染物	I	8
合计			100

污染物的检出率反映了该化合物在环境中的发生量和分布程度。共分为5级：检出率1.0%～20.0%，分值为1；检出率20.1%～40.0%，分值为2；检出率40.1%～60.0%，分值为3；检出率60.1%～80.0%，分值为4；检出率大于80%时，分值为5。

环境（健康）影响度的计算方法为：以最大的环境（健康）影响度为1，其余分别乘以最大的环境（健康）影响度的倒数。

潜在危害指数用来评价所涉及的数目浩大的污染物的潜在环境危害，从而筛选出危害最大、需深入研究的化学物质。潜在危险指数利用各种毒性数据通过模式运算来估计化学物质的潜在危害大小，并据此予以排序和筛选。潜在危险指数越大，说明该化学物质对环境构成危害的可能性越大。潜在危险指数的灵敏度很高，有些化学物质虽是同分异构体，其潜在危险指数却明显不同，在具体应用时，可将各种污染物的潜在危险指数与其单位时间的排放量相乘，乘积越大，在评价时排序越靠前，应作为重点污染物考虑（徐海，1998）。

潜在危害指数是依据多介质环境目标值（MEG）计算得到的，计算公式如下：

$$N = 2aa'A + 4bB$$

式中，N 为潜在危害指数；A 为某化学物质的周围多介质环境目标值（ambiet multimedia environmental goals，AMEC）所对应的值；B 为潜在"三致"化学物质的 AMEC 所对应的值；a，a'，b 为常数。A、B 的确定原则见表3-5。

表 3-5 A、B 值的确定（徐海，1998）

一般化学物的 $AMEG_{AH}/(\mu g/m^3)$	A 值	潜在"三致"化学物的 $AMEG_{AC}/(\mu g/m^3)$	B 值
>200	1	>20	1
<200	2	<20	2
<40	3	<2	3
<2	4	<0.2	4
<0.02	5	<0.02	5

a、a'、b 的确定原则如下：可以找到 B 值时，$a=1$，无 B 值时，$a=2$；某化学物质有蓄积或慢性毒性时，$a'=1.25$，仅有急性毒性时，$a'=1$；可以找到 A 值时，$b=1$，找不到 A 值时，$b=1.5$。

（1）AMEG 及一般化学物质的 $AMEG_{AH}$ 计算。AMEG 即周围多介质环境目标值，是美国环境保护局工业环境实验室推算出来的化学物质或其降解产物在环境介质中的限定值。$AMEG_{AH}$ 的计算模式有以下两种。

$$AMEG_{AH}（\mu g/m^3）= 阈限值（或推荐值）/420 \times 10^3$$

式中，阈限值为化学物质在车间空气中的允许浓度（mg/m^3，时间加权值）；推荐值为化学物质在车间空气中最高浓度推荐值（mg/m^3）。推荐值在没有阈限值或推荐值低于阈限值时使用。

$$AMEG_{AH}（\mu g/m^3）= 0.107 \times LD_{50}（mg/kg）$$

这是个在没有阈限值和推荐值时使用的公式。LD_{50} 的数据主要以大白鼠经口给毒为依据。若没有大鼠经口给毒的 LD_{50}，也可用小鼠经口给毒的 LD_{50} 等其他毒理学数据来代替。

（2）潜在"三致"化学物质的 $AMEG_{AC}$ 及其计算。$AMEG_{AC}$ 即空气中以"三致"影响为依据的 AMEG，$AMEG_{AC}$ 的计算公式有以下两种。

$$AMEG_{AC}（\mu g/m^3）= 阈限值（或推荐值）/420×10^3$$

式中，阈限值为"三致"物质或"三致"可疑物的车间空气中的允许浓度（mg/m^3）。

$$AMEG_{AC}（\mu g/m^3）= 10^3/（6 ×调整序码）$$

式中，调整序码反映化学物质"三致"潜力的指标。在现有条件下，我们无法查到该值，所以只能用第一种计算公式计算 $AMEG_{AC}$。

潜在危害指数的数值范围为 1~30，我们将其划分为 5 个区间：指数 1~6，分值定为 1，此区间的化合物多无慢性毒性；指数 6.5~12.5，分值定为 2；指数 13~18.5，分值定为 3，此区间的化合物多有慢性毒性和"三致"作用；指数 19~24.5 时，分值定为 4；危害指数大于或等于 25 时，分值定为 5，此区间的化合物多为国际上公认的强烈致癌物质。

根据上述评分标准和总分计算方法对区域污染物进行评分，按总分值的大小排序，依据综合评价指数分值，考虑污染物的污染程度、毒性大小、健康效应以确定特征污染因子。

2）灰色模型法

灰色模型的研究对象是灰色系统。灰色系统为部分信息明确、部分信息不明确的系统。由于环境质量受多个因素的影响，有的因素通过监测可以掌握其影响程度，有的因素难以测量和了解，有的因素还未被人们所认识，因而环境系统可以作为灰色系统来研究。将环境系统作为灰色系统来研究就是将一系列环境监测结果的变化看成一个随时间变化的灰色过程，通过一系列针对灰色模型的数据处理方式将环境变化的趋势白化（杨士建等，2002）。

灰色模型的建立步骤如下。

先建立某种污染因子的检测值随时间的变化序列：

$$X(0) = (X(0)(1)X(0)(2)\cdots X(0)(n))$$

然后对序列 X（0）作累加，生产一个新的序列

$$X(1)(K) = \sum_{m=1}^{K} X^{(0)}(m)$$

于是有

$$X(1) = (X(1)(1)X(1)(2)\cdots X(1)(n))$$

再由 X（1）序列，构造数据矩阵 B，有

$$B = \begin{bmatrix} -1/2X^{(1)}(1) + X^{(1)}(2)\cdots 1 \\ -1/2X^{(1)}(2) + X^{(1)}(3)\cdots 1 \\ -1/2X^{(1)}(n-1) + X^{(1)}(n)\cdots 1 \end{bmatrix}$$

构造出一个另外的矩阵 Yn：

$$Yn = (X(0)(2)X(0)(3)\cdots X(0)(n))T$$

在最小二乘法准则下，有

$$S = \binom{a}{b} = (BTB) - 1BTYn$$

我们可以得出累加值的变化规律：

$$X(1)(k) = [X(0) - b/a]e - a(k - 1) + b/a$$

通过方程变换，我们可以得出此种污染因子的变化趋势：

$$X(0)(k) = [X(0) - b/a][e - a(k - 1) - e - a(k - 2)]$$

对上述方程进行分析后，我们发现以下几点。

当 $a>0$ 时，污染因子的浓度随时间的推移而降低，且 a 值越大，降低的趋势越明显，幅度也越大。

当 $a<0$ 时，污染因子的浓度随时间的推移而变大，且 a 值越小，变大的趋势越明显，幅度也越大。

当 $a=0$，污染因子的浓度随时间的推移无变化。

由于参数 a 能反映出污染因子的变化规律，故我们称参数 a 为趋势因子。

参照增量趋势法的处理方式，并根据参数趋势因子 a 和污染指数 P_i（$P_i = C_i/C_0$，其中 C_i 为实测值的平均值，C_0 为评价标准），将要分析的环境污染因子分为以下四种状态：

状态（1.1），$P_i > 1$，$a < 0$。表示环境污染不但已经发生，而且正在加剧，处于（1.1）状态的因子是现实的主要污染因子，是治理环境污染时的关键因子，有必要对之进行重点整治。

状态（1.2），$P_i > 1$，$a \geq 0$。表示环境污染虽已发生，但污染程度趋于减轻，对应的因子是现实污染因子，可以是关键因子。

状态（2.1），$P_i \leq 1$，$a < 0$。表示第 i 种因子的数量正在增加，现在虽没有超标，还未造成现实环境污染危害，却是使环境质量变差的潜在因子，是潜在的关键因子，如果任其继续发展下去，便可能成为现实的污染因子，应成为主要关注对象。

状态（2.2），$P_i \leq 1$，$a \geq 0$。表示第 i 种因子不仅未超标，而且在环境中的数量还在减少，为非污染因子，治理时可以不必专门考虑此因子，维持现状即可。

3.1.3 环境污染分类

由于环境污染的形态、性质和类别不同，人群健康损害也不同，根据污染物的受纳体、来源、种类、性质和健康危害等进行环境污染分类，主要包括基于环境受体、基于污染来源、基于环境污染物、基于环境污染物性质和基于环境污染物健康危害等环境污染分类体系（图3-2）。

根据污染物存在的环境介质分类：水环境污染（地表水、地下水）、大气环境污染（空气、大气颗粒物）、土壤污染、动植物污染；根据污染来源分类：工业污染（工业废水、废气、废渣）、农业污染（化肥、农药、秸秆污染、畜禽粪便等）（石梓涵，2011）、生活污染（生活污水、城市固体废物等）、自然因素污染（火山灰、森林火灾等）；根据污染物性质分类：物理性污染（噪声污染、光污染、电磁污染、热污染等）（钱易和唐孝炎，2000）、化学性污染、生物性污染（寄生虫、细菌、病毒）；根据污染物种类分类：重金属污染、非重金属类无机污染、持久性有机污染、非持久性有机污染；根据污染效应分类：一般危害类污染、"三致"（致癌、致畸和致突变）效应类污染、环境激素类污染（环境内分泌干扰物）（冯辉霞等，2007）；根据风险发生时间分类：急性污染、亚急性污

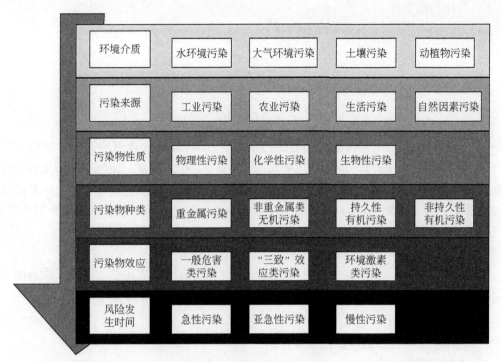

图 3-2　环境污染分类体系

染、慢性污染。

3.1.4　区域环境污染源分析

在进行环境污染识别时，对污染物来源、污染浓度、迁移转化途径和持续时间等进行特征分析，对于区域环境污染状况的研究尤为重要。

环境污染源是指造成环境污染的污染物发生源，通常指向环境排放有害物质或对环境产生有害影响的场所、设备、装置或人体。根据污染源环境介质类型、分布特征、空间位置等，可以有不同的分类（方欣，2006）。在对污染源进行分析时，可通过现场调查、污染物释放量计算、迁移转化量计算等方法，分析污染主要来源和区域污染物总量（黄龙和焦锋，2010）。

通过对区域内污染源位置、产品、生产工艺、污染物产生与排放等基本信息资料的分析，结合现场调查，了解污染区域内污染源污染物排放、分布等特点，判定区域内主要的污染源及污染途径。污染源特征分析主要采用以下方法。

3.1.4.1　等标污染负荷法

按照国家环保局制定的《工业污染源调查技术要求及其建档技术规定》，对工业污染源的评价一般采用"等标污染负荷法"（刘鹏飞和于文海，1995；刘永斌，2012），各指标的计算过程如下。

1）等标污染负荷

（1）废水中污染物等标污染负荷计算：

$$P = \frac{C}{C_0}Q \times 10^{-6}$$

（2）废气中污染物等标污染负荷计算：

$$P = \frac{C}{C_0}Q \times 10^{-9}$$

式中，P 为废水、废气中某污染物的等标污染负荷；C 为废水、废气中某污染物的实测浓度（废水浓度单位为 mg/L、废气浓度单位为 mg/m^3）；C_0 为废水、废气中某污染物的评价标准浓度（废水浓度单位为 mg/L、废气浓度单位为 mg/m^3）；Q 为废水、废气中某污染物的年排放量（废水浓度单位为 t/a、废气浓度单位为 m^3/a）；1×10^{-6}、1×10^{-9} 分别为废水、废气的换算系数。

2）区域内的等标污染负荷

整个区域内的多个污染源都含有该致病污染物，则该污染物在整个评价范围内的等标污染负荷等于其境内所有污染源对该污染物等标污染负荷之和，即

$$P = \sum P_j$$

式中，P_j 为第 j 个污染源的等标污染负荷。

3）等标污染负荷比

在整个评价范围内，一个污染源所排放所有污染物的等标污染负荷之和占该评价范围总等标污染负荷的百分比，称为该污染源对于这个评价范围的等标污染负荷比，记做 K_j。

$$K_j = \frac{P_j}{P} \times 100\%$$

3.1.4.2　污染贡献率的计算（黄东风等，2008；刘承志，2012）

污染源的污染贡献率是指该污染源中致病污染物排放量与所有污染源此污染物排放总量之比。

$$污染贡献率 = G_j / \sum G_j \times 100\%$$

式中，G_j 为第 j 个污染源的污染物排放量；$\sum G_j$ 为调查范围内所有污染源的污染物排放量。

某种污染物的等标负荷比与各污染源排放含此污染物介质的年排放量及污染物浓度有关，污染源的等标负荷比越大，该污染源的污染贡献率越大。

污染贡献率可作为承担环境污染导致健康损害事件责任大小的依据。污染贡献率的最大值对应于最主要的污染源，应该对整个环境污染导致的健康损害事件负主要责任。

3.1.4.3　污染源指标群

等标污染负荷和污染贡献率的计算，是在污染物的种类和排放量明确的情况下较为适用，而对于多污染源介质、污染物种类较多的污染源，需通过建立区域环境污染源评价指标体系，对区内污染源进行识别和分析，以便于结合空气质量指数法、水质综合污染指数法、内梅罗指数法等方法，对区域大气、水、土壤环境污染状况进行评价。

建立污染源评价指标群，将污染源分为三大类：大气污染源、水污染源和固体废物污染物。建立各类污染源的迁移转化指标群，划分各类污染源的指标（表3-6）。

表3-6　污染源评价指标群（夏彬，2011）

污染类别	指标类别		
大气污染源	排放状况	风速	
		风向	
		排放规律	
		排污历史	
		单位周界	
		监控点与参照点不设位置	
水污染源	主要污染排放量	主要污染物	
		排放浓度/（mg/L）	
		排水量/（m³/t）	
	超标排放污染物	超标污染物	
		浓度超标倍数	
		排水量超标倍数	
		污染物最高允许年排放量/(t/a)	
	排污状况	污染源位置	
		排污历史	
		排污规律	
固体废物污染源	固体废物类别	一般废物	排放量/t
			储存量/t
			处置量/t
			临时堆放量/t
		危险固体废物	排放量/t
			储存量/t
			处置量/t

1）大气污染源主要污染物

《大气污染物综合排放标准》（White，1987）规定了二氧化硫、氮氧化物、颗粒物、氯化氢、铬酸雾、硫酸雾、氟化物、氯气、铅及其化合物、汞及其化合物、镉及其化合物、铍及其化合物、镍及其化合物、锡及其化合物、苯、甲苯、二甲苯、酚类、甲醛、乙醛、丙烯腈、丙烯醛、氰化氢、甲醇、苯胺类、氯苯类、硝基苯类、氯乙烯、苯并［a］芘、光气、沥青烟、石棉尘、非甲烷总烃共33种大气污染物的排放限值，各行业排放标准也有规定。《大气污染物名称代码》对气体污染物进行了分类，并规定了名称代码，大气污染源的主要污染物可采用健康指数评价法或评价规范规定的其他评价方法予以确定。按综合标准或行业标准的相关规定进行布点、采样、监测可给出大气污染物排放浓度。

2）水污染源主要污染物

《污水综合排放标准》（GB 8978—1996）规定总汞、烷基汞、总镉、总铬、六价铬、总砷、总铅、总镍、苯并［a］芘、总铍、总银、总α放射性、总β放射性共13种第一类污染物，不分行业和污水排放方式，也不分受纳水体的功能类别，一律在污染源排放口采样，其最高允许浓度必须达到标准要求。

3）固体废物污染源

在生产与生活活动中排放固体废物的设施、场所和建筑构造，称为固体废物污染源。固体废物污染物包括：一般固体废物，指未被列入《国家危险废物名录》或者根据国家规定的GB5085鉴别标准和GB5086及GB/TI5555鉴别方法判定不具有危险特性的固体废物，包括一般工业固体废物和生活垃圾；危险固体废物，指列入国家危险废物名录或者根据国家规定的危险废物鉴别标准和鉴别方法认定的具有危险特性的固体废物。

3.2　人群暴露特征分析

3.2.1　区域人群暴露特征分析技术路线

通过资料收集与现场调查相结合的方法，掌握区域内人口数量、结构、年龄与性别构成、分布，区域内人群的生活习惯、饮食、暴露途径、暴露时间、暴露参数等特征，以及暴露人群的体内负荷、不良症状、健康状况等情况。主要采用资料收集、流行病学调查、环境污染调查和生物样本检测方法进行区域人群的暴露特征分析（图3-3）。

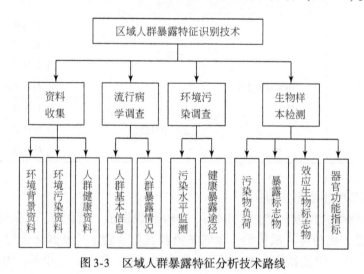

图3-3　区域人群暴露特征分析技术路线

3.2.2　资料收集

1）环境背景资料

区域自然与社会环境的背景资料，主要包括区域位置、地质地貌、河流水文、气候气象等自然环境背景资料，行政区划、人口、城镇化、产业结构、重点工业企业、经济结构及规模等社会经济背景资料。

2）环境污染资料

环境污染资料，主要包括环境污染源类型、数量、污染物排放与治理，区域内环境介质背景值、污染状况等资料。

3）人群健康资料

区域人群健康资料，主要包括区域人群的疾病种类、发病率、就诊率，人群死亡率、死因归类等，以及区域人群营养、健康调查等资料。

通过从当地相关部门收集区域内环境与健康相关研究成果和文献调研，获得区域自然与社会环境资料、人口基本资料、产业与经济资料、环境污染源及污染状况资料和人群健康资料，分析区域自然与社会环境特征、环境污染源种类及分布特征、环境污染现状，以及人口构成、结构、数量及其分布特征。

3.2.3　流行病学调查

流行病学调查是指用流行病学的方法进行的调查研究，主要用于研究疾病、健康和卫生事件的分布及其决定因素。流行病学调查目的主要是去除混杂因子和获取人群暴露与健康数据。

流行病学调查常用方法有：①描述性研究：主要方法为现况研究，通过调查描述疾病的分布和各种可疑致病因素的关系，提出病因假说。②分析性研究：一般选择一个特定的人群，对由描述性研究提出的病因或流行因素的假设进行分析检验。它可分为病例对照研究和队列研究。③实验法：在人群中进行的方法，将观察人群随机分为试验组和对照组，给试验组施加某种干预措施，通过随访观察，判定干预措施的效果，进一步验证假说。

按照流行病学调查，确定原则，采用简单随机、分层随机或整群随机等分组抽样方法进行目标人群调查。

1）人群基本信息

人群基本信息包括性别、年龄、职业、家庭、社会经历、生活习惯、饮食结构、健康状况等。

2）人群暴露情况

人群暴露情况主要考虑暴露途径、剂量、期限、频率等。

选择适当的数理统计分析方法进行数据处理，分析区域人群年龄、性别、居住、职业、生活习惯等混杂因子对健康效应的影响；借助国内外现有的模型方法，结合相关研究结果，获得人群暴露途径、暴露时间和暴露频率等暴露数据，人群体重、寿命、体表面积、呼吸速率、饮水率等暴露参数，以及调查人群的疾病、不良症状等健康效应数据。

3.2.4　环境污染调查

根据国家相关监测技术规范，对区域内大气、水环境、土壤、农作物、食品等环境介质进行调查采样、检测分析，获得区域各环境介质中的污染物水平和人群污染物暴露浓度，明确人群对各污染物的暴露途径。

3.2.5 人群暴露特征分析

通过生物样本检测，掌握污染物内暴露和健康损害情况。主要检测人体污染物负荷、暴露标志物、效应生物标志物及各个器官系统的功能指标。

采集人群血液、尿液或毛发等生物材料标本，一方面，根据国内外生物样本检测分析方法标准，检测生物样本的污染物及其代谢产物的含量，获取污染物的内暴露数据；另一方面，根据国内外医学或生物化学检测方法，对生物样本进行生理生化、血液学、免疫学、分子生物学、病理学等的检测，获取污染物的暴露标志物、健康效应标志物的数据，分析人群健康损害程度。

1）污染物负荷

采集人群血液、尿液或毛发等生物材料标本，测定污染物在样本中的含量。

2）暴露标志物

暴露标志物又称接触标志物（biomarker of exposure），指机体生物材料中外源性物质及其代谢产物，或外源性物质与某些靶分子之间相互作用产物的含量。包括反映内剂量（化学物及其代谢产物）和生物效应剂量（与生物大分子形成的加合物）两类物质（表3-7）。

表3-7 常见的两类暴露标志物 （夏彬等，2009）

暴露标志物种类	标志物名称
化学物及其代谢产物	细胞、组织（脏器、骨髓、头发、指甲、脂肪和牙齿）、体液（血液、乳汁、羊水、唾液和胆汁）、排泄物（粪便、尿液、汗液）或呼出气中外源性化学物及其代谢产物的浓度
与生物大分子形成的加合物	BC/加合物、蛋白质加合物及 BC/蛋白质交联物

3）效应生物标志物

效应生物标志物（biomarker of effect），指机体中可测出的生化、生理、行为或其他改变的指标，包括反映早期生物效应、结构和（或）功能改变及疾病3类标志物（表3-8）。

表3-8 常见的效应生物标志物 （张忠彬等，2005）

分类	生物标志物
大分子氧化损伤及其产物	反映脂质过氧化的指标
	反映蛋白质氧化损伤的指标
	反映 DNA 氧化损伤的指标
分子遗传学改变	DNA 的初级损伤
	癌基因激活或抑癌基因失活
	体细胞靶基因或特定反应基因的突变
	细胞周期调控的改变
	细胞信号传导的影响
	异常的基因表达

分类	生物标志物
特定蛋白或抗体的诱导形成	成热休克蛋白（HSP）
细胞结构或功能改变的标志物	血清酶标志物
	反映细胞异常增生、分化的标志物

4）器官功能指标

通过对人体器官，如肾脏、肝脏的指标的检测，亦可表征污染物对人体器官的损伤程度（表3-9）。

表3-9 常用器官功能指标（税国顺等，2001；胡兆坤和杨润霞，2005；冯国臣和白茹，2011）

检测项目	检测指标	检测介质
甲状腺功能检查指标	促甲状腺激素	血清
	三碘甲状腺原氨酸	血清
	甲状腺素	血清
	游离三碘甲状腺原氨酸	血清
	游离甲状腺素	血清
肝功能指标	总蛋白	血清
	白蛋白	血清
	前白蛋白	血清
	胆碱酯酶	血清
	谷丙转氨酶	血清
	谷草转氨酶	血清或血浆
	乳酸脱氢酶	血清
	凝血酶原时间	血浆
	总胆红素	血清
	直接胆红素	血清
	总胆酸	血清
	血氨	全血或血清
	碱性磷酸酶	血清
	r 谷氨酸转肽酶	血清
	5′–核苷酸酶	血清
心肌指标	肌酸激酶	血清
肾功	尿素氮	血清
	尿酸	血清、尿液
	血肌酐	血清

3.3　健康损害特征识别

3.3.1　健康损害特征识别技术路线

在明确区域人群健康损害的类别前提下，对区域人群的健康损害特征进行识别，主要针对区域环境污染的人群健康效应进行分析，明确健康损害效应的分类，进而分析区域人群的健康效应谱、疾病构成及死因顺位，掌握区域人群健康效应的分布、理论患病率、疾病构成及死因等健康损害特征（图3-4）。

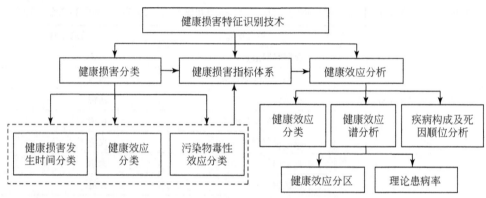

图3-4　健康损害特征识别技术路线

3.3.2　健康损害分类

由于不同环境污染导致的人群健康损害不同，因此需基于健康损害的发生时间、健康效应等进行分类，以便对环境污染造成的健康损害进行识别。

1）根据健康损害的发生时间分类

急性中毒：环境污染物在短时间内大量进入环境，可使暴露人群在较短时间内出现不良反应、急性中毒甚至死亡。

慢性中毒：主要包括引起非特异性损害、诱发慢性疾患（CODP）、持续性蓄积危害、公害病，以及环境中多种有害因素的联合作用。

人体过量负荷和亚临床变化：所谓亚临床变化是用一般的临床医学检查方法难以发现症状和阳性体征的。随着污染物浓度（剂量）的增加和接触时间的延长，才逐渐显露出人体健康损害或引起疾病。

环境污染对人群健康的远期危害：包括致癌作用和对遗传的影响。

2）根据健康效应分类

特异性损害：环境污染因子对机体造成的损害具有某种典型的临床表现和特征，污染物可引起机体特异的症状、体征、生理、病理、X线片的改变等，具有特异的观察或检测指标。

非特异性损害：环境污染对机体健康的影响不是以某种典型的临床表现出现，而是表现为生理功能、免疫功能、抵抗能力、劳动能力、健康状况等的下降，对有害因子的敏感性增强，以及某些常见病和多发病的发病率和死亡率增加等。

蓄积效应：环境污染因子连续、反复进入机体后，其吸收速度或总量超过机体代谢转化排放的速度与总量，污染物质在体内逐渐增加并储存，造成机体的损害，或者污染物的量不在体内蓄积，但在靶器官、靶组织产生的有害效应却可以逐渐累积，最终造成机体的损害。

3）根据污染物毒性效应分类

一般毒性效应：机体各系统对外源化学物质的毒性作用反应。

"三致"毒性效应：机体因化学物质引起的致癌、致畸和致突变效应。

生殖毒性效应：机体因外来化学物质对雌性和雄性生殖系统（包括排卵、生精、生殖细胞分化和胚胎细胞发育等）造成损害，引起生化功能和结构的变化，影响繁殖能力的效应。

发育毒性效应：指出生前后接触有害因素，子代个体发育为成体之前诱发的任何有害影响。发育毒性的主要表现有发育生物体死亡、生长改变、结构异常和功能缺陷。

3.3.3　区域人群健康效应分析

环境因素作用于人群，严重时可以引起居民患病率（特异的或非特异的疾病）增加或死亡率增加，但由于人群中各个个体暴露剂量水平、暴露时间存在着差异，个体在年龄、性别、体质状况（健康和疾病）及对该有害因素的遗传易感性不同，人群中不是所有的人反应程度都一样，而是呈现金字塔形分布，如图3-5所示。对该健康效应谱的分析，可以更好地表征人群因环境因素的影响而产生的健康效应，以及环境因素的影响可能引起的生理反应。

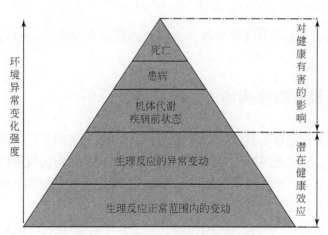

图3-5　人群对环境异常变化的反应

由图3-5可见，大多数人表现为污染物人体负荷增加，不引起生理变化；有些人稍有生理变化，但属正常调节范围；有些人处于生理代偿状态，此时如果停止接触有害因素，机体就朝着健康方向恢复；代偿失调而患病的人在总居民人数中只是少数，而死亡的人数比患病人数要更少。

1）健康效应分类

个人健康效应与人群健康效应，包括近期效应与远期效应、特异效应与非特异效应。

2）健康效应谱分析法

区域人群健康效应级度分布具有一定的规律，设健康效应级度为 X_i，出现例数为 A_i（或构成频数为 P_i），然后计算分布的尾量 R_i 值，经最小二乘法作级度 X_i 与尾量 R_i 之间的相关分析，结果符合下述数学式：

$$\hat{Y}_i = m \times e^{-ax}$$

或

$$\hat{Y}_i = m \times B^{-x} \qquad (B = c^{-a})$$

式中，$\hat{Y}_i$ 为各级度分布的理论尾量值；m 为调查总体；x 为健康效应级度（$x = 0$，1，2，3，4）；a 为分布曲线的斜率。

通过建立健康效应级度分布模式，可以进行以下分析。

（1）健康效应分区。环境作用因子是一相当持久和稳定的客观存在，因此，采用历史或现状的病情调查资料计算级度分布的增量 B（$B = e^{-a}$），可以反映出该地人群健康效应的水平，并推断环境作用因子的强度。另外，将调查范围的人群健康效应进级系数（B）作有序排列，且在地域上连片进行集合，可试绘出健康效应分区概图，可直观分析健康效应与环境污染是否具有一致性。

（2）理论患病率估算。依据人群健康效应级度分布的规律，以实际调查资料中健康效应各级度出现的频率为素材，可以估计该时期的理论患病率。其计算式如下：

$$\bar{P}_1 = \frac{1}{N} \sum_{i=1}^{n} R_i^{1/x_i} \qquad (0 < R_i < 1)$$

式中，$\bar{P}_1$ 为理论患病率；R_i 为级度分布尾量；X_i 为健康效应级度，$i = 1$，2，3，4；N 为参与统计的项数。

3.3.4　区域人群疾病构成及死因顺位分析

疾病死亡原因分析是居民健康统计的重要内容之一，死因顺位可以反映因各种死因所致死亡的严重程度。通过死因顺位分析法，可以定量地揭示影响区域居民的主要疾病，反映一个区内的卫生状况、居民健康水平和疾病危害程度，在一定程度上也可以用来表征区域人群的健康损伤程度。

目前秩和比法已经较为成熟和广泛地应用于环境与健康的研究领域（徐钟麟，1991；付维华等，2012）。使用该法可对区域人群的疾病及死因进行分析，探索区域疾病构成、死因顺位及其动态变化。

秩和比法（rank-sum ratio，RSR）（田凤调，2002），是一组全新的统计信息分析方法，是数量方法中一种广谱的方法，它不仅适用于四格表资料的综合评价，也适用于行乘以列表资料的综合评价。其中，RSR 指的是表中行（或列）秩次的平均值，是一个非参数计量，具有 0~1 区间连续变量的特征。其基本思想是在一个 n 行（n 个评价对象）m 列（m 个评价指标）矩阵中，通过秩转换，获得无量纲的统计量 RSR，以 RSR 值对评价对象的优劣进行排序或分档排序。

秩和比是一个内涵极为丰富的统计量，表明不同计量单位多个指标的综合水平。秩和比的计算步骤如下。

（1）计算 RSR 值：

$$RSR_i = \frac{1}{mn}\sum_{j=1}^{m} R_{ij}$$

式中，$i=1$，2，$\cdots$，n；$j=1$，2，$\cdots$，m；R_{ij} 为第 i 行第 j 列元素的秩。

（2）确定 RSR 值的分布：RSR 的分布即用概率单位 Probit 表达的 RSR 值特定的向下累计频率。

（3）计算回归方程：以概率单位值 Probit 为自变量，以 RSR 值为应变量，计算回归方程：RSR = $a + b \times$ Probit

（4）分档排序：按合理分档和最佳分档原则进行分档，按照 RSR 值的大小对环境污染健康损害程度进行排序，RSR 大的评价对象环境污染健康损害程度小，人群健康相对乐观。

3.3.5 环境污染健康损害识别指标体系

通过相关文献资料的收集和分析，以及相关科研项目的研究成果，根据环境与健康特征识别研究，提出了环境污染与健康危害识别的指标体系。环境污染与健康识别指标体系见表 3-10（夏彬等，2009；张忠彬等，2005；冯国尘和白茹，2011）。

表 3-10　环境污染与健康损害识别指标体系

指标	类型		指标名称
环境污染特征	污染源特征	污染源识别评价指标（大气、废水、固体废弃物）	主要污染物
			排放特征（包括浓度、排放量、达标率、排放历史）
			排放规律
			污染源分布
			污染源等标污染负荷
			污染源污染贡献率
	环境污染特征因子	无机污染物	污染物种类
			污染物浓度
			污染物理化性质
			污染物毒性
			各污染物健康效应
			污染物分布

指标	类型		指标名称
环境污染特征	环境污染特征因子	有机污染物	污染物种类
			污染物浓度
			污染物理化性质
			污染物毒性
			污染物健康效应
			污染物分布
		环境激素类污染物	污染物种类
			污染物浓度
			污染物理化性质
			污染物毒性
			污染物健康效应
			污染物分布
人群暴露特征指标	人群基本特征	区域人群特点	人群数量
			年龄构成
			性别构成
			区域分布特征（城镇、农村等）
		人群暴露参数	寿命
			身高、体重
			体表面积
			呼吸速率
			饮水率
			饮食摄取水平
			时间活动模式
	外暴露指标	污染物浓度及其摄入量指标	食物中污染物浓度
			非饮用水水中污染物浓度
			饮用水中污染物浓度
			大气中污染物浓度
			土壤中污染物浓度
			食物摄入量
			非饮用水污染物摄入量
			饮用水摄入量
			大气污染物摄入量
			土壤污染物摄入量

续表

指标	类型		指标名称
人群暴露特征指标	内暴露指标	污染物或其代谢产物浓度	细胞
			组织（脏器、骨髓、头发、指甲、脂肪和牙齿）
			体液（血液、乳汁、羊水、唾液和胆汁）
			排泄物（粪便、尿液、汗液、精液）或呼出气
		重金属生物标志物	金属硫蛋白（MTs）
			抗氧化酶类
			还原性谷胱甘肽（GSH）
			外周血清转氨酶
			免疫标志物
		有机磷农药、氨基甲酸酯类农药生物标志物	胆碱酯酶（ChE）
			对氧磷酶
			烷基磷酸酯
			植物酯酶
			羧酸酯酶（care）
		苯类、OCs、PAHs、PCBs、PCDD/Fs类污染物生物标志物	混合功能氧化酶（MFO）
			谷胱甘肽转移酶（GSTs）
			超氧化物歧化酶（SOD）和谷胱甘肽过氧化酶（GPx）
			DNA加合物
			蛋白质加合物
			经切割的太分子加合物
健康特征指标	健康效应指标	一般性效应标志物	大分子氧化损伤及其产物（脂质过氧化、蛋白质氧化损伤、DNA氧化损伤）
			初级DNA损伤生物标志物
			靶基因和报告基因的遗传学改变
			细胞遗传学改变
			细胞周期调控的改变
			细胞信号传导的影响
			氧化应激生物标志物
			毒物代谢酶的诱导及其他酶活性的改变
			特定蛋白质的诱导生成
		易感性标志物	毒物代谢酶多态性
			DNA修复酶缺陷
			其他遗传易感性素质

指标	类型		指标名称
健康特征指标	组织器官功能损害生物标志物	神经系统损伤	胶质纤维酸性蛋白（GFAP）
			神经元特异性烯酶化酶（NSE）
			髓鞘碱性蛋白（MBP）
			S－100B
		肾脏损伤	尿素氮
			尿酸
			血肌酐
			尿微量白蛋白（MA）
			IgG
			层粘连蛋白
			尿转铁蛋白（TRF）
			$\alpha1$-微球蛋白（$\alpha1$-MG）
			$\beta2$-微球生自（$\beta2$-MG）
			尿 N-乙酰-β-G-氨基葡萄糖苷酶（NAG）
			视黄醇结合蛋白（RBP）
		心脏损伤	心肌酶谱
			缺血修饰白蛋白
			肌钙蛋白
		骨骼肌损伤	肌酸激酶（CK）
			C-反应蛋白（CRP）
			氧自由基
		肝脏损伤	谷丙转氨酶
			谷草转氨酶
			白蛋白
			前白蛋白
			胆碱酯酶
			乳酸脱氢酶
			碱性磷酸酶
			5′-核苷酸酶
			r谷氨酸转肽酶
			甘胆酸（CG）
			Ⅲ型前胶原（PCⅢ）
			Ⅳ型胶原（Ⅳ-c）
			层连黏蛋白（LN，亦称板层素、板黏素）
			脯氨酸肽酶（PuD）

指标	类型			指标名称
健康特征指标	组织器官功能损害生物标志物	肝脏损伤		α-L-岩藻糖苷酶（AFU）
				唾液酸（SA）
				透明质酸（HA）
				单胺氧化酶（MAO）
				脯氨酰羟化酶（PH）
		甲状腺功能指标		促甲状腺激素
				三碘甲状腺原氨酸
				甲状腺素
				游离三碘甲状腺原氨酸
				游离甲状腺素
	人群健康指标	死亡	一般死亡	死亡率
				病死率
				生存率
				累积死亡率
			妇幼死亡	孕产妇死亡率
				围产儿死亡率
				新生儿死亡率
				婴幼儿死亡率
		疾病	妇幼疾病	早产
				低出生体重
				出生缺陷发生率
				孕期并发症发生率
			一般疾病	发病率
				患病率

参 考 文 献

方欣 . 2006. 环境污染源现状分析 . 河南预防医学杂志, 17（4）：238-240.

冯国臣, 白茹 . 2011. 不同孕期妊娠妇女肾功能指标分析 . 中外健康文摘, 31：17-19.

冯辉霞, 赵霞, 余树荣, 等 . 2007. 环境激素类物质污染的研究及展望 . 河南科学, 25（4）：660-663.

付维华, 付尧, 李文帅 . 2012. 秩和比法（RSR 法）在环境污染健康损害中的应用 . 广州化工, 3：34-36.

胡兆坤, 杨润霞 . 2005. 饮酒者肝功能指标分析 . 职业与健康, 1：17-21

华蕾, 杨妍妍, 金蕾, 等 . 2008. 利用综合指标和一元分布拟合筛选重点污染源 . 中国环境监测, 24（6）：61-67.

黄东风, 李卫华, 邱孝煊, 等 . 2008. 水口库区流域农业面源污染评价及其防治对策 . 中国生态农业学报, 16（4）：1031-1036.

黄龙, 焦锋 . 2010. 阳澄湖水源地健康风险评价及污染源分析 . 环境科学与管理, 35（6）：190-194.

刘承志. 2012. 等标污染负荷法在苏州市污染源普查评价中的应用. 环境科学与管理, 37 (6): 141-144.

刘鹏飞, 于文海. 1995. 对污染源等标污染负荷及其计算的几点看法. 东北水利水电, (5): 37-39.

刘永斌. 2012. 等标污染负荷法评价炼油污水污染源及分质治理. 生产与环境, 12 (1): 38-41.

刘征涛, 姜福欣, 王婉华, 等. 2006. 长江河口区域有机污染物的特征分析. 环境科学研究, 19 (2): 1-5.

钱易, 唐孝炎. 2000. 环境保护与可持续发展. 北京: 高等教育出版社.

石梓涵. 2011. 农业污染现状与影响分析. 资源与环境科学, (11): 262, 263.

税国顺, 何代莉, 谢顺蓉. 2001. 甲状腺功能指标组合分析. 中国基层医药, 2: 7-12.

田凤调. 2002. 秩和比法及其应用. 中国医师杂志, 2: 17-21.

夏彬, 陈建伟, 罗启芳, 等. 2009. 环境污染健康损害评价指标体系探索. 中国社会医学杂志, 26 (4): 8-12.

夏彬. 2011. 环境污染人群健康损害评估体系研究. 武汉: 华中科技大学.

徐海. 1998. 潜在危害性指数法在筛选污染因子中的应用. 上海环境科学, 17 (9): 34-35.

徐钟麟. 1991. 地甲肿区人群健康效应谱分析与应用. 中国地方病学杂志, 10 (1): 43-45.

杨士建, 赵秀兰, 张润玲, 等. 2002. 环境质量评价中关键污染因子的确定方法. 环境监测管理与技术, 14 (2): 20-23.

张忠彬, 李岩, 夏昭林. 2005. 效应生物标志物与危险度评价. 职业卫生与应急救援, 1: 23-25.

周文敏, 傅德黔, 孙宗光. 1991. 中国水中优先控制污染物黑名单的确定. 环境科学研究, 4 (6): 9-12.

White R E. 1987. Introduction to the PrinciPles and Praetice of Soil Seienee. Oxford: Blackwell Scientific Publications.

4 环境污染与健康损害评估方法

4.1 环境污染评估

4.1.1 环境污染评估技术路线

区域环境污染评估主要包括对区域多环境介质（大气、地表水、地下水和土壤）进行污染评估，以及环境特征污染因子的生物毒性综合效应评估（图4-1）。

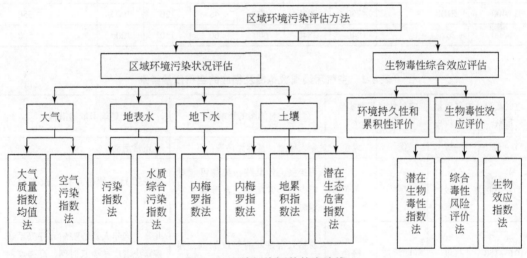

图4-1 环境污染评估技术路线

4.1.2 区域环境污染状况评估技术

区域环境污染状况评估是指对大气、地表水、地下水和土壤环境污染进行评估。大气环境质量评估方法包括大气质量指数均值法和空气污染指数法；地表水环境质量评估方法包括污染指数法和水质综合污染指数法；地下水环境质量评估技术采用内梅罗指数法；土壤环境质量评估技术采用内梅罗指数法、地累积指数法和潜在生态危害指数法。

4.1.2.1 大气环境污染评估技术

1）环境空气质量指数（AQI）法

2012 年，我国颁布了《环境空气质量标准》（GB3095—2012）和《环境空气质量指数（AQI）技术规定（试行）》（HJ633—2012），对环境空气质量标准、环境空气质量指数的分级、计算和环境空气质量级别等内容作了明确规定。

我国空气质量分指数分级标准见表4-1，空气质量类别见表4-2。

表4-1　我国城市空气质量分指数分级标准　　　　（单位：μg/m³）

空气质量分指数（IAQI）	污染物项目浓度平均限值									
	SO_2		NO_2		PM_{10}	CO		O_3		$PM_{2.5}$
	24h	1h	24h	1h	24h	24h	1h	24h	1h	24h
0	0	0	0	0	0	0	0	0	0	0
50	50	150	40	100	50	2	5	160	100	35
100	150	500	80	200	150	4	10	200	160	75
150	475	650	180	700	250	14	35	300	215	115
200	800	800	280	1200	350	24	60	400	265	150
300	1600		565	2340	420	36	90	800	800	250
400	2100		750	3090	500	48	120	1000		350
500	2620		940	3840	600	60	150	1200		500

表4-2　空气污染指数范围及相应的空气质量类别

空气质量指数	空气质量指数级别	空气质量指数类别及表示颜色		对健康的影响	建议采取的措施
0 ~ 50	一级	优	绿色	令人满意，基本无污染	可正常活动
51 ~ 100	二级	良	黄色	可接受，但某些污染物可能对极少数异常敏感人群健康有较弱影响	极少数异常敏感人群应减少户外活动
101 ~ 150	三级	轻度污染	橙色	易感人群症状有轻度加剧，健康人群出现刺激症状	儿童、老年人及心脏病和呼吸系统疾病患者应减少长时间、高强度的户外锻炼
151 ~ 200	四级	中度污染	红色	进一步加剧易感人群症状，可能对健康人群心脏、呼吸系统有影响	儿童、老年人及心脏病和呼吸系统疾病患者应减少长时间、高强度的户外锻炼，一般人群适量减少户外运动
201 ~ 300	五级	重度污染	紫色	心脏病和肺病患者症状显著加剧，运动耐受力降低，健康人群中普遍出现症状	儿童、老年人和心脏病、肺病患者应停留在室内，停止户外运动，一般人群减少户外运动
>300	六级	严重污染	褐红色	健康人群耐受力降低，有明显强烈症状，提前出现某些疾病	儿童、老年人和病人应当留在室内，避免体力消耗，一般人群应避免户外活动

污染物项目 P 的空气质量分指数按下式计算：

$$IAQI_P = (IAQI_{Hi} - IAQI_{Lo})(C_P - BP_{Lo})/(BP_{Hi} - BP_{Lo}) + IAQI_{Lo}$$

式中，$IAQI_P$ 为污染物项目 P 的空气质量分指数；C_P 为污染物项目 P 的质量浓度值；BP_{Hi} 为表 4-1 中与 C_P 相近的污染物浓度限值的高位值；BP_{Lo} 为表 4-1 中与 C_P 相近的污染物浓度限值的低位值；$IAQI_{Hi}$ 为表 4-1 中与 BP_{Hi} 对应的空气质量分指数；$IAQI_{Lo}$ 为表 4-1 中与 BP_{Lo} 对应的空气质量分指数。

空气质量指数按下式计算：

$$AQI = \max\{IAQI_1, \quad IAQI_2, \quad IAQI_3, \quad \cdots, \quad IAQI_n\}$$

式中，$IAQI$ 为空气质量分指数；n 为污染物项目。

AQI 大于 50 时，IAQI 最大的污染物为首要污染物；若 IAQI 最大的污染物为两项或两项以上时，并列为首要污染物；IAQI 大于 100 的污染物为超标污染物。

2）大气质量指数均值法（刑闪和赵景波，2011）

大气环境质量评价采用大气质量指数均值法。首先计算单项质量指数，进而计算指数均值，并采用中位数代表其平均水平。

$$P_i = C_i / C_{0i}$$

$$\overline{P} = \frac{1}{n}(\sum_{i=1}^{n} P_i)$$

$$I = (X \cdot \overline{P})^{\frac{1}{2}}$$

式中，C_i 为污染物监测日均值中位数值；C_{0i} 为污染物的质量标准值；P_i 为污染物的单项质量指数；X 为污染物单项指数（P_i）中的最大值；$\overline{P}$ 为污染物单项指数（P_i）的平均值；I 为综合大气质量指数值。

计算出大气污染物单项指数和综合指数后，按照大气质量等级划分标准对监测点的大气质量进行评价，大气质量等级划分标准见表 4-3。

表 4-3 大气质量等级划分标准

等级	清洁度	单项划分（分指数）	综合划分	
			综合指数	分指数
I	清洁	≤0.5	≤0.5	全 P<1.0
II	尚洁	>0.5	>0.5	有一项>1.0
III	轻污染	>1.0	>1.0	有两项>1.0 或有一项>1.5
IV	中污染	>1.5	>1.5	有一项>2.0
V	重污染	>2.2	>2.0	有两项>2.0

3）空气污染指数法（恒星，2012）

空气污染指数（air pollution index，API）是根据空气环境质量标准和各项污染物的生态环境效益及其对个体健康的影响来确定污染指数的分级值及相应的空气污染物浓度限值。我国城市空气质量日报 API 分级标准如表 4-4 所示，空气污染指数范围及相应的空气质量类别如表 4-5 所示。

表 4-4 我国城市空气质量日报 API 分级标准（日均值）　（单位：mg/m³）

污染指数 （API）	污染物浓度				
	SO_2	NO_2	PM_{10}	CO	O_3
50	0.050	0.080	0.050	5	0.120
100	0.150	0.120	0.150	10	0.200
200	0.800	0.280	0.350	60	0.400
300	1.600	0.565	0.420	90	0.800
400	2.100	0.750	0.500	120	1.000
500	2.620	0.940	0.600	150	1.200

表 4-5 空气污染指数范围及相应的空气质量类别

空气污染指数（API）	空气质量状况	对健康的影响	建议采取的措施
0～50	优	可正常活动	
51～100	良		
101～150	轻微污染	易感人群症状有轻度加剧，健康人群出现刺激症状	心脏病和呼吸系统疾病患者应减少体力消耗和户外活动
151～200	轻度污染		
201～250	中度污染	心脏病和肺病患者症状显著加剧，运动耐受力降低，健康人群中普遍出现症状	老年人和心脏病、肺病患者应停留在室内，并减少体力活动
251～300	中度重污染		
>300	重污染	健康人群耐受力降低，有明显强烈症状，提前出现某些疾病	老年人和病人应当留在室内，避免体力消耗，一般人群应避免户外活动

设 I 为某污染物的污染指数，C 为该污染物的浓度，则

$$I = \frac{I_大 - I_小}{C_大 - C_小}(C - C_小) + I_小$$

式中，$C_大$ 与 $C_小$ 为在 API 分级限值表中最贴近 C 值的两个值，$C_大$ 为大于 C 的限值，$C_小$ 为小于 C 的限值；$I_大$ 与 $I_小$ 为在 API 分级限值表中最贴近 I 值的两个值，$I_大$ 为大于 I 的值，$I_小$ 为小于 I 的值。

区域 API 的计算步骤如下。

（1）求某污染物每一测点的日均值。

$$\overline{C}_{点日均} = \sum_{i=1}^{n} C_i/n$$

式中，C_i 为测点逐时污染物浓度；n 为测点的日测试次数。

（2）求某一污染物区域的日均值。

$$\overline{\overline{C}}_{日均值} = \sum_{j=1}^{j} \overline{C}_{点日均j/l}$$

式中，l 为区域检测点数。

（3）将各污染物的区域日均值分别代入 API 基本计算式，所得的值便是每项污染物的 API 分指数。

（4）选取 API 分指数最大值为区域 API。

区域主要污染物的选取方法如下。

计算出各种污染物的污染分指数以后，取最大者为该区域或城市的空气污染指数 API，则该项污染物即为该区域空气中的首要污染物。

$$API = max(I_1, I_2, \cdots, I_i, \cdots, I_n)$$

假定某地区的 PM_{10} 日均值 0.215mg/m³，SO_2 日均值为 0.105mg/m³，NO_2 日均值为 0.080mg/m³，则其污染指数的计算如下：PM_{10} 实测浓度为 0.215mg/m³，介于 0.150 和 0.350 之间，按照此浓度范围内污染指数与污染物的线性关系进行计算，即此处浓度限值 $C_2 = 0.105$ mg/m³，$C_3 = 0.350$ mg/m³，而相应的分指数值 $I_2 = 100$，$I_3 = 200$，PM_{10} 的分指数为

$$I = [(200 - 100)/(0.350 - 0.150)] \times (0.215 - 0.150) + 100 \approx 132$$

这样，PM_{10} 的分指数 $I = 132$；其他污染物的分指数分别为 $I = 76$（SO_2），$I = 50$（NO_2）。取污染指数最大者报告该地区的空气污染指数：

$$API = max(132, 76, 50) = 132$$

所以，首要污染物为可吸入颗粒物（PM_{10}）。

采用指数法评价大气环境质量适用于评价因子为大气颗粒物的情况，其中，指数均值法适用于有相关标准值的污染物的大气环境质量评价；综合指数法计算简便，适用于各种污染物的环境质量评价。

4.1.2.2 地表水环境污染评估技术

1）水质综合污染指数法（陈仁杰等，2010；方菊等，2011）

将某一水质参数的实际监测值除以相应的环境质量标准限值所得的数值称为单项水质指数。单项水质指数大于 1 的项目，即为超标项目。

综合水质指数表示多种污染物对水环境产生的综合影响程度，是单项水质指数综合的结果。项目数及权重不同，指数值及水质等级划分标准亦不同。目前，国内选取 pH、溶解氧、高锰酸盐指数、生化需氧量、氨氮、挥发酚、汞、铅、石油类作为水质综合污染指数评价项目，通常采用算术平均法进行计算。水质分级情况如表 4-6 所示。

表 4-6　水质综合污染指数分级

水质综合污染指数	水质状况	分级依据
≤0.20	好	多数项目未检出，个别项目检出但在标准内
0.21～0.40	较好	检出值在标准内，个别项目接近或超标
0.41～0.70	轻度污染	个别项目检出且超标
0.71～1.00	中度污染	有两项检出值超标
1.01～2.00	重污染	相当部分检出值超标
≥2.0	严重污染	相当部分检出值超标数倍或几十倍

2）污染指数法——标准指数法（Bakalli et al.，1995；Konjufca et al.，1997）

在环境污染调查和特征污因子物筛选的基础上，依据国家相关评价技术规范，采用污染指数法进行环境污染评估。

标准指数法指某一评价因子的实测浓度与选定标准值的比值，计算公式为

$$S_i = C_i/C_{si}$$

式中，S_i 为评价因子 i 在取样点的标准指数；C_i 为评价因子 i 在取样点的实测值（mg/L）；C_{si} 为评价因子 i 的标准值（mg/L）。

当评价因子标准指数<1 时，表明该水质因子满足选定的水质标准；标准指数>1 时，表明该水质因子超过选定的水质标准，已不能满足使用要求。

首先，根据污染物指标对环境的毒性、污染危害特点将其分为五类，第Ⅰ类污染指标主要是剧毒污染物，如氰化物；第Ⅱ类主要是强致癌污染物，如苯并［a］芘；第Ⅲ类主要是致癌污染物，如镉、铬、砷、苯等；第Ⅳ类主要是有毒非致癌污染物，如汞、有机磷农药、挥发酚等；第Ⅴ类为非致癌污染物，如硫化物、石油类、氨氮、硝酸盐氮、总硬度等。其次，计算单项污染因子的标准指数值。最后，分别计算五类污染物的污染指数，并得出总污染物综合指数对地表水环境质量进行评价。

$$P = \max\{P_{\mathrm{I}}, P_{\mathrm{II}}, P_{\mathrm{III}}, P_{\mathrm{IV}}, P_{\mathrm{V}}\}$$

式中，

$$P_{\mathrm{I}} = \max\{P_j\}$$

$$P_{\mathrm{II}} = \left\{\frac{(P_{最} + \bar{P})^2 + 4P_{最}^2}{8}\right\}^{\frac{1}{2}}$$

$$P_{\mathrm{III}} = \left\{\frac{\bar{P}^2 + P_{max}^2}{2}\right\}^{\frac{1}{2}}$$

$$P_{\mathrm{IV}} = \left\{\frac{(P_{最} + \bar{P})^2 + 4\bar{P}^2}{8}\right\}^{\frac{1}{2}}$$

$$P_{\mathrm{V}} = \left\{\frac{1}{n}\sum_{i=1}^{n} P_k^2\right\}^{\frac{1}{2}}$$

$$P_i = C_i/C_{0i}$$

$$\bar{P} = \frac{1}{n}\left(\sum_{i=1}^{n} P_i\right)$$

式中，P 为总的污染物综合指数；P_{I}、P_{II}、P_{III}、P_{IV}、P_{V} 分别为Ⅰ类、Ⅱ类、Ⅲ类、Ⅳ类、Ⅴ类污染物综合指数；C_i、C_{0i} 分别为任意污染物的测定值和标准值（mg/L）；n 为污染物项数；i 为全体单项污染物集合个数；j 为Ⅰ类单项污染物集合个数；k 为Ⅴ类单项污染物集合个数。

按综合污染指数的超标程度分为 8 个级别，分别为①$P<1$，不污染；②$1 \leqslant P<2$，轻微污染；③$2 \leqslant P<4$，中等污染；④$4 \leqslant P<10$，污染；⑤$10 \leqslant P<16$，较重污染；⑥$16 \leqslant P<24$，严重污染；⑦$24 \leqslant P<40$，极严重污染；⑧$P \geqslant 40$，特别严重污染。

评价标准采用国家相关环境质量标准；当不存在相关的国家环境质量标准时，采用对照区域污染物浓度或当地平均水平或发达国家标准为评价标准。

综合指数法的显著优点是大大提高了评价级别划分的客观性和科学性，污染指数法的评价更为具体，适用于区域污染物的水环境质量评价。

4.1.2.3　地下水环境污染评估技术

地下水环境污染评估采用内梅罗指数法（谷朝君等，2002），首先进行各单项水质参数评价，然后对地下水环境质量进行综合评价。

$$P_i = C_i / C_{0i}$$

$$P = \left\{ \frac{(\max P_i)^2 + \left(\frac{1}{n}\sum_{i=1}^{n} P_i\right)^2}{2} \right\}^{\frac{1}{2}}$$

根据内梅罗污染综合指数 P 值划分等级，$P \leqslant 1$，表示未污染；$P > 1$，表示已经污染，并且 P 值越大，地下水污染越严重。

4.1.2.4　土壤环境污染评估技术

该技术指土壤中污染物的实测值与《土壤环境质量标准》规定的标准值之比。但由于该标准规定的项目数较少，也可采用土壤背景值的算术平均值加上 2 倍标准差作为土壤评价的限值，求出土壤环境质量指数。

1）内梅罗指数法

土壤与生物环境质量评价首先计算单项污染物的等标污染指数，然后再计算内梅罗综合污染指数，并对土壤与生物环境质量进行评价（谷朝君等，2002；闫欣荣，2010）。

$$P_i = C_i / C_{0i}$$

$$P = \left\{ \frac{(\max P_i)^2 + \left(\frac{1}{n}\sum_{i=1}^{n} P_i\right)^2}{2} \right\}^{\frac{1}{2}}$$

式中，P_i 为污染物的单项质量指数；C_i 为土壤中污染物实测浓度；C_{0i} 为土壤中污染物的质量评价标准值；P 为内梅罗污染综合指数。

根据内梅罗污染综合指数 P 值划分等级，其划分标准见表4-7。

表4-7　土壤内梅罗指数评价标准

等级	内梅罗指数	描述
Ⅰ	$P_N \leqslant 0.7$	清洁（安全）
Ⅱ	$0.7 < P_N \leqslant 1.0$	尚清洁（警戒线）
Ⅲ	$1.0 < P_N \leqslant 2.0$	轻度污染
Ⅳ	$2.0 < P_N \leqslant 3.0$	中度污染
Ⅴ	$P_N > 3.0$	重度污染

2）地积累指数法

地积累指数（I_{geo}）又称 Mull 指数，广泛用于研究沉积物及其他物质中重金属污染程度，它的分级评定标准见表4-8（彭文启和张详伟，2005；振华等，2006；雷凯等，2007；万金保等，2008；Li et al.，2004；Fu et al.，2009）。

表4-8　地积累指数分级

地积累指数	分级	污染程度
$5 < I_{geo} \leqslant 10$	6	极严重污染
$4 < I_{geo} \leqslant 5$	5	强~极严重污染
$3 < I_{geo} \leqslant 4$	4	强污染
$2 < I_{geo} \leqslant 3$	3	中等~强污染
$1 < I_{geo} \leqslant 2$	2	中等污染
$0 < I_{geo} \leqslant 1$	1	轻度~中等污染
$I_{geo} \leqslant 0$	0	无污染

地积累指数（I_{geo}）的计算公式如下：

$$I_{geo} = \log_2 \left[C_n / (k \times B_n) \right]$$

式中，C_n 为元素 n 在沉积物中的含量；B_n 为沉积物中该元素的地球化学背景值；k 为考虑各地岩石差异可能会引起背景值的变动而取的系数（一般取为1.5），用来表征沉积特征、岩石地质及其他影响。

3）潜在生态危害指数法

潜在生态风险指数值（RI）的计算（周宗灿，2001；李桂影，2002；蒋与刚等，2006；Ren et al.，2003；Shi et al.，2003）

$$RI = \sum_{i=}^{n} E_r^i = \sum_{i=}^{n} T_r^i C_f^i = \sum_{i=}^{n} T_r^i C_{表层}^i / C_n^i$$

式中，E_r^i 为单个重金属的潜在生态风险系数（$E_r^i = T_r^i C_f^i$）（公式 $RI = \sum E_r^i$ 多用于沉积物多种重金属潜在生态风险指数的计算）；T_r^i 为金属的毒性响应系数，反映重金属的毒性水平及水体对重金属污染的敏感程度，各种重金属的 T_r 值为：Hg 40；Cd 30，As 10；Pb、Ni、Cu 5；Cr 2；C_f^i 为单个重金属污染系数（$C_f^i = C_{表层}^i / C_n^i$），多种重金属污染系数之和即为沉积物重金属污染程度 C_d 值（$C_d = \sum C_f^i$）；$C_{表层}^i$ 为表层沉积物重金属浓度实测值；C_n^i 为背景参比值。

土壤重金属污染生态风险指数法污染程度的划分见表4-9。

表4-9　土壤重金属污染生态风险指数法污染程度的划分

单项污染系数（C_f）	多项污染系数（C_d）	污染程度	单项潜在生态风险系数（E_r^i）	潜在生态风险指数（RI）	潜在生态风险程度
$C_f < 1$	$C_d < 8$	轻微	$E_r^i < 40$	RI < 150	轻微
$1 \leqslant C_f < 3$	$8 \leqslant C_d < 16$	中等	$80 > E_r^i \geqslant 40$	$300 > RI \geqslant 150$	中等
$3 \leqslant C_f < 6$	$16 \leqslant C_d < 32$	强	$160 > E_r^i \geqslant 80$	$600 > RI \geqslant 300$	强
$C_f \geqslant 6$	$C_d \geqslant 32$	很强	$320 > E_r^i \geqslant 160$	RI $\geqslant 600$	很强
			$E_r^i \geqslant 320$		极强

内梅罗指数法适用于区域污染物的综合评价，利用土壤中污染物的质量评价标准值和污染物实测值计算单项内梅罗指数，继而得到内梅罗综合指数，适用范围较广；地积累指数法广泛用于研究沉积物及其他物质中污染物污染程度的定量指标；潜在生态危害指数法适用于计算沉积物中污染物的单项污染风险。

4.1.3　环境污染的生物毒性综合评价方法

在对区域环境特征污染物进行生物毒性综合评估时，首先要考虑化学物质自身的毒性和环境行为，同时还要考虑污染物在环境中的残留现状。由于化学品在全球范围内的不断使用，越来越多的有毒有害物质进入环境，且有较多一部分可在环境中长期存在，能够从水体或土壤等环境介质中以蒸气形式进入大气环境或者吸附在大气颗粒物上，在大气环境中远距离迁移。同时，这一适度的挥发性又使得它们不会永久停留在大气中，会重新沉降到环境介质中，并沿着食物链等递进、富集，通过食物链的放大作用对生物体产生致癌性、致畸性、生殖毒性、免疫毒性等多种危害。此外，这些物质具有剂量低、长时期和潜在性的特征，不易被降解、转化、迁移，会在脂肪组织中发生生物蓄积。

因此，在对环境污染物生物毒性进行综合评价时，应将环境持久性、生物累积性、生物毒性三个因素纳入评价范围，对污染物进行多因素的生物毒性综合评价。

4.1.3.1　环境持久性评价

由于有毒有害物质对自然条件下的生物代谢、光降解、化学分解等具有很强的抵抗能力，一旦排放到环境中，难于被分解，可以在水体、土壤和底泥等环境介质中存留数年甚至数十年或更多的时间。因此，环境持久性因子被用来对污染物进行风险评价。

环境持久性，是指物质在环境中停留的时间长度，通常用半衰期来衡量（Robinson et al.，2004）。按不同介质中污染物半衰期的不同，使用优化过权重，对区域水环境中的污染物，包括对环境持久性不明显的污染物质，进行赋值分类。环境持久性具体评价方法见表4-10。

表4-10　环境持久性赋分原则（王瑶等，2011）

生物质	空气	土壤	水	沉积物	得分
>100d	>100d	>100d	>100d	>100d	5
50 ~ 100d	50 ~ 100d	50 ~ 100d	50 ~ 100d	50 ~ 100d	4
20 ~ 50d	20 ~ 50d	20 ~ 50d	20 ~ 50d	20 ~ 50d	3
4 ~ 20d	4 ~ 20d	4 ~ 20d	4 ~ 20d	4 ~ 20d	2
<4d	<4d	<4d	<4d	<4d	1

注：不确定性赋分原则为，每一种介质中，可获取的数据为估计值时赋值1分，数据缺乏时赋值2分，否则赋0分

4.1.3.2　生物累积性评价

由于污染物分子结构中通常含有卤素原子，具有低水溶性、高脂溶性的特性，因而能

够在脂肪组织中发生生物累积，从而导致污染物从周围媒介物质中富集到生物体内，并通过食物链的生物放大作用达到中毒浓度。因此，国际上将生物累积性作为评判污染物危害的因子之一。

所谓生物累积性，是指生物食用或体表吸收环境中某些化学物质，累积在生物体内，经由食物链的食性关系而累积，导致浓度增加。

《斯德哥尔摩公约》附件 D 对生物蓄积性标准规定如下：①表明该化学品在水生物种中的生物浓缩系数或生物蓄积系数大于 5000，或如无生物浓缩系数和生物蓄积系数数据，$\log K_{ow}$ 值大于 5 的证据；②表明该化学品有令人关注的其他原因的证据，如在其他物种中的生物累积系数值较高，或具有高度的毒性或生态毒性；③生物区系的监测数据显示，该化学品所具有的生物蓄积潜力足以有理由考虑将其列入本公约的适用范围。

4.1.3.3 生物毒性评价

1）污染物健康效应毒性评估

在环境与健康研究领域，关注污染物健康效应分析通常主要包括关注污染物对人体健康危害性质。国际上通常根据国际癌症研究中心（IARC）和 US EPA 综合风险信息系统（IRIS）化学物质致癌性分类进行化学物致癌和非致癌毒性的识别和评估。

IARC 数据库分别根据人类致癌性证据和动物实验资料对多种化学物质的致癌性进行 5 个等级的分类，而 IRIS 数据库则根据这些证据和资料对化学物质进行 6 个等级的致癌性分类，其化学物质致癌性类别和分类依据如表 4-11 所示。根据 IARC 和 IRIS 给出的化学物质的非致癌参考剂量（RfD）值和致癌斜率因子（CSF）值，可判断化学物质致癌和非致癌毒性效应的大小。表 4-12 为 IRIS 部分化学物质致癌斜率因子和非致癌参考剂量及致癌性分类权重。

表 4-11 IARC 化学物质致癌性分类与 IRIS 化学物质致癌性分类

IARC 致癌性分类		IRIS 致癌性分类		
类别	描述	类别		描述
G1	具有充足的人类致癌性的证据	A		人类致癌物质
G2	G2A：人类可能致癌物质，流行病学资料有限，但有充分的动物实验资料	B	B1	根据有限的人体毒性资料与充分的动物实验资料，极有可能为人类致癌物质
	G2B：也许是人类致癌物，流行病学资料不足，但动物资料充分，或流行病学资料有限，动物资料不足		B2	根据充分的动物实验资料，极可能为人类致癌物质
G3	致癌证据不足	C		可能的人类致癌物质
G4	对人类无致癌性证据	D		不能划分为人类致癌物质
		E		对人类无致癌性物质

表 4-12　IRIS 部分化学物质致癌斜率因子和非致癌参考剂量及致癌性分类权重

致癌斜率因子 SF/[mg/(kg·d)]				证据权重	非致癌参考剂量 RfD/[mg/(kg·d)]				证据权重
化学物	经口	呼吸	皮肤		化学物	经口	呼吸	皮肤	
砷	1.50E+00	1.51E+01	1.50E+00	A	铬(Ⅲ)	1.50E+00	—	1.95E-02	D
铬(Ⅵ)	—	4.20E+01	—	A	铜	4.00E-02	—	4.00E-02	C
镍	—	9.10E-01	—	A	汞	3.00E-04	—	2.10E-05	D
铍	—	8.40E+00	—	B1	氰化物	2.00E-02	—	2.00E-02	D
镉	—	1.47E+01	—	B1	甲苯	8.00E-02	1.43E+00	8.00E-02	D
铅	8.50E-03	—	—	B2	乙苯	1.00E-01	2.86E-01	1.00E-01	D
苯	5.50E-02	2.73E-02	5.50E-02	A	氯苯	0.00E+00	1.43E-02	—	D
一溴二氯甲烷	6.20E-02	1.30E-01	6.20E-02	A	氯甲烷	2.57E-02	2.57E-02	2.57E-02	D
三氯乙烯	1.30E-02	7.00E-03	1.30E-02	A	1,4-二氯苯	7.00E-02	2.29E-01	7.00E-02	D
氯乙烯	7.20E-01	1.54E-02	7.20E-01	A	苯乙烯	2.00E-01	2.86E-01	2.00E-01	D
1,2,3-三氯丙烷	3.00E+01	3.00E+01	3.00E+01	B1	芴	4.00E-02	4.00E-02	4.00E-02	D
四氯化碳	1.30E-01	5.25E-02	1.30E-01	B1	苯酚	3.00E-01	5.71E-02	3.00E-01	D
氯仿	3.10E-02	8.05E-02	3.10E-02	B2	六氯环戊二烯	6.00E-03	5.71E-05	6.00E-03	E
多氯联苯	2.00E+00	2.00E+00	2.00E+00	—	锑	4.00E-04	—	6.00E-05	E

2）潜在生物毒性指数法

对于致癌性数据资料较欠缺的化学物质，IARC 和 IRIS 未能对其致癌性进行分类，且该数据库中部分化学物质虽然已明确了致癌性分类，但未提供这些化学物质某些暴露途径的毒性参数，这类化学物质的一般毒性效应的大小不能通过 IARC 和 IRIS 的毒性参数来判断，潜在生物毒性指数法较好地弥补了这一缺陷。

潜在生物毒性指数法（potentialecotoxic effects probe，PEEP）是一种结合了多种生物测试及生态毒理测试结果的综合性指标。它综合了不同营养级的受试生物种类（生产者、消费者和分解者）、毒性类型（急性、慢性）和毒性水平（致死、亚致死），并考虑到污染介质（污水、废水、沉积物、疏浚物、污泥及土壤等）、污染物的毒性持续时间、特异性影响和毒性负荷（污染物质的量），是一种新的评价和比较污染物潜在毒性的指标，这种指标由日本学者楠井隆史率先提出，具有高区别性，考虑到了生物可利用性及污染物之间的反应，是理化分析评价法的一个重要补充。PEEP 指数按照下式计算：

$$PEEP = \log\left[1 + n\left(\sum_1^n \frac{TU_i}{N}\right)Q\right]$$

$$TU = \frac{100}{IC_{50}(\text{或}EC_{50})}$$

式中，TU 为有害物质 i 的毒性单位；N 为生物毒性指标测定总数；n 为生物毒性（或遗传毒性）的阳性指标测定个数；Q 为污染介质（污水、废水、沉积物、疏浚物、污泥及土壤等）污染物的量（污染负荷，m^3/a）。

理论上 PEEP 指数的范围为从 0 到无限，但由于对数校正，结果很少超过 8。参考美国 EPA 危险消减工业研究所拟定的 PEEP 指数确定污水的毒性等级（US EPA，1985），即 PEEP>6，高度风险；PEEP=3~6，中度风险；PEEP<3，低度风险。

孙晓怡（2006）用蚕豆微核试验、发光细菌急性毒性试验、鱼类急性毒性试验逐一单项分析评价了抚顺市 10 家典型企业 11 个排水口废水的生物毒性；并采用 PEEP 综合分析了废水的生物毒性程度。结果表明，抚顺工业废水大部分处于中度污染，农药厂、啤酒厂废水的毒性较高，而且这些企业的污水量相对较少，迫切需要治理。

PEEP 方法简单易懂，且融合了多种毒性测定类型和生物种类，并考虑了污水流量所造成的毒性负荷，具有较好的实际应用价值，已被多个国家及研究单位广泛应用到对排污废水、沉积物、活性污泥和疏浚物等毒性评价和管理中。但该方法涉及的生物毒性试验均须是活体生物且要连续培养，当应用该方法进行大尺度的毒性监测及多样品的毒性评价时，要求实施单位应具有良好的毒性试验基础设施和充足的经费保证；此外，排污废水的流量结果直接影响评价的最终结果，因此对污水的流量数据统计要求较高。

3）综合毒性风险评价

综合毒性风险评价法涉及的受试生物主要为发光菌、藻类、多毛类和甲壳类的急性毒性试验，针对各营养级生物对污染介质（污水、废水、沉积物、疏浚物、污泥及土壤等）毒性的响应程度分别给予赋值，即对不同生物测定的样品的 TU 进行权重赋值（表 4-13），形成量化单位进行评价。毒性单位计算公式如下：

$$TU = \frac{100}{IC_{50}（或 EC_{50}）}$$

式中，TU 为毒性单位，TU 越大，表示该样品的毒性越大；IC_{50}（或 EC_{50}）为受试生物半数出现毒性效应（死亡、发光抑制或生长抑制等）时的样品所稀释的百分比浓度。根据各受试生物 TU，按照表 4-14 将各样品进行毒性分级并赋值后，再按照公式计算综合毒性风险指数。

表 4-13 毒性分级赋值表

受试生物权重（WS）	毒性单位（TU）
WS=0	TU<1
WS=1	1≤TU<1.33
WS=2	1.33≤TU<5
WS=3	5≤TU<10
WS=4	TU>10

$$TRI = \frac{\sum_1^N WS_i}{N(WS_{max})} \times 100$$

式中，TRI 为综合毒性风险指数；WS_i 为受试生物 i 所得 TU 的权重值；N 为受试生物的种类数；WS_{max} 为全部受试生物 WS_i 中的最大值。

表 4-14　综合毒性风险等级

综合毒性风险指数（TRI）	风险等级
TRI≤30%	Ⅰ 轻度毒性风险
30%<TRI≤50%	Ⅱ 中度毒性风险
TRI>50%	Ⅲ 高度毒性风险

　　该方法涉及的毒性试验以均已成熟的试剂盒为主，操作简单，经济实用，可进行现场快速检验，非常适用于应急监测和突发事件等。但该方法涉及的生物种类较少，测试终点仅为急性毒性，不能有效地评价慢性毒性。

　　4）生物效应评价指数法

　　生物效应评价指数法（bioeffect assessment index，BAI）是德国阿尔弗莱德−威根纳极地和海洋研究所的 Broeg 等在长期研究德国湾（German Bight）海水污染对欧洲比目鱼肝脏生理影响的基础上，通过综合表征生物总体健康的生物标志物响应而建立的。

　　该方法是利用污水或环境样品对生物整体、离体器官、细胞、酶或分子等所起的作用，测定污水的毒性效应或作用强度的一种方法。BAI 是以欧洲比目鱼的肝脏细胞溶酶体膜的稳定性作为生物标志物而发展起来的，同时考虑了分子、细胞、亚细胞、个体和群落水平的生物标志物情况，根据各生物标志物响应程度的不同，按照表 4-15 进行赋值和计算，从而定量评价污水及环境样品复合污染的毒性效应。BAI 所获取的长期暴露下慢性毒性的生态毒理学信息，根据表 4-16 中 BAI 指数的分级情况可对复合污染作出评价。BAI 法的优点是对污染的早期响应及其响应特异性，不足之处是，这种评价方法仅仅基于单物种，虽包含多个水平的毒性效应，但无法评价污染物对其他物种及生态系统的危害。

表 4-15　BAI 赋值情况及评价标准

项　　目	阶段 1	阶段 2	阶段 3	阶段 4
溶酶体稳定性（时间，min）	>20	10~20	5~10	<5
BAI 赋值	10	20	30	30
中性脂肪蓄积量（平均吸光度）	1	2	3	>3
BAI 赋值	10	20	30	40
酸性磷酸酯酶活性（平均吸光度）	0.5~0.6	0.4~0.49 或>0.6	0.3~0.39	<0.3
BAI 赋值	10	20	30	40
微核	0	0.2~0.3	0.4~0.6	>0.6
BAI 赋值	10	20	30	40

　　BAI 指数法通过表征生物总体健康的生物标志物反映污染物的综合毒性，评价复合污染和其他人为压力下的联合效应，但这种指数方法的应用研究较少，目前相关文献只有 2 篇，均来自 Broeg 研究小组：一是 2005 年以德国湾欧洲比目鱼生物标志物的监测结果计算

BAI（Broeg et al.，2005）；二是 2006 年将 BAI 指数应用于波罗的海欧洲比目鱼、欧洲绵鳚和一种贻贝的"健康状态"评价，只是增加了 1 种生物标志物——MF（Broeg et al.，2006）。

生物标志物是 BAI 方法体系的基础，但由于影响生物标志物的因素较多，难免造成 BAI 的评价结果具有较大的不确定性，因此该方法的重现性和可比性相对较差。同时，该方法涉及的生物标志物也较少，仅是以细胞溶酶体膜的稳定性为主，结果缺少针对性。

表 4-16　BAI 分级情况

BAI	环境状况
10～15	健康
>15～25	轻微受损
>25～35	中度受损，可逆
>35～45	严重受损，不可逆

4.2　健康效应评估技术

健康效应评估是对环境污染因子造成的区域人群生理、生化、结构、功能改变进行定性和定量评价的过程（于云江，2011），常用临床诊断评估技术或者生物标志物评价技术进行评估。

4.2.1　临床诊断评估

诊断就是把调查的材料（包括问诊、体格检查、实验室及其他检查取得的资料）经过分析综合、推理判断，得出符合逻辑的结论。临床诊断是治疗疾病的基础和前提，即在临床实践中通过细致的询问、检查和观察，结合医学知识和经验进行全面性思考、系统性评价、可靠性分析，以利于更客观地进行临床决策（欧阳钦和吕卓人，2001）。

通常，临床诊断需综合考虑以下几个原则：①考虑常见病与多发病；②应考虑当地流行和发生的传染病与地方病；③尽可能以一种疾病去解释多种临床表现，若临床表现不能用一种疾病解释时，可考虑有其他疾病的可能性。

临床上根据疾病的难易程度和直观与否有以下几种建立临床诊断的方法：①直接诊断；②排除诊断；③鉴别诊断。综合的临床诊断包括：①病因诊断；②病理解剖诊断；③病理生理诊断；④疾病的分型和分期；⑤并发症的诊断；⑥伴发疾病的诊断。

对于临床上一时难以明确诊断的，应尽可能根据收集的资料综合分析，提出一些诊断的可能性，按可能性大小排列，反映诊断的倾向性，参照临床诊断标准进行判定；对于暂时没有临床诊断标准的参考相关标准并由相关专家进行判定；若暂时没有临床诊断标准的，应该综合参照 3 个独立的盲法诊断结果，对个体的损害进行判定，以显著性高于对照区域的健康危害发生率为发生群体健康危害的判定依据。通常以健康人群的测量值的平均值±2 个标准差的范围作为健康效应指标的正常范围。

4.2.2　生物标志物评价

通常情况下，生物效应标志物只能对污水或环境样品进行定性分析，对其所表述的健康风险不能进行定量研究。但近几年，一些学者尝试将生物效应测定结果进行数学处理，将其量化和定级，形成综合的效应指数，从而对样品或实际污染情况进行风险评价，其中代表性的方法为综合生物标志物响应指数法。

4.2.2.1　综合生物标志物响应指数法

综合生物效应指数法由法国科学家 Beliaeff 和 Burgeot（2002）首次提出，最初的方法中仅涉及研究较成熟的生物标志物，如 GST、EROD、AChE、CAT 和 DNA 加合物等，在后续的研究中又不断完善加入代谢产物、金属硫蛋白、GH、免疫毒性、细胞毒性及三致毒性等指标。该方法是将各生物标志物数据进行标准化处理，然后从标准化的生物标志物数据中集合任意相邻两点算出的三角星形区域累加而成，计算方法如下（孟范平等，2012）。

先按照下式将生物标志物数据标准化：

$$X'_i = \frac{X_i - \mathrm{Mean}X}{s}$$

式中，X'_i 为生物标志物标准化值；X_i 为每一站位中某一生物标志物的平均值；$\mathrm{Mean}X$ 为全部站位中某一生物标志物的平均值；s 为某一生物标志物在每一站位的标准偏差。

然后按照下式将标准化数据与最小值相加

$$S = X'_i + |X_{\min}| \qquad (S \geqslant 0)$$

利用星状图来表示生物标志物指标结果（图 4-2），按下式计算面积：

$$A_i = \frac{S_i}{2}\sin\beta(S_i\cos\beta + S_{i+1}\sin\beta)$$

式中，S_i 和 S_{i+1} 为星状图中径向坐标的值；β 为

$$\beta = \arctan\left(\frac{S_{i+1}\sin\alpha}{S_i - S_{i+1}\cos\alpha}\right)$$

式中，$\alpha = 2\pi/n$，n 为调查的对应于生物标志物指标的数目。

按下式计算星状图区域面积（Oliveira et al.，2010）：

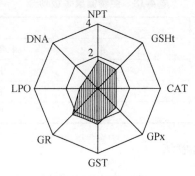

图 4-2　星状图示例

$$IBR = \sum_{1}^{n} A_i$$

当 S_i 和 S_{i+1} 为 0 时，无法计算 β，则 A_i 为 0。调查的生物标志物指标为 4 时，$n=4$，$\alpha=\pi/2$，因此，$A_i = (S_i \cdot S_{i+1})/2$，按照下式计算三角星形区域面积之和：

$$IBR = \frac{S_1 \times S_2 + S_2 \times S_3 + \cdots + S_{n-1} \times S_n}{2}$$

评价标准为：IBR<10，低风险；10<IBR<20，中等风险；IBR>20，高风险。该方法可涵盖多种生物的各种生物标志物的测定结果，通过量化各指标的分析结果，结合化学分析建立相应的响应关系，具有一定的综合性和可操作性。

4.2.2.2　生物标志物响应指数法

生物标志物响应指数（biomarker response index，BRI）是英国的 Hagger（2008）在 BAI（Broeg et al.，2005）和健康评价指数基础上，根据贻贝体内不同组织水平的生物标志物建立的。该指数依据生物效应终点来评价生物体的健康状态。

其计算方法如下：首先与对照站位数据或者基线数据相比，赋予每种生物标志物一个数值 R，以表征其偏离正常值的程度（表4-17），同时，根据标志物所处生物组织水平，给予相应权重（表4-17），然后用下式计算 BRI，健康状态等级见表4-18。

$$BRI = \sum_{i=1}^{n} (R_i W_i) / \sum_{i=1}^{n} W_i$$

式中，R_i 为第 i 种生物标志物的偏离程度；W_i 为第 i 种生物标志物的权重。

表4-17　生物标志物偏离程度及权重

偏离程度	赋值	生物组织水平	权重
轻微改变	4	生理水平	3
中等改变	3	细胞水平	2
较大改变	2	分子水平	1
显著改变	1		

表4-18　生物健康等级划分

BRI 值	等级	生物状态及对应颜色
3.01 ~ 4.00	4	轻微偏离正常反应，绿色
2.76 ~ 3.00	3	中等偏离，黄色
2.51 ~ 2.75	2	偏离正常反应较大，橙色
0 ~ 2.50	1	严重偏离正常反应，红色

4.2.2.3　健康状态指数法

意大利的 Dagnino 等（2006；2007）在 BEEP 的框架下，运用专家系统法，建立了健康状态指数（health status index，HIS），将复杂的生物响应转换为 5 级状态指数。专家系统数据包括生物标志物的选择、计算变化因子并确定变化水平及样品健康状态分级 3 个步骤。

对于每种标志物，其变化因子按下式计算：

$$AF = \frac{m_u}{m_c}$$

式中，m_u 为某样品标志物平均值；m_c 为对照样品标志物平均值。

当 m_u 变化率大于 20%，且与 m_c 存在显著差异时，将 AF 与特定临界值（表 4-19）进行比较，确定每种标志物的变化水平。对于钟形因子，一般按照响应曲线的上升段计算 AF，但若同一样品其他生物标志物水平出现严重变化，则按照响应曲线的下降段计算。

表 4-19　生物标志物变化水平的确定

响应值持续降低的因子		响应值持续增加或钟形响应的因子		生物学相关性
AF>0.80	NA	AF<1.20	NA	与对照相比，有较小变化（±20%）；虽然具有统计学显著性，但并不认为是显著的生物学变化
AF<0.80	–	AF>1.20	+	变化幅度大于 20%，且与对照差异显著。这种变化是生物体最早的生理学响应
AF<0.50	–	AF>2.00	++	与对照相比有很大的变化，但这种变化处于强烈自然因子诱导的变化范围之内
AF<0.15	–	AF>3.00	+++	变化幅度超出自然逆境诱导的范围，表明健康状态发生了病理性变化

AF 表示变化幅度；NA 表示无变化；+表示增加；–表示减小

专家系统选择对污染逆境十分敏感、呈持续增加或降低响应特征、在所有阶段的变化均能直接描述综合逆境程度的生物标志物作为"指南因子（GP）"，并结合其他标志物的变化判定健康状态：①当同一样品中其他标志物无明显变化、而 GP 出现小的变化时，系统赋予健康状态为 A；②当在 GP 改变的同时，伴随着其他标志物的变化时，若同对照相比，发生明显变化的标志物种数每增加 20%，则判定为下一个较高等级（如大于 20% 时，从 A 变为 B；大于 40% 时，从 B 变为 C）。

4.3　区域人群健康危害评估

4.3.1　区域人群健康状况评估

传统的健康评价，一般有平均预期寿命、孕产妇死亡率和婴儿死亡率三项指标。李日邦等（2004）根据多年的研究工作，提出用"健康指数"来表述我国人群当前的健康状况，即选择与健康有关的多项指标，建立指标体系，通过指标值的无量纲化处理，综合求得"健康指数"。根据健康指数的大小来显示各地人群健康状况的优劣，还可据此分析各省（直辖市、自治区）"健康指数"的区域差异。本研究采用"健康指数"来评估污染典型区域人群的健康状况,在前人研究基础上,建立区域环境污染的健康影响评估指标体系,进而评估区域的环境污染的健康影响状况。

4.3.1.1 区域人群健康状况评估指标体系框架

通常健康评估指标围绕能反映人的身体素质和文化素质两方面的内容来选择。本研究为了评估区域环境污染的健康影响,在前人研究结果基础上,主要考虑环境污染因素、人群特征和健康效应(疾病)等方面对人群平均寿命预期的影响,筛选了人群健康损害特征指标49种(在实际应用中,经论证后可适当增减指标),构成区域人群健康状况评估指标体系,具体见表4-20。

表 4-20　区域人群健康状况评估指标体系框架

目标层	分类指标	指标名称
健康指数	环境污染特征	污染源等标污染负荷
		污染源污染贡献率
		地表水污染指数
		地下水污染指数
		大气环境污染指数
		土壤环境污染指数
		食物污染物水平
	人群暴露特征	平均预期寿命
		人口数量
		老年人口系数
		儿童人口系数
		人口文化程度综合指数
		性别构成比
		人口性质构成比
		食物污染物摄入量
		非饮用水污染物摄入量
		饮用水污染物摄入量
		大气污染物摄入量
		土壤污染物摄入量
		血液中污染物或其代谢产物浓度
		尿液中污染物或其代谢产物浓度
		乳汁中污染物或其代谢产物浓度
		头发中污染物或其代谢产物浓度
		指甲中污染物或其代谢产物浓度
		重金属生物标志物浓度水平
		有机磷农药、氨基甲酸酯类农药生物标志物浓度水平
		苯类、OCs、PAHs、PCBs、PCDD/Fs类污染物生物标志物水平

目标层	分类指标	指标名称
健康指数	人群健康损害特征	人口死亡率
		病死率
		生存率
		累计死亡率
		孕产妇死亡率
		围产儿死亡率
		新生儿死亡率
		婴幼儿死亡率
		发病率
		罹患率
		患病率
		早产
		低出生体重
		出生缺陷发生率
		孕期并发症发生率
		一般性效应标志物水平
		易感性标志物水平
		神经系统损伤指标水平
		肾脏损伤指标水平
		心脏损伤指标水平
		骨骼肌损伤指标水平
		肝脏损伤指标水平

4.3.1.2 健康指数的计算

1）指标值的无量纲化

所选择健康指标的数值，其计量单位各不相同，无法计算成一个综合数值。因此，需要对指标值进行无量纲化处理。应用指数化方法进行处理，具体方法是应用美国大卫·莫里斯（M. D. Morris）和詹姆斯·格蒙特提出的指数法将各指标值转换成指数。指数的计算方法如下：

$$P = \frac{M_i - N_0}{M_h - N_0} \times 100$$

式中，P 为健康指标指数；M_i 为健康指标数值；N_0 为指标最低数值；M_h 为指标最高数值。

指数值从 0 到 100，0 为最低值，100 为最高值。对人体健康有正影响的指标（相关系数为正值），其指数值为上述公式计算的所得值；对人体健康为负影响的指标（相关系数为负值），其指数值为 100 减去公式计算值所得的数值。指数值越高，表示状态越好。

2）区域人群健康评估指标权重系数

所选的各种健康指标与健康的关系程度各不相同，即对寿命长短的影响程度不同。因此，要对上述所求得的各指标的指数值进行权重处理。以各个健康指标与平均预期寿命的相关系数作为区域人群健康评估指标权重系数，将计算所得的各指标的指数值进行调整，得到调整后的指数。

3）健康指数的计算

按照逐级递归的原则，利用调整后的各指标的指数计算出各个类指标的类指数，然后，再按此原则利用类指数计算各区域的健康指数。计算公式如下：

$$V = \frac{\sum_{i=1}^{n} P_i}{n}$$

式中，V 为类指数；P 为指标指数；n 为指标个数。

$$W = \frac{\sum_{i=1}^{N} V_i}{N}$$

式中，W 为健康指数；V 为类指数；N 为类指数个数。

由此可知，区域人群健康状况指数是通过综合计算众多与影响区域人群健康有关的指标值而得出的，基本上能反映一个地区环境污染的居民健康影响状况，健康指数越大，说明该地区人群的健康状况越好，环境污染的健康影响越小。

4.3.2 健康风险评价

通过区域环境与健康调查，确定区域人群的大小、密度、分布、年龄、性别、出生率、民族和社会经济状况等基础资料；掌握环境污染特征，筛选出特征污染因子；掌握人群的健康状况，包括有关疾病的发病率、伤残率、死亡率及其他相关的研究结果等。在此基础上，对区域环境污染进行健康风险评价。

健康风险评价包括危害鉴定、剂量-反应关系评价、暴露评价和风险表征分析四个部分。

1）危害鉴定

根据区域环境特征污染因子的生物学和化学特性，识别其污染能否在人群中产生不良健康效应，结合详尽的毒理学、流行病学及实验研究的最新成果，对环境特征污染因子暴露可能对人群健康产生的危害作出科学的评估。

2）剂量-反应关系评价

污染物浓度上升引起总死亡率、疾病别死亡率增加、急诊和门诊人次增加等健康效应，对区域污染物暴露与人群健康效应关系的定量评价采用线性-剂量反应模型。对于有阈化合物，常用参考剂量（reference dose，RfD 或 reference concentration，RfC）表示。对于无阈化合物，常用致癌强度系数（carcinogenic potency factor，CPF）表示。

（1）参考剂量 RfD 的计算。利用毒理学及流行病学的数据资料求该物质的未观察到有害效应的最高剂量（NOAEL，或称最大无作用剂量）。如无 NOAEL，可用观察到有害效应的最低剂量（LOAEL）代替。两者都是阈的替代值。

确定不确定性系数（uncertainty factor，UF，原称安全系数）。利用动物毒理学的数据外推到人的有害效应，通常要经历从高剂量到低剂量外推、从动物向人外推的过程。由于种间及种内易感性差异可能出现的误差，不确定系数（通常是 $10 \times 10 = 100$）是对上述误差的一种修正。

$$\text{RfD} = \frac{\text{NOAEL}(\text{或 LOAEL})}{\text{UF}}$$

另外，RfD 的取值也可参照美国环保局 IRIS 中的最新数据。

（2）致癌强度系数值的获取。若存在充分的动物毒理学资料和流行病学资料，可通过毒理学和流行病学资料进行估算。

Ⅰ. 根据动物毒理学资料估算：采用美国 EPA 的线性多阶段模型及设计的专门程序（GLOBAL 82 及 86）求得动物的致癌强度系数 q（动物），再通过下式的转换求得人的致癌强度系数 q（人）。

$$q(\text{人}) = q(\text{动物}) \times \left[\frac{\text{BW}(\text{人})}{\text{BW}(\text{动物})} \right]^{1/3}$$

Ⅱ. 根据人群流行病学资料计算：

$$Q = \frac{\text{RR}(X) - 1}{X} \times \text{LR}$$

式中，Q 为以人群资料估算的致癌强度系数 $[\text{mg}/(\text{kg} \cdot \text{d})]$，意义同前述 q（人）；RR 为暴露人群患癌的相对危险度，无量纲；X 为暴露人群的终生日均暴露剂量率 $[\text{mg}/(\text{kg} \cdot \text{d})]$，相当于暴露评价中的 D；LR 为当地整体人群（对照）中个体的终生患癌危险度，无量纲。

另外，某些物质的致癌强度系数可采用美国环保局 IRIS 中的最新数据。

3）暴露评价

根据收集的资料和实地调查，分析区域物理特征，识别污染源和污染物排放方式、污染物迁移转化路径、暴露点和人群暴露方式，确定区域多环境中特征污染因子的浓度、人体暴露途径、暴露时间、强度及暴露人群的特征（年龄、性别、职业及其敏感人群等）等，优化区域人群的暴露参数，选择适当的暴露模型计算暴露剂量。

人群对于环境特征污染因子的暴露途径有三种：吸入、摄食和皮肤接触。暴露模型见附录二。

暴露参数是用来描述人体经呼吸、口、皮肤暴露外界物质的量和速率，以及人体特征（如体质量、寿命等）的参数，是评价人体暴露外界物质剂量的重要参数之一。

暴露参数主要根据污染区域自然、社会和文化的特点，在资料收集与分析的基础上，通过现场调查和问卷调查等方法，参考国际上相关机构（如 EPA、WHO 等）的暴露参数推荐值，优化确定污染区域不同环境介质污染物的暴露参数。

在确定暴露情景和参数优化的基础上，采用相应的外暴露模型和内暴露模型推算环境特征污染因子在人体暴露的真实水平。

（1）外暴露的估算，根据暴露模型计算出的每人每日摄入量和环境污染监测结果进行估算。必要时可对环境介质进行补充监测。

$$个人终生日平均暴露剂量率(D) = C \cdot M / G$$

式中，D 为暴露人群终生日均暴露剂量率 $[mg/(kg \cdot d)]$；C 为该物质在环境介质中的平均浓度（饮水浓度单位为 mg/L；空气浓度单位为 mg/m^3；食物浓度单位为 mg/g……）；M 为成人摄入环境介质的日均摄入量（饮水浓度单位为 g/d；空气浓度单位为 m^3/d；食物浓度单位为 g/d…）；G 为成人平均体重（kg）。

当该污染物在多个环境介质中存在时，则应计算出该暴露人群终生日均总暴露剂量率（$D_{总}$）。

$$D_{总} = D_{地下水} + D_{地表水} + D_{大气} + D_{室内空气} + D_{食物} + \cdots$$

式中，D 为暴露人群多种介质暴露的终生日均总暴露剂量率 $[mg/(kg \cdot d)]$。

（2）内暴露量估算。内暴露量估算的常用方法有：①根据人体生物材料测定的结果进行估算；②根据外暴露测定算出的摄入量进行推算，内暴露量=摄入量×该物质的吸收率。

每种物质的吸收率是不同的，同一种物质在消化道或呼吸道等不同部位的吸收率也是不同的，可从专业文献中查出各种吸收率，然后推算。

4）风险表征

（1）有阈污染物风险估计值：

$$R = \frac{LADD}{RfD} \times 10^{-6}$$

式中，R 为发生某种健康危害的风险；LADD 为个体终身日平均暴露剂量 $[mg/(kg \cdot d)]$；RfD 为待评物质的参考剂量 $[mg/(kg \cdot d)]$；10^{-6} 为与 RfD 相对应的可接受风险。

人群终身健康风险 $[R(D)]$ 计算：

$$R(D) = A \times \frac{D}{RfD} \times 10^{-6}$$

式中，$R(D)$ 为某化合物，通过饮水与食物（暴露途径）在某剂量下可致人群终身的风险；D 为某化合物经饮水、食物摄入的日均暴露剂量率 $[mg/(kg \cdot d)]$；RfD 为某化合物的参考剂量 $[mg/(kg \cdot d)]$；10^{-6} 为与 RfD 相对应的可接受风险；A 对 10^{-6} 的修正因子（根据环境暴露条件与特点，可对 10^{-6} 作适当修正）。通常可假设 $A=1$。

（2）无阈污染物风险表征。

人群终身超额风险 $[R(D)]$：

$$R(D) = q_1(人) \cdot D \text{ 或 } R(D) = Q \cdot D$$

式中，$q_1(人)$ 为根据动物资料求得的人的致癌强度系数 $[mg/(kg \cdot d)]$；Q 为根据流行病学资料求得的人的致癌强度系数 $[mg/(kg \cdot d)]$；D 为现场或预期人群的终身日均暴露剂量率 $[mg/(kg \cdot d)]$。

人均年超额风险 $R_{(py)}$：

$$R_{(py)} = R(D)/70$$

式中，70 指 0 岁组人群的期望寿命（70 岁）。

人群年超额病例数（EC）：

$$EC = R_{(py)} \cdot AG/70 \cdot P_n$$

式中，AG 为标准人群的平均年龄（按 1987 年第 3 次全国 1% 人口抽样调查数据，我国当时人群的年龄中位数为 24.2 岁）；P_n 为平均年龄为 n 年龄组的人数；$R_{(py)}$ 为人均年超额风险。

参 考 文 献

陈仁杰, 钱海雷, 袁东, 等. 2010. 改良综合指数法及其在上海市水源水质评价中的应用. 环境科学学报, 30 (2): 431-437.

方菊, 谌贻胜, 童祯恭. 2011. 综合指数法在饮用水水质评价中的应用. 市政技术, 1 (29): 63-65.

谷朝君, 潘颖, 潘明杰. 2002. 内梅罗指数法在地下水水质评价中的应用及存在问题. 环境保护科学, 28 (1): 45-47.

恒星. 2012. 陕西省大气环境质量综合评价. 安徽农业科学. 40 (17): 9410-9411, 9532.

黄震. 1997. 综合评分指标体系在环境优先污染物筛选中的应用. 上海环境科学, 6 (16): 19-21.

蒋与刚, 刘静, 庞伟. 2006. 铬的安全性与毒理学研究进展. 国外医学医学地理分册, 27 (3): 97-99.

雷凯, 卢新卫, 王利军. 2007. 宝鸡市街尘中铅的污染与评价. 环境科学与技术, 30 (11): 43-45.

李桂影. 2002. 铬中毒的临床反应和实验研究. 国外医学 (医学地理分册), 23 (1): 33-35.

李日邦, 王五一, 谭见安, 等. 2004. 中国国民的健康指数及其区域差异. 人文地理, 3: 23-25.

孟范平, 杨菲菲, 程凤莲. 2012. 基于生物标志物指数法的海洋环境评价方法综述. 应用生态学报, 23 (4): 1128-1136.

欧阳钦, 吕卓人. 2001. 临床诊断学. 北京: 人民卫生出版社.

彭文启, 张详伟. 2005. 现代水环境质量评价理论与方法. 北京: 化学工业出版社.

孙晓怡, 巩宗强, 李培军, 等. 2006. 抚顺市工业废水生物毒性评价. 生态学杂志, 25 (5): 546-549.

万金保, 王建永, 吴丹. 2008. 乐安河沉积物重金属污染现状评价. 环境科学与技术, 31 (11): 130-133.

王瑶, 邹乔, 杜显元, 等. 2011. 基于污染物持久性的化学品评分排序模式 (SCRAM) 修正. 安徽农业科学, 39 (16): 9749-9752.

邢闪, 赵景波. 2011. 山东省烟台市大气环境质量状况及评价. 上海环境科学, 30 (2): 65-69, 92.

闫欣荣. 2010. 修正的内梅罗指数法及其在城市地下饮用水源地水质评价中的应用. 地下水, 32 (1): 6, 7.

于云江. 2011. 环境污染的健康风险评估与管理技术. 北京: 中国环境科学出版社.

振华, 贾洪武, 刘彩娥, 等. 2006. 黄浦江沉积物重金属的污染与评价. 环境科学与技术, 29 (2): 64-67.

周宗灿. 2001. 环境医学. 北京: 中国环境科学出版社.

Bakalli R I, Pesti G M, Ragland W L, et al. 1995. Dietary copper in excess of nutritional requirement reduces plasma and breast muscle cholesterol of chickens. Poultry Science, 74 (2): 360-365.

Beliaeff B, Burgeot T. 2002. Integrated biomarker response: a useful tool for ecological risk assessment. Environmental Toxicology and Chemistry, 21 (6): 1316-1322.

Broeg K, Lehtonen K K. 2006. Indices for the assessment of environmental pollution of the Baltic Sea coasts: integrated assessment of a multi-biomarker approach. Marine Pollution Bulletin, 53 (8): 508-522.

Broeg K, Westernhagen H V, Zander S, et al. 2005. The "bioeffect assessment index" (BAI): a concept for the quantification of effects of marine pollution by an integrated biomarker approach. Marine pollution bulletin, 50 (5): 495-503.

Dagnino A, Allen J I, Moore M N, et al. 2007. Development of an expert system for the integration of biomarker responses in mussels into an animal health index. Biomarkers, 12 (2): 155-172.

Dondero F, Dagnino A, Jonsson H, et al. 2006. Assessing the occurrence of a stress syndrome in mussels (Mytilus edulis) using a combined biomarker/gene expression approach. Aquatic toxicology, 78: S13-S24.

Fu C, Guo J, Pan J, et al. 2009. Potential ecological risk assessment of heavy metal pollution in sediments of the Yangtze River within the Wanzhou Section, China. Biological Trace Element Research, 129 (1-3): 270-277.

Hagger J A, Jones M B, Lowe D, et al. 2008. Application of biomarkers for improving risk assessments of chemicals under the Water Framework Directive: a case study. Marine Pollution Bulletin, 56 (6): 1111-1118.

Konjufca V H, Pesti G M, Bakalli R I. 1997. Modulation of cholesterol levels in broiler meat by dietary garlic and copper. Poultry Science, 76 (9): 1264-1271.

Li Zuoyong, Ding Jing, Peng Lihong. 2004. Theory and method for environmental quality evaluation. Beijing: Chemical Industry Press.

Oliveira M, Ahmad I, Maria V L, et al. 2010. Monitoring pollution of coastal lagoon using Liza aurata kidney oxidative stress and genetic endpoints: an integrated biomarker approach. Ecotoxicology, 19 (4): 643-653.

Ren X Y, Zhou Y, Zhang J P, et al. 2003. Metallothionein gene expression under different time in testicular Sertoli and spermatogenic cells of rats treated with cadmium. Reproductive Toxicology, 17 (2): 219-227.

Robinson P, MacDonald D, Davidson N, et al. 2004. Use of quantitative structure activity relationships (QSARs) in the categorization of discrete organic substances on Canada's Domestic Substances List (DSL). Environ Informat Arch, 2: 69-78.

Shi L W. 2003. Studies on the effects of chromium complexes. Journal of Hyglene Research, 32 (4): 410-412.

5 环境污染与健康损害相关关系判断

5.1 相关关系判断

根据环境污染与健康危害的识别和特征研究，主要采用定性和定量两类方法进行环境污染与健康相关关系的判断。

1）定性分析

根据污染典型区域环境污染调查、识别和评估结果，依据特征污染因子的毒性、致病机理，以及暴露途径和暴露剂量，对环境污染与健康相关关系进行定性描述。在流行病学调查中，常通过相关性分析、回归分析、多元分析等各种统计学方法处理，寻找到事物内在的联系和事物之间的相关性，为进一步研究提供依据。

在流行病学领域，通常采用发病风险证明环境污染是导致健康损害的原因、建立特定的暴露与损害结果的相关关系。相对危险度（relative risk）以"RR"值来表示，当RR = 1.0时，说明暴露对健康损害结果无影响；当RR值达到2.0时，说明暴露较非暴露更容易产生健康损害后果；当RR值超过2.0时，可以得出暴露比非暴露更能造成损害结果的一种趋势结论。

2）定量分析

在环境污染与健康损害调查、识别和评估基础上，可以采用数理统计、去除混杂因素和内暴露调查等方法，定量研究环境污染与健康的相关关系。为了进一步验证和确定环境污染与健康损害的相关关系，还可以在污染典型区域开展流行病学调查，进行实证研究。

5.2 因果关系判断

5.2.1 判断的前提

健康损害的表现因受害者年龄、性别等的差异而存在差异，因此在判定环境污染与健康损害之间的因果关系前，需要考虑以下因素。

1）环境污染是导致健康损害的可疑因素

根据已有的资料和环境污染与健康损害的实际调查，并结合相关的科学知识和经验，提出健康损害的可疑因素，并经过反复调查进行验证。

2）健康损害与环境污染之间有统计学关联

通过流行病学调查和环境毒理学实验，将研究结果经相关分析、回归分析、多元分析等进行处理，从统计学角度来考虑，首先必须说明一种疾病（或者生理生化变化）与环境特征之间是否存在相关关系，还要注意暴露组和对照组的均衡可比性。在环境污染引起的健康损害调查过程中，应尽量减少系统误差和随机误差，但是有统计学联系不能就说明存在因果关系。

3）排除非环境因素的影响

在统计学上，相关事物中属于因果联系的仅占一小部分，虽然目前统计软件已普遍应用于多因素分析，但是任何方法都有其局限性和适用条件，因此必须充分利用多种知识进行初筛、分析和论证。"混杂因子的可压缩准则"和"混杂因子可比较准则"等可以排除非环境因素。

（1）可压缩准则。如果控制某一因素后得到的各水平上的关联度量与不控制该因素的边缘关联度量相等，则该因素不是混杂因素，并且称该因素是可压缩的。如果各层的相对危险度都相等，且与边缘相对危险度也相等，称相对危险度是可压缩的；如果各层的危险差都相等，且与边缘危险差也相等，称危险差是可压缩的；如果各层的优势比都相等，且与边缘优势比也相等，称优势比是可压缩的。此时，可得到公共相对危险度、公共危险差、公共优势比。可能会出现某种关联度量可压缩，而其他关联度量不可压缩的情况，如相对危险度可压缩，但危险差、优势比可能不可压缩。因此，可压缩准则依赖于用什么关联尺度和背景因素的水平尺度。

（2）可比较准则。Miettinen 与 Cook 基于可比较准则，认为混杂因素必须满足以下条件：①必须是疾病的危险因素。②在暴露总体和非暴露总体的分布不同。③不能是暴露与疾病正在研究的这条因果链上的中间变量。

判断是否是暴露与疾病因果链上的中间变量，取决于待研究的病因通路。如研究趋化因子受体（CCR5）缺陷是否减缓进展为 HIV 的病程时，不能按照 HIV 病毒载量分层，因为它处于 CCR5 缺陷和 HIV 病程缩短的中间环节，不是混杂因素；而评价锻炼和冠心病之间的关系时，HDL 水平能否作为混杂因素取决于研究的通路，如 HDL 处在待研究的通路上，则不是；否则是混杂变量。

可压缩准则与可比较准则是互补的，但是它们的结合也并非是判断混杂的充分条件。不过两者的结合可以尽可能地排除非混杂因素。实际工作中，流行病学家常常在考虑问题时，接受"可比较准则"，而在分析问题时，接受"可压缩准则"。两者结合构成判断混杂因素的三个必要条件：①对照总体中，Z 是危险因素，且 Z 在暴露总体和非暴露总体的分布不同；②相对危险度关于 Z 是不可压缩的；③危险差关于 Z 是不可压缩的。

（3）虚拟事实模型。该模型最基本的概念是引入潜在的虚拟结果。如果能观测到同一个个体接受干预处理和未接受干预处理的两个响应结果的话，那么，可以用这两个响应结果的差来评价该干预处理对这个个体的因果作用。但是在流行病学和医学研究中，每一个个体仅处在一个处理状态下，要么接受干预，要么未接受干预。因此，我们只能观察到一个结果，另一个响应观察不到，这个观察不到的结果是虚拟结果。虚拟事实模型开始被应用于进行因果推断，应用该模型可以给出关于因果作用最精确的定义和描述，同时给混杂完整的形式化定义。

排除非环境因素后，若仍存在显著性意义的相关关系，则两者因果关系的可能性较大。为了更好地判定因果关系，可以采用多种指标分析来排除混杂因子的干扰而出现的假象。

4）环境污染与健康损害的发生有时间先后顺序

一件事情在另一件事情之后发生，这是因果关系判定的必要条件，在确定环境污染与健康损害相关后，健康损害是继环境污染之后产生的，即环境发生变化后，健康损害也发生变化，这时提示两者存在因果关系。

5.2.2 判断的依据

1）联系的时间顺序（temporality）

这是因果关系判定必需的、不容争辩的依据。如果环境污染是引起健康损害的原因，则必须发生在健康损害之前，而且两者间隔时间应符合已知的科学规律。对于慢性损害，还需注意怀疑污染病因与健康损害的时间间隔。如果健康损害产生的时间短于其理论上的潜伏期，则因果关联就很值得质疑。

2）联系的强度（strength）

关联的强度越强，则关联越可能为因果关联。通常用相对危险度来衡量。相对危险度（RR）越大，则因果关系的可能性越大。一般认为，相对危险度大于2，污染区人群的体负荷超过医学参考值范围或者超过非污染区人群的体负荷均数的95%置信区间就可以认为环境污染造成了健康损害。

3）联系具有生物学合理性（plausibility）

污染病因与健康损害的因果关系可以用现有的生物学知识加以解释，这种联系就具有生物学合理性。

4）联系的可重复性（consistency）

污染病因和健康损害的关联在不同的人群和不同地点得到重复，重复出现的次数越多，因果判断越有说服力。

5）联系的特异性（specificity）

某种污染物具有特异的健康损害表现，其特异健康损害常在该污染区域人群中出现，如氟斑牙一般在氟污染地区常发生。

6）联系的一致性（coherence）

污染病因和健康损害的关系，可以用多种方法显示出来，如流行病学方法与动物实验方法或基础研究所获得的结论一致；并且污染病因的分布应与发生健康损害的地区、时间分布相符合或基本符合。

（1）空间分布和效应分布相一致。空间分布一致性指环境污染区域内的人群产生健康损害，非污染区域人群不产生健康损害；进入环境污染区域的人群能够产生相应的健康损害，离开污染区域或消除环境污染则健康损害消失。效应分布一致即环境污染严重的地区人群健康损害效应较重，环境污染轻微或者无环境污染的区域内的人群健康损害效应较轻或者不产生健康损害。健康损害的空间分布、效应分布与环境污染的分布一致，则提示两者存在因果关系。

（2）变化一致存在暴露-效应关系。如果非常高的暴露引起的不良影响能产生生物学效应，那么就能证明暴露–效应关系的合理性，进一步说明确实存在因果关系。

7）联系的类比合理性（analogy）

如果已知某种污染物有健康损害作用，当发现另一种类似的污染物与某种健康损害有联系时，则两者因果关系成立的可能性较大。

8）联系可通过实验证实（experiment）

一是由于环境污染的区域是有一定范围的，在此区域内的人群不分年龄、性别、职业都会受到健康损害，动物也会出现相应的损害效应，如果环境污染是健康损害的原因，则该污染应能解释所有的相关健康损害现象。如果只有单一个体受到损害或者只有一种健康损害表现，则不能说明环境污染是造成健康损害的原因，不过，在对环境污染造成的健康损害进行调查分析的过程中，可以对个例进行调查；二是接触环境污染因素后，在人群发生疾病之前通常都有污染物在体内过量负荷和亚临床变化的阶段，用一般的临床医学检查方法很难发现阳性体征，随着接触时间的延长或污染物浓度（剂量）的增加，才逐渐显露出人体健康损害或引起疾病。在判定环境污染与健康损害的因果关系时，需考虑大批处于亚临床损害状态的群众，以便提出防治决策和建议。如果有相应的动物实验证据，能够证明污染病因对动物的健康有影响，则更能加强因果关系的判断。对于个体的健康损害，由于人群中的各个个体先天的遗传因素和后天的环境因素不同，均存在个体差异，因此还要开展个案调查，同时参考受害人的病理症状、临床医师的诊查结果及对某种污染物质毒性报道的科学文献来判断个体健康损害因果关系。

9）生理毒理学依据

判定两者之间的因果关系不仅要确定污染物质是有害的，还要证明健康损害是该物质引起的。对于特异性损害，一般污染物暴露量极高或者污染物毒理作用明显、毒性机制确切，环境污染造成的人群健康损害符合现有的科学理论知识，在健康效应上则表现出独特的症状和体征，其他物质没有此类效应表现，更能说明因果关系的存在。对非特异性损害，当污染物毒性小、污染物浓度较低，或是长时间反复作用于机体致毒物在体内蓄积时，一般引起机体机能轻微损害，往往显示出非特异性效应表现。环境污染地区居民有时会出现严重的非特异性健康损害，故两者不存在特异性时，亦不能排除因果关系。

10）干预有效

被剔除的非因果联系越多，环境污染与健康损害之间的关联属于因果关系的可能性越大。

5.2.3 判定的方法

1）概率法（刘安平，2011）

该方法由日本学者提出，只要证明"若无环境污染，就不会发生健康损害后果"具有某种程度上的可能性，就可认为因果关系存在。它包括两个方面：优势证据法和事实推定法。优势证据法（加藤一郎，1968）可以描述为，在环境污染因果关系的评定中，只需评定工厂或企业与受害人中哪一方的证据为真，从数学统计学的角度认为，只要有大于50%或以上的概率，即可定论。而事实推定法认为，在环境污染诉讼中，受害者只要证明环境污染与健康损害之间因果关系具备某种程度的可能性即可,排污方可以反驳因果关系存在的可能性,否则视因果关系成立。

2) 流行病学判定法 (刘安平等,2010)

流行病学判定法又称疫学因果关系说,该方法运用流行病统计学的方法来证明污染与损害结果间的因果关系。该方法一般适用于环境污染导致的群体健康损害的因果关系的判定,特别是环境致害因果关系尚待证实的情况。

流行病学判定法的判断条件有 (唐翀,2008):①污染区内有产生损害的因子,除该因子外,其他因素在同样的条件下不太可能引起类似的损害;②该因子在损害产生前已存在;③该因子的作用强度与损害效应存在剂量–反应关系;④污染区内有一定数量的人群受损;⑤该因子产生损害的机制符合生物学理论。

3) 间接反证判定法 (侯茜和宋宗宇,2008)

间接反证法起源于德国民事证据法上的"间接反证",指主要事实存在与否不明时,由行为人负有反证其事实不存在的证明责任。该法一般适于潜伏期较长且复杂的环境污染损害因果关系判定,尤其是环境排放因果关系尚待证实的情况。最早将该法用于环境污染因果关系判定实践的是日本新潟水俣病案。

5.3 不确定性分析与控制

对调查工作中各个环节的不确定因素进行分析,重点对可能影响结论的不确定因素进行分析,并进行相应的有限推测。

5.3.1 不确定性因素

不确定性的类型可分为客观的与主观的不确定性。具体地说,不确定性包括参数的不确定性(测量误差、取样误差和系统误差)、模型的不确定性(由于对真实过程的必要简化,模型结构的错误说明、模型误用、使用不当的替代变量)和情景不确定性(描述误差、集合误差、专业判断误差和不完全分析)(Heinemeyer,2008),它们直接影响环境风险评价结果的可靠性。典型污染区域环境污染与健康损害识别技术和评估方法的不确定性因素主要有以下几方面。

1) 环境污染与健康损害背景的不确定性

环境污染与健康研究涉及各种因素,包括环境污染与健康事件的历史背景、环境污染与健康监测资料的完整性及数据的准确性。这些因素是决定环境污染与健康相关关系可信度的主要因素。

2) 参数的不确定性

参数的不确定性即环境污染与健康损害调查过程中存在的测量误差、取样误差和系统误差,数据是否完善及各种参数是否能反映典型区域环境污染对人体健康的影响。

3) 暴露情景的不确定性

城市人群和农村人口、人群的教育程度高低、不同的社会阶层人群,由于生活空间、工作场所等不同，生活习惯也差别很大，其环境污染的暴露途径、暴露剂量也有所差别，从而导致暴露参数的不确定性。

4）人群年龄、性别及健康状况造成环境污染健康损害的不确定性

人群年龄差异（如老年人、青年人、儿童）、性别不同、人群健康状况不同使得人群抵抗能力不同，环境污染物的暴露剂量也有所差别，从而环境污染与健康损害程度也差别较大，这些因素都导致了环境污染与健康损害的不确定性。

5）模型本身的不确定性

由于对真实过程的简化，模型本身的不确定性包括模型结构的错误说明、模型误用、使用不当的替代变量，即不合适的模型表达，不精确的模型参数等。

6）环境与健康识别指标的不确定性

环境污染与健康损害影响因素众多，相关关系非常复杂，并且识别指标的选取不可能包罗全部影响因子，导致了环境污染与健康特征识别、评估结果的不确定性。

5.3.2 不确定性分析方法

不确定性分析是指对数据收集和调查、毒性评价和暴露评价的不确定性进行定性或定量表达，如所收集数据的可靠性，评价模型中某些假设、输入参数的不确定性和可能发生的概率事件。不确定性的来源、类型和性质虽然复杂，但可通过数学、实验等方法避免，也可通过定量或定性分析减少不确定性。

5.3.2.1 参数不确定性分析

参数不确定性分析包括定量不确定性分析和定性不确定性分析两种途径。

1）定量不确定性分析

定量不确定性分析目前研究较多，主要基于概率性方法，如蒙特卡罗法（张应华等，2007）、泰勒简化法、概率树法、专家判断法（王永杰等，2003）和贝叶斯法等。

（1）蒙特卡罗方法。蒙特卡罗（Monte Carlo）法是一种被广泛采用的分析复杂数值模型不确定性的方法。它假定随机变量的概率分布函数和协方差函数已知，用伪随机数生成技术产生出多组随机变量，然后把随机变量代入模型求解未知变量的统计值。该方法回避了随机分析中的数学困难，不管随机变量是否非正态，只要模拟的次数足够多，就可得到一个比较精确的概率分布，并且具有收敛速度与问题的维数无关、程序结构简单等优点。蒙特卡罗方法基于对实际发生情况的模拟，运用概率方法传播参数的不确定性，能更好地表征暴露评价和健康损害评估。但蒙特卡罗法的一些缺点也不容忽视，主要是收敛速度慢，计算误差难于估计并控制。因此，目前蒙特卡罗法一般用于计算比较简单的模型或用来验证其他不确定性分析方法。

（2）泰勒简化方法。由于模型中输入值和输出值之间的函数关系过于复杂，不能从输入值的概率分布得到输出值的概率分布。运用泰勒扩展序列对输入的模型进行简化、近似，以偏差的形式表达输入值和输出值之间的关系。利用这种简化能够表达模型的均值、

偏差及其他用输入值表示输出值的关系。

（3）概率树方法。概率树方法来源于风险评价中的事故树分析。概率树可以表示 3 种或更多种不确定结果，其发生的概率可以用离散的概率分布定量表达。如果不确定性是连续的，在连续分布可以被离散的分布所近似的情况下，概率树方法仍然可以应用。

（4）专家判断法。专家判断法基于贝叶斯理论，认为任何未知数据都可以看做一个随机变量，分析者可以把这个未知数据表达成概率分布的形式，把未知参数设定为特定的概率分布，从概率分布可以得到置信区间，依靠专家给出的概率进行主观的评估。贝叶斯理论认为个人具备丰富的专业知识，经过研究后熟悉情况，具备评估的信息。信息不仅来源于传统的统计模型，而且包括一些经验资料。因此，专家所提供的资料符合逻辑，主观判断具有科学性和技术性。应用该方法的第一步是组织专业领域的专家开展讨论会。

（5）贝叶斯网络法。贝叶斯网络以它强大的理论基础、成熟的概率推理算法，同样可以进行不确定性分析。贝叶斯网络由两部分组成，一个是由变量（结点）及连接它们之间的有向弧组成的有向无环图（DAG）；另一个是表示每个变量和它的所有父代关系的条件概率表（CPT）。贝叶斯概率是通过先验知识和统计现有数据，使用概率的方法对某一事件未来可能发生的概率通过贝叶斯网络因果关系的概率传递进行估计的。贝叶斯网络是一种模拟人类推理过程中因果关系的有向图。

2）定性不确定性分析

当定量不确定性分析不可能或者不必要时，一般采用定性不确定性分析。

模糊集理论为目前广泛应用的定性不确定性分析，主要用来解决具有模糊性而不只是随机性的不确定性问题。模糊集理论一般用隶属度来表达隶属关系，隶属函数可以取 0 ~ 1 的任意值，0 表示完全非隶属，1 表示完全隶属，中间值表示部分隶属（刑可霞和郭怀成，2006）。模糊理论用隶属度而非概率表示结果的可能性，提供了一种相对精确的不确定性分析方法。

5.3.2.2　敏感性分析

敏感性分析用于评估健康风险评价模型中各输入变量对输出结果贡献的相对大小。其方法为改变模型一个输入变量的值，其他变量固定不变，分析该变量的变化对模型输出结果的影响，然后对各个输入变量重复该步骤，最终得出所有变量敏感性比较。敏感性分析可用于确定主要环境污染物，识别主要暴露途径等关键因子筛选。

5.3.2.3　变异性分析

当敏感性分析确定了对模型输出结果影响率较大的关键因子时，变异性分析可用于评价关键因子的变化范围。例如，变异性分析可用于剂量–反应评价中，预测实验物种暴露剂量的上下界限值，并在由动物到人的外推过程中利用变异性进行多重计算，得出相应风险（US EPA，2006）。

5.3.3 不确定性控制

1）多方协作的方式

由于重点区域环境质量状况和人群健康资料的复杂性，仅靠单方面力量很难获取完整的历史资料。因此，以多方协作的方式发挥各部门的优势，可保证资料的完整性。

2）采用多种不确定性分析方法

可通过定量或定性分析方法对环境污染与健康损害调查、识别和评估的不确定性进行分析。

5.4 混杂因子控制

混杂因子是指既与疾病有关，又与暴露有关，在比较组之间分布不均匀，导致歪曲（夸大或缩小）暴露与疾病之间的关系的因素，它既是所研究疾病的独立危险因子，在非暴露组中它也必定是一个危险因子。

阻止暴露—混杂和疾病—混杂之间至少一条关联，即可控制混杂。选择需要控制的混杂因子，通常是结合专业知识进行选择，如年龄和性别。常用的策略有：前向选择策略（从最简单的可接受的分层开始进行暴露效应估计，然后根据混杂因子作用的大小，将作用较大的混杂因子一个个增加到分层变量中）、后退选择策略（对所有能够调整的潜在混杂因子都进行调整，然后将导致变化最小的混杂因子逐一剔除，如果某变量的剔除导致的总效应估计值的变化超过某一邻界点时，删除即可终止）。

1）限制

针对某一或某些可能的混杂因素，对研究对象的入选条件加以限制。对研究对象针对潜在的混杂因素实行限制后，可得到同质的研究对象，从而可防止某些混杂偏倚，有利于对研究因素与疾病之间的关系作出较为准确的估计。但在这种情况下，研究对象对总体的代表性可能会受到影响，因而研究结论的外推性会受到一定限制。

2）随机化

研究对象随机分配于各组，以使比较组之间在混杂因素的分布上达到均衡，常用于实验性研究，在临床实验中多见，可针对已知或未知混杂。但是当样本量较小时，由于机会的原因，可能并不能完全平衡两组之间的混杂因素，样本量越大，这一问题越小。随机化不能消除混杂。

3）匹配

匹配是指在为指示研究对象选择对照时，使其针对一个或多个潜在的混杂因素与指示研究对象相同或相近，从而消除混杂因素对研究结果的影响。在实验性和非实验性研究设计中均可应用。匹配可以是在研究对象间逐个匹配（个体匹配），或者是组间的匹配（频数匹配）。因此，匹配造成在暴露组和非暴露组的选择上的一种类似混杂的作用，实际上是一种选择偏倚。因此，匹配和匹配后按照匹配因素进行分层分析，是病例对照研究中控制混杂的必要条件。

匹配的优点：对于其他方法难以控制的混杂很有用，如复杂的名义变量；对于混杂变量的不同水平在病例和对照之间（或暴露和非暴露之间）达到平衡，可以提高统计学精度。

匹配的缺点：有时很难匹配，有的病例不得不舍弃，限制了样本量；如果被匹配的因素事实上并非混杂因素，则统计学精度比不匹配时还要低。匹配过头的危害包括损害统计效率、损害真实性、损害费用效益。

4）分层分析

将研究资料按照混杂因素来进行分层。若各层之间的暴露与疾病的效应值一致，可以用 M-H 法计算调整混杂因素后的效应估计值；若各层之间的暴露与疾病的效应值不一致，可用标准化法的方式来调整。存在混杂时，需要计算经过调整的总的关联效应估计值（加权平均，如 Woolf 法、M-H 法），此时需结合临床/生物学意义进行综合分析，而不应该仅仅根据统计学结果来判断。调整后的关联效应值与粗的关联效应值的变化在 10% 以上时，可以认为混杂作用的存在，否则此时可以认为第三个变量没有作用，可以忽略。

分层分析的目的是：估计和控制混杂因子，评估和描述效应修正因子，描述随访研究中的失访问题和竞争风险，用于生存分析和诱导期分析。

分层分析的缺点是：一次只能分析一种暴露-疾病关联；连续性变量转变为离散性变量，丢失信息，可能造成残余混杂；需要控制的混杂较多时，分层很烦琐。

分层分析对于多变量而言的优势有：通过对数据的分层处理，研究者可以清晰地看到暴露因素、疾病，以及潜在混杂因子的分布情况。分布上的差异能够清楚地展示，计算简便；可以从分层数据获得信息，自己进行汇总分析或标准化的计算；分层分析所要满足的前提假设要相对少，减少了得到有偏倚结果的可能性。在分析可能存在混杂的数据时，分层分析应该被视为是常规方法予以应用。在相同的条件下，多变量分析的结果很少有和单变量的分层分析相异的情况。即使是在更倾向使用多变量分析时，分层分析也仍然可以比较好地解释主要混杂因子的作用。

5）多因素分析

分层分析方法控制混杂因素时的局限性，是多因素分析发展的动力。如果要控制的混杂因素很多，受样本量的影响，有时分层分析可能不适用，这时候可以用多因素分析的方法，包括协方差分析、Logistic 回归分析、线形回归、比例风险回归等。应用多变量分析时，必须考虑其适用条件，如变量的独立性问题、分布问题、共线性问题等，盲目使用多元分析方法极为有害。由于多变量分析可以用于控制多个混杂因素，同时考虑多个混杂因子的相互作用，所以常用多变量分析控制混杂。

单个变量分析不存在混杂时，一起分析可能存在混杂。首选后退法，首先纳入对所有的混杂因素一起评价，以确定是否存在联合的混杂作用，计算将所有的混杂因素调整的效应估计值；然后去掉一个因素，重新计算根据剩余的因素调整的效应估计值，如果变化很小，则该因素可以去掉（相当于可压缩）；继续上述过程，直到没有可以去除的变量为止。后退法的缺点是，当混杂因素很多时，每个单元格内计数非常小，分层的关联效应估计值会非常不精确。

前进法是首先纳入一个影响最大的混杂因素，然后增加一个影响较大的因素，如果调整的效应估计值发生有意义的变化,则保留此变量,依次类推。该法不存在后退法中可能遇到的开始某单元格太小的情况,但其缺点在于没有评价许多变量的联合混杂作用。

研究时主要考虑的混杂因素包括:①对于较成熟的领域,任何已有证据提示为混杂的变量都应该考虑;②对于崭新的领域,考虑那些与疾病有关也可能与暴露有关的因素;③如果难以确定,干脆对所有与疾病有关的因素都进行测量。

控制混杂可能会导致统计学偏倚,表现为过多的分层因素导致效应估计值远离无效假设,可通过向前选择策略、选择混杂因子的临界点时采用区间估计、精确估计效应值及其可信限。层数越多,控制混杂的能力会优于层数少的分法。分层分析仅仅能够控制层间混杂。为了尽量避免层内的残余混杂,应该进行更加细致的分层,增加层的数目,另外最好不要出现开区间的层(比如,大于等于55岁)。但分层如果过于细致,会带来数据的不合理性,某些格子内的数字过小,使得结果变得不稳定。

混杂与交互。在评价暴露与疾病的关系时,第三个变量可能是:效应修正因子、混杂变量、中间变量或无作用变量。仅仅依靠统计学检验,通过粗效应值与调整效应值之间有无统计学差异来判断有无混杂是不恰当的。有意义的差异应该根据临床/生物学意义共同判定。比如当样本量很小时,即使实际上两者之间应该差很大,也可能检验不出差异,因此,不能把粗估计值和调整估计值之间的差异仅仅看做是由于机会的作用。

参 考 文 献

侯茜,宋宗宇. 2008. 环境侵权因果关系理论中的间接反证说. 西南民族大学学报, 29(10): 211-215.

加藤一郎. 1968. 公害法的生成与展开. 东京: 岩波书店.

刘安平,彭良斌,吴瑞肖,等. 2010. 环境污染致慢性健康损害的因果关系判定. 中国社会医学杂志, 27(5): 272, 273.

刘安平. 2011. 环境污染与群体健康损害因果关系评定的研究. 武汉: 华中科技大学.

唐翀,汤春琳. 2008. 浅论环境侵权因果关系的认定. 法制与社会, (7): 17-19.

王永杰,贾东红,孟庆宝,等. 2003. 健康风险评价中的不确定性分析. 环境工程, 22(6): 2166-2169.

邢可霞,郭怀成. 2006. 环境模型不确定性分析方法综述. 环境科学与技术, 29(5): 112-114.

于云江,向明灯,孙朋. 2011. 健康风险评价中的不确定性. 环境与健康杂志, 28(9): 835-838.

张应华,刘志全,李广贺,等. 2007. 基于不确定性分析的健康环境风险评价. 环境科学, 28(7): 1409-1414.

Heinemeyer G. 2008. Sources of uncertainty. Toxicology Letters, 180: S3.

U S EPA. 2006. A framework for assessing health risks of environmental exposures to children. Washington DC, EPA/600/R-05/093F.

6 环境污染与健康特征识别与评估方法研究案例

选取兰州大气污染示范区、浙江台州电子垃圾拆解区和松花江典型污染区段三个区域作为典型污染区域，开展环境污染与健康的综合调查，对典型区域环境污染与健康特征识别技术与评估方法进行案例应用研究，进而验证、完善环境污染与健康特征识别与评估方法。

6.1 台州区域环境污染与健康特征识别与评估方法研究

6.1.1 台州电子垃圾拆解区概况

案例研究区位于浙江台州某地，地处我国东南沿海，属于中亚热带沿海季风区，气候受季风影响，温湿适中，热量充裕，光照适宜，无霜期长。年平均降水量 1672 mm，最大年降水量雨量达 2346 mm，最小年降水量为 1044 mm。全年平均日照时数为 1861.1 h，年平均无霜期为 252 d，常年主导风向为东北偏北（夏季的主导风向西南偏南）。该地区总面积为 77.58km²，人口 13.2 万，交通方便，集贸兴旺，经济较为发达。在 20 世纪 70 年代末，该区就开始有人零星地从事拆解业。经过 20 多年的发展，该区已经成为世界上进口废旧电器最多的地区之一。据统计，在该区域近 300 家村镇企业中，约有 1/2 从事废旧回收加工业，还有近百户农民从事间歇性、家庭作坊式的废旧回收业，每年处理大量来自美国、欧洲、韩国及内地等的电子废弃物，其处理方法极为原始。该地区电子废弃物回收拆解业长期处于无序、小作坊式的状态，采用的多为不规范的堆放回收、简单的手工拆解、露天焚烧或者是直接酸洗等原始的处理方式，获得容易提取的金属后，残余物被直接丢弃到露天地、沟渠或者水渠中，从而导致环境长期遭受污染。

选取具有代表性的废旧家电的回收、拆解、破碎、资源化的典型处理场地进行调研，其中桐山村盛行用硫酸、硝酸等强酸把贵重金属置换出来回收贵金属，工艺简单、操作方便。作业过程中产生的废气、酸性废水及未经处理的最终垃圾经日晒雨淋，对当地的水、空气环境构成严重威胁。岭下周村广泛分布于乡村的私人作坊无任何环保及防护措施，经常露天焚烧，拆解后的最终垃圾直接倾倒在河塘、粮田及道路两侧。帽岭村也是一个重要的电子废弃物拆解区，主要以手工拆解为主，电子废弃物的乱堆乱放随处可见。采样区图见图 6-1。

根据已有报道和现场调研，现有的回收堆放方式与处理工艺可归纳如下。

1）不规范的堆放回收

不规范的堆放回收如图 6-2 所示。

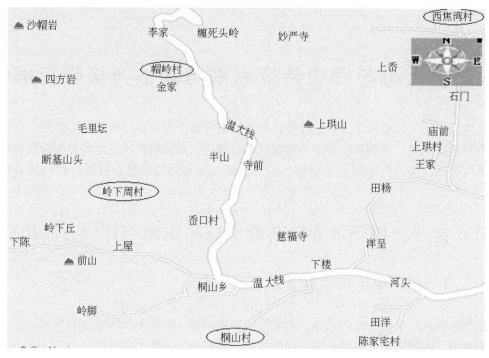

图 6-1　研究区和对照区地理位置图

图 6-2　堆放的各种塑料和金属

2）处理工艺的不规范：露天焚烧

在很多集中处理电子垃圾地区都可见土法露天焚烧电路板、电线等回收金属的案例，由于缺乏环保措施，焚烧产物直接排放到大气中，电路板中的阻燃剂等加热分解生成的有机污染物也随其排放到大气中。

3）处理工艺的不规范：落后的湿法处理

使用王水等浸提电路板中的金属，并采用化学沉淀法回收也是集中处理电子垃圾地区的常用技术，现场照片见图 6-3。

图6-3   某厂湿法回收工艺（主要提取其中的黄金）

在当地民间，生产成本低廉，利润回报丰厚，再加上其他资源缺乏和投资资金短缺等的制约，导致原始的电子废弃物处理技术盛行。由于缺乏环保知识，从最初的废旧电子产品的回收堆放，到拆解及最终废弃物的处理都存在着严重的健康隐患及环境风险。

6.1.2   台州区域环境污染与健康特征识别研究

通过对研究区各环境介质中污染物的溯源检测，对污染物质进行识别，结合优先控制污染物黑名单，筛选研究区特征污染物。通过资料收集与现场调查相结合的方法，了解人群基本信息，以及暴露人群的体内负荷、不良症状、健康状况等情况。主要采用资料收集、流行病学调查、环境污染调查和生物样本检测的方法对区域人群进行暴露特征和健康损害的识别和分析。

6.1.2.1   环境样品采集方案

1）采集地点及采集样品种类

以浙江台州电子废弃物拆解重污染区帽岭村、桐山村和岭下周村为研究区，采样区域示意图见图6-4。采集样品分别为土壤、水体、大气、农作物和农产品。

图6-4   研究区采样区域示意图

2）采样方法

（1）土壤样品采集。在帽岭村、桐山村和岭下周村分别选取 20 块田地，田地间间隔 200m，其中水稻地块和玉米地块各 10 块。采用对角线（HJ/T 166—2004）采集 0 ~ 20 cm 的表层土壤，每个田块的样品混合均匀后，按四分法取样 2 kg 装入样品袋内，贴上标签送回实验室。土壤样品总计 60 个。

（2）水体样品采集。使用容器直接采取地表水。一般将其沉至水面以下 0.3 ~ 0.5 m 处采集。监测井采集水样，采用自制的采样容器直接放入井中分别在近井面、井中及井底处进行采集，水体样品总计 34 个。

（3）大气样品采集。使用大流量采样器在不同采样点分批采集大气样品，使用石英滤膜（QFFs，20.3 cm×25.4 cm，Whatman）和聚氨酯泡沫（polyurethane foam，6.5 cm× 7.5 cm）分别采集大气中颗粒相（PM_{10}）和气相样品，采样流速为 0.3 ~ 0.5 m^3/min，采样时间约为 16 h。大气样品总计 60 个。

（4）农作物样品采集。对应土壤样品的采集，采集每块田地上生长的农作物，即每个村子水稻样品和玉米样品各 12 ~ 26 个。每个样品均为混合样 1 kg，装袋后贴上标签送实验室。农作物样品总计 50 个。

（5）农产品（鸡肉）。鸡肉样品采集是从每个村的 4 户不同农户家中购买四只家鸡，剔下每只鸡的背部和腿部鸡肉备用，在−20 ℃的环境下保存。

3）环境样品采样数量

按环境样品采集方案在帽岭村、桐山村和岭下周村共采集样品 224 个，具体采集样品的种类和数量见表6-1。

表6-1　研究区环境样品采集汇总表　　　　　　（单位：个）

地点	土壤	水体	大气	农作物	农产品	合计
帽岭村	20	10	18	16	6	70
桐山村	20	12	20	18	8	78
岭下周村	20	12	22	16	6	76
合计	60	34	60	50	20	224

6.1.2.2　环境样品检测方法

1）预处理

（1）土壤样本的预处理（GB/T 17139—1998；李述信，1987；孙华，2008；万连印，2009；赵兴敏等，2009；栾云霞等，2009；Alvarado and Rose，2004；Serrano and Gallego，2006；Macarovscha et al.，2007）。将采集到的土样自然风干后压碎，剔除杂物，经低温冷冻干燥处理后进行四分法处理，使其全部通过 2 mm 孔径的筛子，根据检测项目的不同进行下一步处理。

Ⅰ. 有机物检测。称取 20g 和 5g 无水 Na_2SO_4，混匀后置于索氏抽提器中，圆底烧瓶中加入 300 mL 无水乙醇和 2 g 铜丝在 60 ℃下回流 24 h，提取后经 0.45μm 滤膜过滤，经预先处理过的硅胶柱进行纯化。硅胶柱先用 50 mL 正己烷活化硅胶，然后上样，用正己烷预淋洗和洗脱。

Ⅱ. 重金属检测。称取 1g 磨细土样于 150mL 锥形瓶中，各加入 $HNO_3$5mL、浓 HCl 15mL，以低温加热分解。冷却至室温后，加入 HCl 溶液 10mL 及去离子水 10mL，在电热板上加热熔解盐类，反复用 1% 的 HNO_3 洗涤锥形瓶及滤纸，过滤冷却，稀释至刻度后摇匀待测。

Ⅲ. 水样的预处理（GB5749—2006；黄志勇，2006）。取水样 150mL，在电热板上缓缓加热浓缩至约 5mL，加入 10mL HNO_3 和 5mL $HClO_4$ 在电热板上加热消解。待棕色烟雾消失后，继续加热，浓缩至约 5mL，将样品溶液移入 25.00mL 容量瓶中，用二次蒸馏水定容，待测。

Ⅳ. 空气样本的预处理。样品前处理及检测参见土壤部分。

（2）粮食样本的预处理（倪小英，2008；Eskilsson and Björklund，2000；Guo et al.，2001）。取粉碎样品（水稻、玉米）5g 置于 250mL 锥形瓶中，放入数粒玻璃珠，加入 15mL 混合酸（按体积比 HNO_3：$HClO_4$＝4：1 配置），放置过夜，在电热板上消解，先用小火加热，待作用缓和后，加大火力继续消解，重复此过程，消解液呈无色透明或略带黄色，用 1% 的 HNO_3 洗涤多次，洗液合并入容量瓶中，定容至刻度后混匀备用。

2）实验仪器和试剂

（1）重金属检测。重金属检测的实验仪器、设备及试剂如表6-2所示。

表6-2　重金属检测实验仪器、设备

项目	仪器名称	型号	产地
1	原子吸收分光光度	Z-2000	日本国立公司
2	微波消化仪	MSP-100D	上海新仪微波有限公司
3	空心阴极灯		上海电光器件厂

（2）有机物检测。有机物检测的实验仪器、设备及试剂如表6-3所示。

表6-3　有机物检测实验仪器、设备

编号	仪器名称	型号	产地
1	气相色谱仪	Agilent7890	美国安捷伦公司
2	索氏提取仪		北京天堂玻璃有限公司
3	磁力搅拌器	CL-4A	郑州金育科贸有限公司
4	低温干燥器	DT2 系列	抚顺黎明低温干燥设备公司
5	旋转蒸发仪	RV05 基本型 1-B	德国 IKA 公司
6	电子分析天平	LA 204	常熟百灵仪器有限公司
7	马弗炉	DC-R	北京独创科技有限公司
8	元素分析仪	Vario EL Ⅲ	德国 Elementar
9	移液器		法国吉尔森

6.1.2.3 检测条件

以土壤样本检测为例，原子吸收测定仪器条件见表6-4，程序升温参数见表6-5。

表6-4 原子吸收测定土壤样本的工作参数

元素	波长/nm	狭缝/nm	灯电流/mA	测试方法	备注
Cu	324.8	0.7	6	火焰	
Cd	228.8	0.7	8	石墨炉	
Cr	357.9	0.7	10	石墨炉	
Pb	283.3	0.7	10	石墨炉	
Ni	232.0	0.2	12.5	火焰	
As	193.7	0.7	10	石墨炉	
Hg	208.0	0.4	0.4	石墨炉	机体改进剂 $[NH_4H_2PO_4+Mg(NO_3)_2]$

表6-5 石墨炉原子吸收测定土壤样本时升温程序

元素	干燥		灰化		原子化		清除	
	温度/℃	保持时间/s	温度/℃	保持时间/s	温度/℃	保持时间/s	温度/℃	保持时间/s
Cd	150	20	500	30	2200	2	2400	2
Cr	150	20	800	30	2300	2	2500	2
Pb	150	20	800	30	2400	2	2500	2
As	150	20	700	30	2200	2	2500	2
Hg	150	30	700	20	2000	3	2400	2

气相色谱条件：载气为纯度99.99%的高纯氮，流量2 mL/min；尾吹气流量为60 mL/min。总共运行130 min。不设分流比，进样量1 μL。气相色谱柱升温程序见表6-6。

表6-6 气相色谱柱升温程序

温度/℃	保持时间/min	升温速率/(℃/min)
起始温度50	10	5
升温至200	20	2
升温至300	20	

6.1.2.4 精密度及加标回收率

重金属检测中对标准物和样品作多次重复分析及使用未受污染的试剂和仪器，精密度测定相对标准偏差均小于3.0%，原子吸收分光光度测试方法精密度良好。

有机物检测中对标准物和样品作多次重复分析，精密度测定相对标准偏差小于5.0%，索氏提取法和气相色谱仪测试方法精密度良好。加标回收率实验计算结果显示回收率良好。

6.1.2.5 污染特征分析

（1）各种介质中重金属含量。土壤、地下水、稻米、玉米和鸡肉中重金属的含量见表 6-7 ~ 表 6-11。

表 6-7 土壤中重金属污染物浓度　（单位：mg/kg）

调查区	Cd	Ni	Cr	Cu	Pb	As	Hg
帽岭村	2.20	63.97	118.88	41.70	43.06	7.53	1.46
桐山村	1.60	22.22	111.43	48.81	41.74	7.84	1.45
岭下周村	1.67	62.40	105.18	41.29	41.89	6.75	1.37
西焦湾村	1.55	30.11	59.01	25.13	22.63	7.94	0.28
二级标准	0.30	40.00	150.00	50.00	250.00	30.00	0.30
背景值	0.19	27.90	57.70	24.20	22.20	8.79	0.05

注：二级标准是为保障农业生产，维护人体健康的土壤限制值

表 6-8 地下水中重金属污染物浓度　（单位：μg/L）

调查区	Cd	Ni	Cr	Cu	Pb	As	Hg
帽岭村	0.06	16.01	20.41	10.35	0.62	N.D	N.D
桐山村	0.08	6.76	17.73	11.18	0.67	N.D	N.D
岭下周村	0.08	8.35	16.39	13.76	0.66	N.D	N.D
西焦湾村	0.05	5.16	11.26	11.01	0.59	N.D	N.D
Ⅲ类标准	≥10	≥50	≥50	≥1000	≥50	≥50	≥1

注：①N.D 表示未检出；②标准引于《地下水质量标准》（GB/T 14848—93）

表 6-9 稻米中重金属污染物浓度　（单位：mg/kg）

调查区	Cd	Ni	Cr	Cu	Pb	As	Hg
帽岭村	0.13	0.66	0.69	5.79	12.79	0.72	1.4
桐山村	0.08	1.45	0.50	4.26	15	0.82	1.69
岭下周村	0.25	1.13	0.69	5.6	13.87	0.71	2.07
西焦湾村	0.19	0.55	0.41	0.91	9.46	0.34	0.01
Ⅲ类标准	0.2	0.7	—	1	10	0.4	0.02

表 6-10 玉米中重金属污染物浓度　（单位：mg/kg）

调查区	Cd	Ni	Cr	Cu	Pb	As	Hg
帽岭村	0.16	0.6	7.22	7.9	0.69	0.79	1.89
桐山村	0.07	0.45	8.30	4.08	0.78	1.90	1.59
岭下周村	0.12	0.55	8.69	6.75	0.77	1.90	1.76
西焦湾村	0.04		0.83	4.01	0.23	0.49	0.01
限量标准	0.05	—	1	10	0.4	0.7	0.02

表 6-11　鸡肉中重金属污染物浓度　　　　　　　　（单位：mg/kg）

调查区	Cd	Ni	Cr	Cu	Pb	As	Hg
帽岭村	0.09	2.61	6.92	6.31	1.99	3.94	2.67
桐山村	0.12	1.91	6.09	5.98	1.49	2.27	2.49
岭下周村	0.12	1.87	5.16	5.39	1.87	3.29	2.54
西焦湾村	0.05	1.55	4.90	5.38	1.27	0.737	0.68

（2）各种介质中有机污染物含量。环境介质中有机污染物含量见表 6-12 ~ 表 6-14。

表 6-12　研究区各环境介质中有机污染物 BDE 浓度　　　　　　　（单位：mg/kg）

采样区域	样品	BDE-075	BDE-047	BDE-071	BDE-209	BDE-077	BDE-100	BDE-119	BDE-099	BDE-118	BDE-153
帽岭村	饮用水	0.02	0.79	0.04	0.02	0.04	0.04	0.02	0.03	0.08	0.03
	地表水	0.02	0.79	0.04	0.02	0.04	0.04	0.02	0.03	0.08	0.03
	土壤	4.52	523.55	5.31	30.61	6.38	9.18	5.77	25.24	8.78	10.44
	大气	30.79	552.59	45.29	33.37	61.29	99.53	86.82	30.75	74.19	33.82
	红薯干	0.39	3.62	0.66	0.06	0.31	0.27	0.43	0.23	1.41	0.10
	稻米	5.37	22.81	1.55	0.91	2.40	0.00	2.46	1.33	0.21	0.09
	鸡肉	0.60	5.83	0.37	0.21	0.61	0.29	0.28	0.95	0.38	0.29
桐山村	土壤	—	493.79	—	27.12	—	—	—	493.79	—	7.96
	水体		0.79		0.02				0.03		0.02
	大气	—	543.79	—	27.12	—	—	—	29.48	—	27.96
	玉米		4.79		0.05				0.22		0.09
	稻米	—	19.78	—	0.79	—	—	—	1.29	—	0.06
	鸡肉		4.96		0.20				0.72		0.22
岭下周村	土壤	—	491.86	—	27.37	—	—	—	26.12	—	8.76
	水体		0.79		0.03				0.03		0.02
	大气	—	491.86	—	31.37	—	—	—	26.12	—	28.76
	玉米		3.86		0.05				0.20		0.09
	稻米	—	20.15	—	0.81	—	—	—	1.37	—	0.13
	鸡肉		4.99		0.20				0.81		0.20
西焦湾村	饮用水	0.001	0.05	0.002	0.004	0.004	0.003	0.001	0.003	0.005	0.001
	地表水	0.007	0.40	0.03	0.02	0.02	0.002	0.013	0.013	0.06	0.012
	土壤	5.98	5.07	1.37	2.02	3.95	3.67	8.19	0.60	0.80	2.96
	大气	29.07	363.55	30.89	18.58	14.21	34.83	44.23	25.36	24.29	51.31
	红薯干	—	—	—	—	—	—	—	—	—	—
	稻米	—	—	—	—	—	—	—	—	—	—
	鸡肉	—	—	—	—	—	—	—	—	—	—

续表

采样区域	样品	BDE-015	BDE-021	BDE-028	BDE-035	BDE-066	BDE-077	BDE-085	BDE-126	BDE-128	BDE-205
帽岭村	饮用水	0.07	0.00	0.02	0.10	0.03	0.01	0.02	0.00	0.00	0.00
	地表水	0.07	0.00	0.02	0.10	0.03	0.01	0.02	0.00	0.00	0.00
	土壤	53.86	8.79	8.01	14.30	9.30	4.97	7.11	2.66	1.44	1.91
	大气	130.99	51.48	48.75	34.33	140.53	27.93	12.10	6.76	4.59	1.89
	红薯干	0.83	0.30	0.13	0.15	2.08	0.07	0.19	0.05	0.10	0.06
	稻米	3.30	5.80	1.48	2.00	2.64	0.54	0.53	0.01	0.04	0.01
	鸡肉	9.16	0.32	0.47	0.39	0.47	0.41	0.12	0.32	0.26	0.39
桐山村	—	—	—	—	—	—	—	—	—	—	—
岭下周村	—	—	—	—	—	—	—	—	—	—	—
西焦湾村	饮用水	0.013	0.01	0.01	0.01	0.01	0.01	0.01	0.01	0.01	0.00
	地表水	0.15	0.01	0.03	0.10	0.02	0.02	0.04	0.01	0.00	0.00
	土壤	13.70	6.36	3.24	9.11	2.21	10.48	0.91	1.20	0.32	0.05
	大气	356.07	22.57	32.14	32.38	122.49	43.26	52.74	6.28	1.81	1.52
	红薯干	—	—	—	—	—	—	—	—	—	—
	稻米	—	—	—	—	—	—	—	—	—	—
	鸡肉	—	—	—	—	—	—	—	—	—	—

采样区域	样品	BDE-203	BDE-001	BDE-002	BDE-003	BDE-010	BDE-008	BDE-011	BDE-012	BDE-013	BDE-015
帽岭村	饮用水	0.00	1.81	0.24	0.92	0.28	0.64	0.15	0.07	0.17	0.20
	地表水	0.00	1.81	0.24	0.92	0.28	0.64	0.15	0.07	0.17	0.20
	土壤	0.40	417.26	110.59	300.74	20.78	66.02	64.32	55.42	47.56	74.37
	大气	5.24	4521.83	1560.24	2852.35	352.32	678.25	362.78	158.60	199.15	234.01
	红薯干	0.03	31.55	5.19	13.31	1.88	4.54	2.42	1.32	2.17	2.57
	稻米	0.06	22.62	3.44	7.74	1.79	4.03	3.03	3.43	3.70	3.51
	鸡肉	0.27	360.45	129.21	218.53	18.62	37.41	7.14	5.67	15.53	16.35
桐山村	—	—	—	—	—	—	—	—	—	—	—
岭下周村	—	—	—	—	—	—	—	—	—	—	—
西焦湾村	饮用水	0.01	0.11	0.01	0.08	0.02	0.03	0.02	0.01	0.01	0.01
	地表水	0.01	1.42	0.17	0.71	0.26	0.40	0.17	0.07	0.08	0.15
	土壤	0.17	80.37	8.68	16.78	17.95	23.64	34.05	58.11	18.29	13.70
	大气	2.67	4919.10	0.00	1352.19	142.04	304.94	451.61	77.46	202.34	356.07
	红薯干	—	—	—	—	—	—	—	—	—	—
	稻米	—	—	—	—	—	—	—	—	—	—
	鸡肉	—	—	—	—	—	—	—	—	—	—

续表

采样区域	样品	BDE-030	BDE-007	BDE-032	BDE-017	BDE-025	BDE-033	BDE-028	BDE-035	BDE-037	BDE-049
帽岭村	饮用水	0.03	0.10	0.04	0.02	0.02	0.01	0.02	0.04	0.08	0.03
	地表水	0.03	0.10	0.04	0.02	0.02	0.01	0.02	0.04	0.08	0.03
	土壤	41.14	203.04	58.02	27.01	15.70	13.15	43.61	15.00	39.11	20.87
	大气	86.15	618.14	125.95	96.90	91.15	79.55	62.52	100.09	48.32	132.36
	红薯干	0.84	5.67	1.03	1.58	0.68	0.73	0.17	0.69	0.44	0.50
	稻米	8.63	26.91	1.17	23.69	0.37	7.40	1.47	3.08	2.30	0.58
	鸡肉	1.98	89.17	1.08	0.92	1.64	1.03	1.13	15.60	0.30	0.45
桐山村		—	—	—	—	—	—	—	—	—	—
岭下周村		—	—	—	—	—	—	—	—	—	—
西焦湾村	饮用水	0.01	2.29	0.01	0.01	0.01	0.00	0.01	0.00	0.01	0.01
	地表水	0.04	0.07	0.05	0.02	0.01	0.01	0.02	0.04	0.06	0.02
	土壤	8.06	8.16	11.02	15.88	11.09	8.64	5.48	10.37	5.73	8.26
	大气	51.77	421.60	98.73	76.04	73.04	41.54	56.57	93.70	42.72	45.06
	红薯干	—	—	—	—	—	—	—	—	—	—
	稻米	—	—	—	—	—	—	—	—	—	—
	鸡肉	—	—	—	—	—	—	—	—	—	—

采样区域	样品	BDE-085	BDE-155	BDE-156	BDE-154	BDE-116	BDE-138	BDE-166	BDE-183
帽岭村	饮用水	0.06	0.05	0.03	0.04	0.09	0.02	0.03	0.02
	地表水	0.06	0.05	0.03	0.04	0.09	0.02	0.03	0.02
	土壤	5.89	4.85	5.16	3.58	6.06	3.02	3.18	1.67
	大气	51.82	52.65	42.38	23.73	24.86	40.52	22.12	21.33
	红薯干	0.23	0.23	0.10	0.10	0.16	0.13	0.20	0.12
	稻米	0.34	0.14	0.00	0.12	0.21	0.01	0.01	0.01
	鸡肉	0.24	0.72	0.20	0.78	0.51	0.30	0.06	0.57
桐山村		—	—	—	—	—	—	—	—
岭下周村		—	—	—	—	—	—	—	—
西焦湾村	饮用水	0.00	0.01	0.01	0.01	0.01	0.00	0.01	0.01
	地表水	0.04	0.06	0.04	0.04	0.00	0.01	0.01	0.04
	土壤	0.91	1.08	0.91	3.72	3.40	2.57	1.72	3.72
	大气	52.74	63.43	52.74	0.00	3.99	2.51	2.89	0.00
	红薯干	—	—	—	—	—	—	—	—
	稻米	—	—	—	—	—	—	—	—
	鸡肉	—	—	—	—	—	—	—	—

表6-13 研究区各环境介质中有机污染物 PCB 浓度 （单位：mg/kg）

采样区域	样品	PCB-001	PCB-005	PCB-029	PCB-047	PCB-098	PCB-154	PCB-171
帽岭村	饮用水	0.24	0.50	0.48	13.15	0.06	0.02	12.81
	地表水	0.24	0.50	0.48	13.15	0.06	0.02	12.81
	土壤	54.69	37.90	58.63	2397.01	79.01	10.13	8522.52
	大气	980.71	620.16	541.96	479.27	168.77	31.99	8307.70
	红薯干	2.41	3.41	3.11	3.10	1.39	0.23	58.93
	稻米	0.86	3.24	3.03	9.74	1.57	4.15	370.77
	鸡肉	51.65	33.69	28.17	7.83	1.31	0.35	94.77
桐山村	土壤	—	—	48.68	—	61.09	—	—
	水体	—	—	0.43	—	0.05	—	—
	大气	—	—	518.68	—	161.09	—	—
	玉米	—	—	2.68	—	1.09	—	—
	稻米	—	—	2.67	—	1.39	—	—
	鸡肉	—	—	21.71	—	1.30	—	—
岭下周村	土壤	—	—	48.19	—	70.18	—	—
	水体	—	—	0.46	—	0.06	—	—
	大气	—	—	518.19	—	170.18	—	—
	玉米	—	—	3.19	—	1.18	—	—
	稻米	—	—	3.08	—	1.49	—	—
	鸡肉	—	—	24.14	—	0.30	—	—
西焦湾村	饮用水	0.012	0.04	0.03	0.38	0.007	0.001	0.75
	地表水	1.42	0.46	0.30	6.45	0.06	0.012	6.43
	土壤	50.43	50.49	64.90	415.61	13.20	8.04	81.26
	大气	912.11	257.27	499.23	398.35	133.02	11.76	3935.28
	红薯干	—	—	—	—	—	—	—
	稻米	—	—	—	—	—	—	—
	鸡肉	—	—	—	—	—	—	—

表6-14 研究区各环境介质中有机污染物 PBB 浓度 （单位：mg/kg）

采样区域	样品	PBB-209	PBB-250	PBB-001	PBB-003	PBB-009	PBB-015	PBB-030	PBB-103	PBB-077	PBB-169
帽岭村	饮用水	0.03	0.00	0.41	0.15	0.16	0.17	0.04	0.05	0.15	0.19
	地表水	0.03	0.00	0.41	0.15	0.16	0.17	0.04	0.05	0.15	0.19
	土壤	51.46	2.40	156.81	49.15	48.46	26.93	395.82	33.53	26.49	79.85
	大气	40.07	13.05	425.32	1017.17	208.59	183.87	151.09	34.20	239.70	567.98
	红薯干	0.10	0.20	4.64	2.28	1.29	2.17	0.48	0.24	1.21	5.03
	稻米	1.45	0.03	1.68	0.82	0.99	2.47	0.75	1.46	9.41	1.43
	鸡肉	0.36	1.78	73.27	48.34	10.41	11.85	2.38	0.45	1.53	16.87
桐山村	—	—	—	—	—	—	—	—	—	—	—

采样区域	样品	PBB-209	PBB-250	PBB-001	PBB-003	PBB-009	PBB-015	PBB-030	PBB-103	PBB-077	PBB-169
岭下周村	—	—	—	—	—	—	—	—	—	—	—
西焦湾村	饮用水	0.008	0.002	0.02	0.006	0.013	0.013	0.03	0.003	0.005	58.88
	地表水	0.01	0	0.28	0.07	0.15	0.08	0.02	0.03	0.08	0.04
	土壤	3.04	0.31	88.74	34.69	11.64	31.18	60.46	3.27	44.30	28.76
	大气	11.06	5.31	347.18	857.09	138.43	103.21	124.46	21.68	169.07	58.88
	红薯干	—	—	—	—	—	—	—	—	—	—
	稻米	—	—	—	—	—	—	—	—	—	—
	鸡肉	—	—	—	—	—	—	—	—	—	—

6.1.2.6　污染特征分析

1）重金属污染特征

对表6-9～表6-13及图6-5进行分析，结果如下。

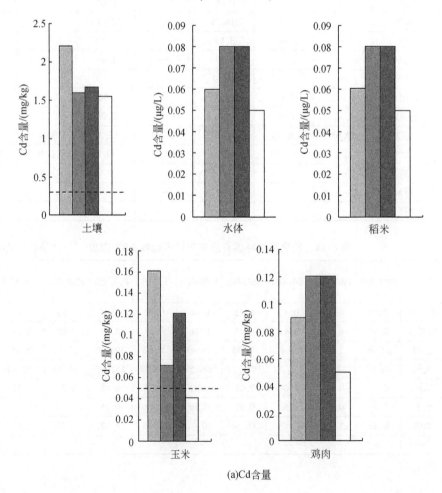

(a)Cd含量

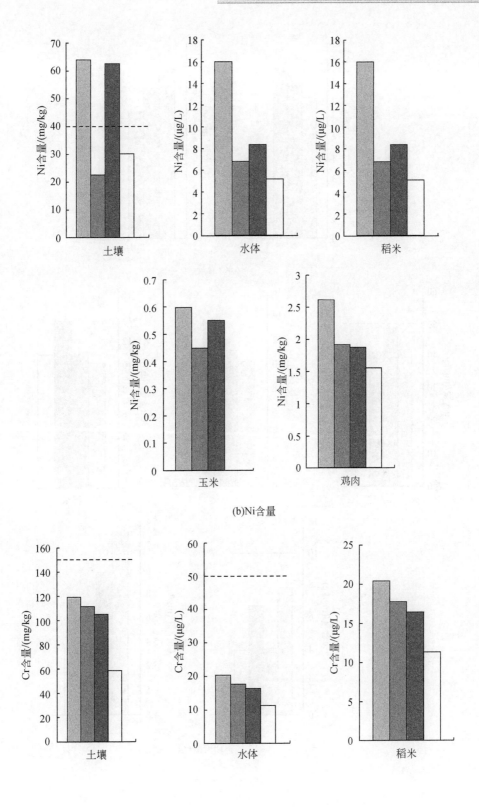

(b)Ni含量

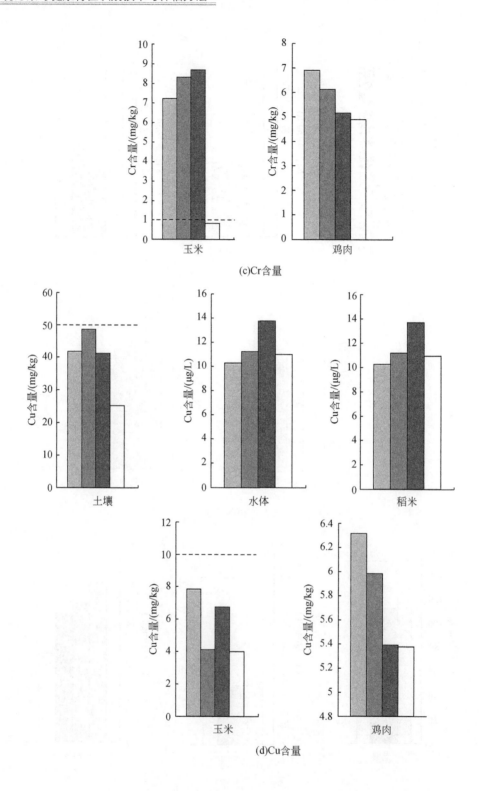

(c)Cr含量

(d)Cu含量

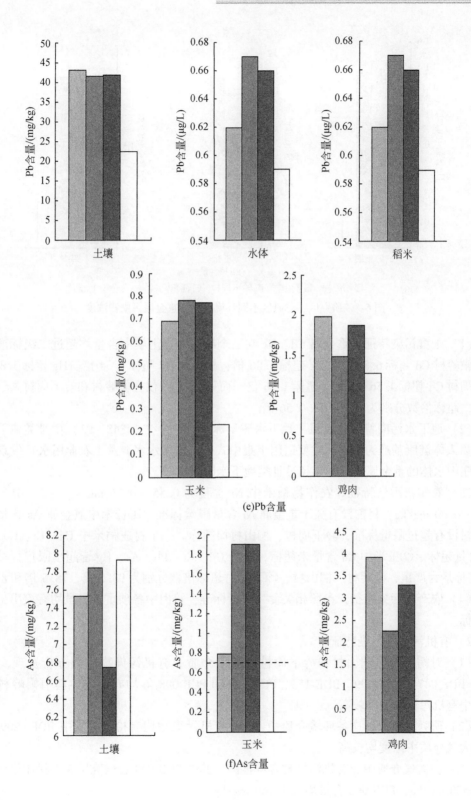

(e)Pb含量

(f)As含量

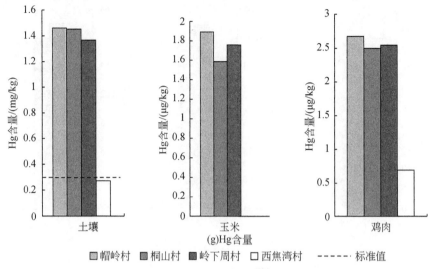

图6-5　研究区、对照区不同环境介质中重金属污染物浓度

（1）土壤污染特征。重金属Cd、Hg在三个村庄表层土壤中含量均超过二级标准，其中，帽岭村Cd超标6.35倍、Hg超标3.86倍；桐山村Cd超标4.34倍、Hg超标3.82倍；岭下周村Cd超标4.56倍、Hg超标3.56倍。而重金属Ni仅在帽岭村和岭下周村高于二级标准，超标倍数分别为0.60倍、0.56倍。

（2）地下水污染特征。对照《地下水质量标准》（GB/T 14848—93）中Ⅲ类地下水标准（以人体健康基准为依据，主要适用于集中式生活饮用水水源及工农业用水）发现，三个村庄中水体的重金属含量均未超过Ⅲ类地下水限值。

（3）农作物污染特征。农作物稻米中Ni含量为0.55~0.66 mg/kg，玉米中含量为0.45~0.60 mg/kg，目前没有关于重金属Ni含量限量标准。①稻米中重金属As含量仅在帽岭村没有超过限量标准，岭下周村、桐山村均超标。三个村庄稻米中Cd、Cr、Cu、Pb、Hg含量超标。②玉米中Cu含量未超标，其余Cd、Cr、Pb、As、Hg皆超出限量标准。以Hg超标最为严重，帽岭村、桐山村、岭下周村超标倍数分别为93.5倍、78.5倍和87倍。

（4）农产品污染特征。参照相关食品限量标准，鸡肉中各项重金属虽均有检出，但均未超标。

2）有机污染物污染特征

（1）对帽岭村、桐山村和岭下周村各环境介质中有机污染物监测分析发现，BDE-209、BDE-047、BDE-099、BDE-153、PCB-029和PCB-098等均有检出，其中帽岭村多数介质中有机污染物浓度较高。

（2）研究区3个村庄各环境介质中，7种有机污染物均有检出，其中BDE-209在土壤和大气介质中浓度均较高。

（3）在大气介质中，有机污染物含量很高，其中PCB-029在研究区3个村庄里含量均大于500 mg/kg，PCB-098含量均大于160 mg/kg。

（4）桐山村有机污染物BDE-047在玉米中检测出的浓度较高，经初步分析，可能与该地区电子废弃物的拆解工艺有关。

研究区不同环境介质中有机污染物浓度如图 6-6 所示。

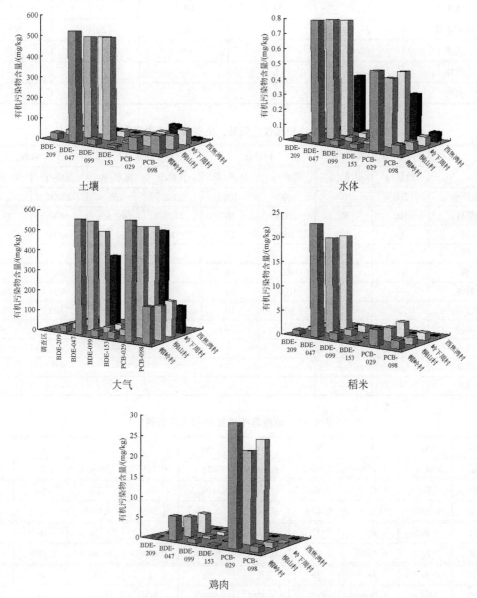

图 6-6 研究区不同环境介质中有机污染物浓度

6.1.2.7 研究区特征污染因子的筛选

1）初次筛选

（1）溯源技术主要包括以下三种。

Ⅰ. 电子废弃物化学成分分析。电子废弃物的化学成分及拆解产物中各元素含量的相关文献报道（CDC，1991；WHO，1994；Luo et al.，2003），见表 6-15 ~ 表 6-17。

表 6-15　电子产品的化学组成　　　　　　　　　　（单位：%）

化学成分	电视	电冰箱	洗衣机	空调器	电脑
金属	12.9	54.6	60.5	74.5	35
橡胶塑料	24.2	43.6	36.2	20.6	45
玻璃	62.4	—	—	—	15
气体	—	1.1	—	2.0	—
其他	0.5	0.7	3.3	2.9	5

表 6-16　照相机、扫描仪、硒鼓、电脑拆解产物质量及比重

类别	照相机		扫描仪		硒鼓		电脑	
	质量/g	比重/%	质量/g	比重/%	质量/g	比重/%	质量/g	比重/%
总质量	200	100	5000	100	2362	100	29000	100
塑料	100	50	2000	40	1172	49.6	6800	23.4
铁	30	15	500	10	730	30.9	9000	31.0
铝	—	—	—	—	30	1.3	—	—
铜	—	—	500	10	5	0.2	300	1.1
玻璃	—	—	1000	20	—	—	7000	24.1
电路板	20	10	500	10	—	—	5400	18.7
墨粉	—	—	—	—	425	18.0	—	—
镜头	50	25	—	—	—	—	—	—
风扇	—	—	—	—	—	—	500	1.7
喇叭	—	—	—	—	—	—	—	—

表 6-17　电脑与手机线路板元素含量

项目	Ag	Al	Mg	As	Au	S	Ba	Be
含量	3300g/t	4.70%	1.90%	<0.01%	80g/t	0.10%	200g/t	1.1g/t
项目	Fe	Ca	Mn	Mo	Ni	Zn	Sb	Se
含量	5.30%	35g/t	0.47%	0.00%	0.47%	1.50%	0.06%	41g/t
项目	Bi	Br	C	Cd	Cl	Cr	Cu	F
含量	0.17%	0.54%	9.60%	0.02%	1.74%	0.05%	26.80%	0.09%
项目	Sr	Sn	Te	Ti	Sc	I	Hg	Zr	SiO$_2$
含量	10g/t	1.00%	1g/t	3.40%	55g/t	200g/t	1g/t	30g/t	15%

　　结果表明，电子废弃物中含有大量的 Pb、Cd、Fe、Ni、Cu、Mn、Cr、Ca、Mo、Ni、Zn、Sb、Se 等重金属及橡胶塑料、溴化阻燃剂等有机物。

　　Ⅱ. 通过相关实验模拟结果了解不同处置方式的污染物（王松涛，2009；彭绍洪等，2006）。2007 年，中国环境科学研究院的相关科研人员利用环保公益项目对台州电子废弃物拆解工艺进行了实验室模拟研究。主要有以下两个方案：一是利用热重分析仪/傅里叶变换红外光谱联用，分别在 N$_2$、O$_2$ 条件下加热处理电路板等材料，定性分析其加热处理

过程中产生的有机污染物种类；二是在实验室内利用管式炉实验系统（包括管式路、恒温冷凝装置、液体接受瓶、碱吸收瓶和气体收集袋等）分别在焚烧（空气）、热解（氮气）条件下进行模拟研究。主要模拟结果见表6-18~表6-21和图6-7~图6-9。

表6-18　实验材料 XRF 分析结果（部分）　　　　　　（单位:%）

元素	集成电路	主板	电路板	插槽
C	59. 9632	58. 1705	75. 2651	70. 5446
Si	22. 2799	10. 6635	7. 7687	4. 1856
Cu	6. 8522	7. 4315	3. 4866	0. 0155
Br	2. 351	6. 3031	5. 2373	7. 2058
Cl	—	0. 0236	0. 0232	—
N	—	4. 3781	—	10. 8408
Ca	2. 0873	6. 2565	2. 1195	3. 3174
Al	1. 9186	3. 8005	2. 6181	1. 7222
Pb	1. 7662	1. 0264	0. 7211	—
Ba	0. 57	0. 3676	0. 3436	—
Sn	0. 4509	0. 4372	0. 3233	—
Sb	0. 4076	—	0. 0409	1. 1418
Fe	0. 3853	0. 1701	0. 3326	0. 1515
Ni	0. 1843	0. 0568	0. 1285	0. 0049
Zn	0. 1471	0. 1262	0. 0422	0. 322
Mg	0. 1037	0. 1588	0. 8586	—
Ti	0. 0948	0. 2841	0. 1554	0. 3767
S	0. 0751	0. 058	0. 0266	0. 0147

表6-19　热解废线路板的液体产物及其相对含量

峰号	时间/min	化合物	相对含量/%
1	7. 43	乙腈（acetonitrile）	2. 48
2	7. 95	苯酚（phenol）	46. 37
3	9. 25	甲酚（methylphenol）	0. 84
4	9. 72	2-溴苯酚（2-bromophenol）	1. 45
5	11. 16	乙酚（ethylphenol）	0. 58
6	12. 04	4-（1-异丙基）苯酚（4-（1-methylethyl）phenol）	12. 73
7	13. 69	异喹啉（isoquinoline）	0. 11
8	15. 56	2H-1-苯并吡喃-3-醇（2H-1-benzopyran-3-ol）	1. 98
9	15. 92	二溴苯酚（dibromophenol）	0. 93
10	17. 64	二苯并呋喃（dibenzofurn）	0. 63

续表

峰号	时间/min	化合物	相对含量/%
11	20.19	对苯基苯酚（p-hydroxybiphenyl）	4.06
12	21.26	1，3-二溴-丙醇（1，3-dibromo-propanol）	0.78
13	22.23	双（4-氨基甲苯）-氨（bis（4-aminophenyl）-metylene）	0.21
14	25.72	双酚A（biphenol A）	21.07
15	26.87	2，6-二溴-4-（1，1-二甲基乙基）苯酚（2，6-dibrom-4-（1，1-dimethylethyl）-phenol）	4.05
16	28.21	溴化双酚A（bromobiphenol A）	0.57

表6-20 废电脑主板热解油组分

编号	时间/min	化合物名称	化学式	相对分子质量
1	2.651	2-甲基苯酚（2-methyl-phenol）	C_7H_8O	108
2	3.652	3-溴苯酚（3-bromo-phenol）	C_6H_5BrO	172
3	5.909	苯酚（Phenol）	C_6H_6O	94
4	6.200	苯并呋喃（Benzofuran）	C_8H_6O	118
5	7.082	2-甲基苯酚（2-methyl-phenol）	C_7H_8O	108
6	7.441	对甲基苯磺酸（p-Methylphenylsulfonic acid）	$C_7H_8O_3S$	172
7	7.642	对乙基苯酚（p-Ethylphenol）	$C_8H_{10}O$	122
8	8.145	2-甲基-2，3-氢苯呋喃（2-Methyl-2，3-dihydrobenzofuran）	$C_9H_{10}N$	134
9	8.498	邻乙基苯酚（o-Ethylphenol）	$C_8H_{10}O$	122
10	8.706	3，5-二甲基苯酚（3，5-Dimethylphenol）	$C_8H_{10}O$	122
11	9.002	对乙基苯酚（p-Ethylphenol）	$C_8H_{10}O$	122
12	9.199	对异丙基苯酚（p-Isopropylphenol）	$C_9H_{12}O$	136
13	9.411	邻丙烯基苯酚（o-Allylphenol）	$C_9H_{10}O$	134
14	10.039	对异丙基苯酚（p-Isopropylphenol）	$C_9H_{12}O$	136
15	10.361	异喹啉（Isoquinoline）	C_9H_7N	129
16	10.444	对丙基苯酚（p-Propylphenol）	$C_9H_{12}O$	136
17	10.657	邻丙烯基苯酚（o-Allylphenol）	$C_9H_{10}O$	134
18	11.108	对异丙烯基苯酚（p-Isopropenylphenol）	$C_9H_{10}O$	134
19	11.196	对甲基丙基苯酚（p-methylpropyl-Phenol）	$C_{10}H_{14}O$	150
20	11.632	3-溴-4-苯羟基乙酮（3-Bromo-4-hydroxy acetophenone）	$C_8H_7BrO_2$	214
21	11.840	2，4，5-三甲基苯甲醇（2，4，5-Trimethylbenzyl alcohol）	$C_{10}H_{14}O$	150
22	12.177	3，4-二氢-苯吡喃（3，4-dihydro-1-Benzopyran-3-ol）	$C_9H_{10}O_2$	150
23	12.457	2-溴-对异丙基甲苯（2-Bromo-p-cymene）	$C_{10}H_{13}Br$	212
24	13.469	5-甲基-2，4-二异丙基苯酚（5-Methyl-2，4-diisopropylphenol）	$C_{13}H_{20}O$	192
25	13.874	4-甲基-2，6-二异丁基苯酚（Butylated Hydroxytoluene）	$C_{15}H_{24}O$	220
26	15.373	2，5-二溴-3，6-二甲基苯胺（2，5-Dibromo-3，6-dimethylaniline）	$C_8H_9Br_2N$	277

编号	时间/min	化合物名称	化学式	相对分子质量
27	15.493	3，5-二溴4羟基苯甲酸（3，5-dibromo-4-hydroxybenzoic acid）	$C_7H_4Br_2O_3$	294
28	16.437	对羟基联苯（p-Hydroxybiphenyl）	$C_{12}H_{10}O$	170
29	16.717	6，7-二甲基萘酚（6，7-Dimethyl-1-naphthol）	$C_{12}H_{12}O$	172
30	17.028	吡啶（3-Acetyl-2-methyl-6-phenyl-4（1H）-pyridinone）	$C_{14}H_{13}NO_2$	227
31	17.521	邻–苄基苯酚（o-Benzylphenol）	$C_{13}H_{12}O$	184
32	17.601	4-甲基-2-苄基苯酚（4-Methyl-2-phenylphenol）	$C_{13}H_{12}O$	184
33	18.128	2-甲基-5-苯基-2，3-苯呋喃（2-Methyl-5-phenyl-2，3-dihydro-1-benzofuran）	$C_{15}H_{14}O$	210
34	18.507	1，2，3，4-四氢-9-菲酚（1，2，3，4-Tetrahydro-9-phenanthrenol）	$C_{14}H_{14}O$	198
35	18.715	2-芴醇（2-Fluorenol）	$C_{13}H_{10}O$	182
36	19.747	1，3-二苯氧基-2-丙醇（1，3-Diphenoxy-2-propanol）	$C_{15}H_{16}O_3$	244
37	21.013	双酚A（4，4-（1-methylethylidene）bisphenol）	$C_{15}H_{16}O_2$	228
38	21.958	2-溴双酚A（2-bromobisphenol A）	$C_{15}H_{15}BrO_2$	306
39	22.191	双酚A双丙烯基醚（Bisphenol A diallylether）	$C_{21}H_{24}O_2$	308
40	22.388	2，6-二溴双酚A（2，6-bromobisPhenol A）	$C_{15}H_{14}Br_2O_2$	386

表6-21　废电脑主板热解气体成分表

编号	时间/min	化合物名称	化学式	分子量
1	4.039	甲醛（methanal）	CH_2O	30
2	4.124	二氧化碳（carbon dioxide）	CO_2	44
3	4.190	乙烷（ethane）	C_2H_6	30
4	4.495	丙烯（propene）	C_3H_6	42
5	4.873	正丙烷（cyclopropane）	C_3H_6	42
6	4.926	异丁烷（isobutane）	C_4H_{10}	58
7	5.215	丙烷（propane）	C_3H_8	44
8	5.020	氯甲烷（methyl chloride）	CH_3Cl	50
9	5.427	2-甲基丙烯（2-methyl propene）	C_4H_8	56
10	5.622	2-丁烯（2-butylene）	C_4H_8	56
11	5.948	溴甲烷（bromomethane）	CH_3Br	94
12	6.546	溴丙烯（bromopropene）	C_3H_5Br	120
13	7.588	溴乙烷（bromoethane）	C_2H_5Br	108
14	8.483	二氧化碳（carbon dioxide）	CO_2	44

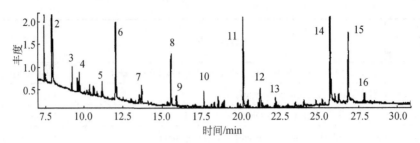

图 6-7　热解废 PCB 液体产物的离子色谱

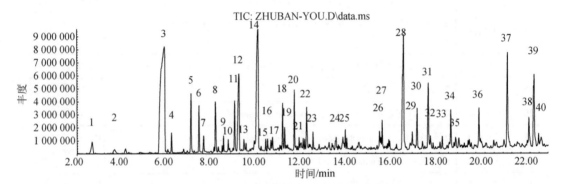

图 6-8　废电脑主板热解油的总离子色谱图

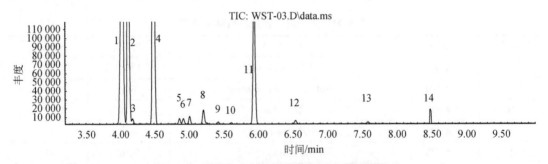

图 6-9　废电脑主板热解气体的总离子色谱图

从表 6-20 ~ 表 6-23 和图 6-7 ~ 图 6-9 可以发现，热解残留物成分是玻璃纤维、金属和碳等；热解液体产物中主要成分是苯酚、异丙基苯酚、异丙烯基苯酚、溴阻燃剂等；热解气体产物主要包括一氧化碳、二氧化碳和甲烷、乙烷、丁烷等低级烷烃的轻质组分；焚烧气体产物烟气中主要物质为：阻燃剂（PBDE 和 TBBP – A）、PBDDs/Fs、PCDDs/Fs、Br1ClyDDs/Fs、Br2ClyDDs/Fs、BrxCl1DDs/Fs、HCl、HBr、CO_2、CO 和 NOx 等；焚烧残渣为：阻燃剂化合物（PBDEs 和 TBBP – A）、PBDDs/Fs、PCDDs/Fs、Br1ClyDDs/Fs、Br2ClyDDs/Fs、BrxCl1DDs/Fs。

Ⅲ. 场地污染物识别。溯源技术是特征污染物筛选的一部分，除此之外，还必须对环境介质中的各种污染物质含量进行随机监测，结合实验室模拟所获得的结果以便获得更完整的特征污染物。对台州拆解场地土壤样品进行有机物的总提，优化了多种有机物的分离条件，得出了土壤中含量较高的有机物种类。有机物总提结果见图6-10。

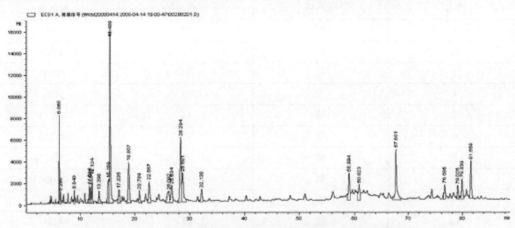

图6-10 研究区电子废弃物处理场地附近有机物的总提结果示意

检测结果显示，在监测场地检出的污染物为3,3′,4,4′-四氯联苯-TetraCB、3,4,4′,5-四氯联苯-TetraCB、3,3′,4,4′,5-五氯联苯-PentaCB、2,2′,4-三溴联苯醚（TriBDE）、2,4,4′-三溴联苯醚（TriBDE）、2,2′,4,4′-四溴联苯醚（TetraBDE）、2,3′,4,4′-四溴联苯醚（TetraBDE）、2,3′,4′,6-四溴联苯醚（TetraBDE）、2,2′,3,4,4′-五溴联苯醚（PentaBDE）、2,2′,3,4,4′,5′-六溴联苯醚（HexaBDE）、2,2′,3,4,4′,5′,6-七溴联苯醚（HeptaBDE）、十溴联苯醚（Deca-BDE）。

（2）初次筛选过程。结合对台州实验室模拟的研究结果和污染场地现场监测结果，综合电子废弃物集中处置区的污染现状，处理工艺与污染物污染的相关性等，按照筛选原则（表6-22），根据实验室模拟研究结果，结合现场监测，筛选确定13类有机污染物，分别为溴代烃类、酚类、溴酚类、多环类、单环类、酞酸酯类、糠醛酮、双酚、多溴联苯醚、多溴联苯、多氯联苯、二噁英类、多环芳烃。

表6-22 初次筛选原则

释放量	释放源	检出率	关注度	分值
20%以上	初级释放源	4次以上	出现3次	3
10%~20%	—	2~3次	出现2次	2
10%以下	次级释放源	1次	出现1次	1

对于根据筛选原则筛选下来的有机物，由于其种类繁多、难以逐一进行检测，因此，根据环境危害性原则，结合有机物理化性质，将不稳定、易降解、易迁移、转化的物质剔除。筛选剩余无机物11种，有机物60种。以毒理学为依据，结合污染物的毒性参数、在生物体内的富集程度等指标剔除中毒性相对较小、富集程度较低的污染物质。采用溯源技术筛选所得物质见表6-23。

表 6-23　溯源技术筛选后所得物质

序号	无机物	序号	有机物
1	铜	12	PAHs
2	锌	13	PBB
3	砷	14	PBDE
4	汞	15	PCBs
5	镉	16	双酚类
6	铬	17	卤代烃
7	铍	18	二噁英类
8	锑	19	PAEs
9	镍	20	苯系物
10	锰	21	酚类
11	铅		

2）二次筛选

综合考虑初次筛选后所得污染物质的检出率、毒性效应等指标，并和对照组进行比较，以中国环境优先控制污染物和美国 EPA 重点控制的水环境污染物为参考，选择被中国和美国 EPA 列入优先控制污染物名单中的、检出率高、毒性效应大、环境影响度高，并且对人类健康产生严重威胁的特征污染物，并以此作为二次筛选后的特征污染物，见表 6-24。

表 6-24　二次筛选污染物名单

序号	无机物	序号	有机物
1	镉	7	BDE-209
2	铜	8	BDE-047
3	铬	9	BDE-153
4	铅	10	PCB-029
5	砷	11	PCB-098
6	汞	12	BDE-047

（1）参照美国 EPA 重点控制名单中的污染物（刘征涛等，2006），结合污染物在环境介质中的检出浓度、对环境的毒性效应，共剔除污染物 7 类，分别是：锑、铍、锰、PAH、双酚类、苯系物、酚类。

（2）参照我国环境优先控制污染物名单中所列出的污染物种类（周文敏等，1991），综合考虑污染物的环境持久性、蓄积性、生物有效性等因素，剔除污染物 6 类 7 种污染物，分别是：锌、镍、PBB、卤代烷、二噁英、PAEs、BDE-99。

通过二次筛选，对污染物名单进行更细致的筛选，所得筛选名单见表 6-24。

3）三次筛选

在二次筛选名单的基础上，考虑采用灰色模型，考虑趋势因子和污染指数的变化趋势，对筛选出的名单进行再次筛选。

以镍和 BDE-99 为例，进行灰色模型计算。

（1）首先建立污染因子镍的检测值随时间的变化序列：

$$X^{(0)} = (0.00623,\ 0.00841,\ 0.00522,\ 0.00658)$$

（2）然后对序列 $X^{(0)}$ 作累加，生产一个新的序列 $X^{(1)}$：

$$X^{(1)} = (0.00623,\ 0.01646,\ 0.01986,\ 0.02644)$$

（3）再由 $X^{(1)}$ 序列，构造数据矩阵 B，有

$$B = \begin{bmatrix} -1/2 \times (0.00623 + 0.01646) & -1/2 \times (0.01646 + 0.01986) \\ 1 & 1 \end{bmatrix}$$
$$\begin{bmatrix} -1/2 \times (0.01986 + 0.02644) \\ 1 \end{bmatrix}^{\mathrm{T}}$$

$$= \begin{bmatrix} -0.011345 & -0.01816 & -0.02315 \\ 1 & 1 & 1 \end{bmatrix}^{\mathrm{T}}$$

（4）然后再构造出一个另外的矩阵 Y_n：

$$Y_n = (0.00841,\ 0.00522,\ 0.00658)^{\mathrm{T}}$$

在最小二乘法准则下，有

$$S = \begin{pmatrix} a \\ b \end{pmatrix} = (B^{\mathrm{T}}B)^{-1}B^{\mathrm{T}}Y_n$$

得出

$$S = \begin{pmatrix} -1.049 \\ -0.026 \end{pmatrix}$$

用同样方法，对 BDE-99 进行灰色模型计算。

（1）首先建立污染因子 BDE-99 的检测值随时间的变化序列：

$$X^{(0)} = (0.02,\ 0.03,\ 0.03,\ 0.15)$$

（2）然后对序列 $X^{(0)}$ 作累加，生产一个新的序列 $X^{(1)}$：

$$X^{(1)} = (0.2,\ 0.05,\ 0.08,\ 0.23)$$

（3）再由 $X^{(1)}$ 序列，构造数据矩阵 B，有

$$B = \begin{bmatrix} -1/2 \times (0.02 + 0.03) & -1/2 \times (0.03 + 0.03) & -1/2 \times (0.03 + 0.15) \\ 1 & 1 & 1 \end{bmatrix}^{\mathrm{T}}$$

$$= \begin{bmatrix} -0.025 & -0.03 & -0.09 \\ 1 & 1 & 1 \end{bmatrix}^{\mathrm{T}}$$

（4）然后再构造出一个另外的矩阵 Y_n：

$$Y_n = (0.05,\ 0.08,\ 0.23)^{\mathrm{T}}$$

在最小二乘法准则下，有 $S = \begin{pmatrix} a \\ b \end{pmatrix} = (B^{\mathrm{T}}B)^{-1}B^{\mathrm{T}}Y_n$

得出

$$S = \begin{pmatrix} -2.649 \\ -0.008 \end{pmatrix}$$

虽然污染区环境介质中镍和BDE-99的检测浓度相对较低，参照我国环境优先控制污染物名单将其剔除，但灰色模型计算得到的参数$a<0$，预示有恶化趋势，因此，根据灰色模型，将二者列为优先控制的污染物。

4）最终筛选结果

经过对研究区污染物的三次筛选，最终确定研究区的特征污染物为镉、镍、铜、铬、铅、砷、汞七种重金属及 BDE-209、BDE-047、BDE-099、BDE-153、PCB-029、PCB-098六种有机污染物。其最终结果见表6-25。

表6-25 特征污染物的最终筛选结果

序号	无机物	序号	有机物
1	镉	8	BDE-209
2	镍	9	BDE-047
3	铜	10	BDE-099
4	铬	11	BDE-153
5	铅	12	PCB-029
6	砷	13	PCB-098
7	汞		

6.1.2.8 人群暴露特征分析

1）流行病学调查

（1）调查区人群基本状况。由表6-26可见，电子污染物拆解区和对照区调查人群男女比例较均衡，没有统计学差异，调查人群均以 15～60 岁青壮年为主，所占比例为85.3%～86.5%，年龄构成没有统计学差异；15 岁以上人群的婚姻构成存在差异，虽然拆解区和对照区都以 15～60 岁人群为主，但是对照区未婚人群所占比例略高于拆解区，而离婚丧偶人群低于拆解区人群；拆解区和对照区的文化程度主要是小学初中文化，没有统计学差异。

表6-26 调查人群基本情况

变量	拆解区		对照区		P 值
	人数/人	比例/%	人数/人	比例/%	
性别					0.634
男	459	48.47	240	49.79	
女	488	51.53	242	50.21	
年龄/岁					0.521
<15	128	13.5	71	14.7	
15～60	819	86.5	411	85.3	
15 岁以上婚姻状况					0.04*
未婚	50	6.1	37	9	

变量	拆解区		对照区		P 值
	人数/人	比例/%	人数/人	比例/%	
在婚	689	84.1	347	84.4	
离婚/丧偶	80	9.8	27	6.6	
15 岁以上文化程度					0.579
文盲	281	34.3	143	34.8	
小学/初中	471	57.5	240	58.4	
高中及以上	67	8.2	28	6.8	

* 具有统计学意义

（2）调查区污染物处理厂相关状况。经调查，对照区调查人口中没有自身经营拆解作坊，拆解区有 54 户家庭经营拆解作坊，占拆解区户数的 10.27%。拆解区拆解作坊中手工拆解有 141 家（构成比例为 91.56%），露天焚烧 5 家（构成比例为 3.25%），酸洗 8 家（构成比例为 5.19%）；拆解区内拆解物类型主要为拆解电路板类（构成比例为 57.89%）、电线电缆类 61 家（构成比例为 35.67%）、显像管类 11 家（构成比例为 6.43%）；废弃物排放方式以就地堆放为主，占 84.85%，其余方式为焚烧（构成比例为 6.06%）和倾倒河流（构成比例为 9.09%），如表 6-27 所示。

表 6-27　调查区电子处理厂相关情况　　　　　（单位：户）

项目	岭下周村	桐山村	帽岭村	西焦湾村
自家拥有拆解作坊				
有	14	19	21	0
没有	146	221	105	236
拆解工作类型				
手工拆解	41	50	50	0
露天焚烧	2	2	1	0
直接酸洗	2	3	3	0
拆解废物类型				
电路板类	32	37	30	0
电线电缆类	10	22	29	0
显像管类	4	4	3	0
废弃物排放方式				
就地堆放	10	12	6	0
焚烧	1	0	1	0
倾倒河流	2	1	0	0

（3）调查区 15 岁以上成人健康状况。调查区 15 岁以上成人患病状况见表 6-28。通过疾病调查研究，拆解区成人（15 岁以上）慢性疾病中，高血压、高血脂、冠心病、肿瘤发病率高于对照区，但不具有统计学意义，糖尿病和关节炎的患病率对照区高于拆解区，其中糖尿病的 P 值（$P=0.003$）显示其具有显著相关性；呼吸系统疾病中慢性支气管炎、咳嗽、

咯血的发病率对照区高于拆解区，尘肺和咯血的患病率拆解区明显高于对照区且具有显著相关性（P 值分别为 0.003 和 0.026）；神经系统疾病中，对照区的头晕和失眠的发病率低于拆解区，且头晕具有显著相关性（P＝0.002），其他几项病症的患病率拆解区均高于对照区，但未发现相关性；拆解区的皮肤性疾病发病率均高于对照区，其中白斑病和湿疹具有显著相关性（P 值分别为 0.002 和 0.027）；除上述疾病类型外的其他症状均不具有统计学意义。

表 6-28　调查区 15 岁以上成人患病情况

疾病类型		对照区 （n=411）	患病率/%	拆解区 （n=819）	患病率/%	P 值
常见慢性病	高血压	58	12.1	169	17.8	0.115
	高血脂	27	5.7	74	7.8	0.415
	糖尿病	5	1.1	0	0	0.003＊＊
	冠心病	5	1	21	2.2	0.272
	肿瘤	5	1.1	31	3.3	0.076＊
	关节炎	29	6.1	53	5.6	0.828
呼吸系统疾病	慢性鼻炎	5	1.1	21	2.2	0.315
	慢性支气管炎	12	2.5	21	2.2	0.758
	尘肺	0	0	10	1.1	0.003＊＊
	气喘	5	1	10	1.1	0.796
	咳嗽	26	5.3	42	4.4	0.674
	咳痰	9	1.9	10	1.1	0.426
	咯血	1	0.3	10	1.1	0.026＊＊
神经系统疾病	神经衰弱	5	1	10	1.1	0.425
	头晕	36	7.4	10	1.1	0.002＊＊
	失眠	32	6.6	63	6.7	0.865
	头痛	40	8.3	53	5.6	0.576
	记忆力下降	14	3	42	4.4	0.437
	多梦	13	2.7	42	4.4	0.514
	乏力	9	1.9	21	2.2	0.844
皮肤性疾病	白斑病	1	0.3	21	2.2	0.002＊＊
	皮肤过敏症	11	2.3	42	4.4	0.069＊
	湿疹	2	0.4	21	2.2	0.027＊＊
	脱发	3	0.7	10	1.1	0.645
	瘙痒	21	4.3	42	4.4	0.751
其他症状	贫血	22	4.5	53	4.6	0.892
	牙龈炎	7	1.4	10	1.1	0.576

＊具有统计学意义；＊＊具有显著相关性

（4）调查区 15 岁以下儿童健康状况。按照调查儿童生活环境不同分为电子垃圾拆解区儿童和对照区儿童。由于调查儿童数量较少，各类病例数目较少。在呼吸系统类疾病中，电子垃圾拆解区儿童发病稍高于对照区儿童（$P = 0.059$），主要表现在鼻炎、咳嗽等疾病；皮肤类疾病两人群发病没有很大差异；其他症状两人群发病略有差异（$P = 0.097$），拆解区儿童贫血发病明显高于对照区儿童，并具有统计学差异（$P = 0.015$），而龋齿、食欲不振和偏食发病也均高于对照区，但是没有统计学差异，见表 6-29。

表 6-29　调查区 15 岁以下儿童患病情况

疾病	对照区（$n=71$）	患病率/%	拆解区（$n=128$）	患病率/%	P 值
呼吸系统疾病	1	1.4	11	8.6	0.059
鼻炎	0	0	6	4.7	0.090
肺炎	0	0	0	0	—
咳嗽	1	1.4	3	2.3	1.000
神经系统疾病	1	1.4	0	0	0.357
头痛	1	1.4	0	0	0.357
皮肤类疾病	0	0	1	0.8	1.000
其他	8	11.3	37	28.9	0.097
贫血	0	0	10	7.8	0.015*
龋齿	5	7.0	11	8.6	0.780
食欲不振	0	0	8	6.3	0.052
偏食	3	4.2	8	6.3	0.052

＊具有统计学意义

6.1.2.9　人群内暴露负荷分析

（1）样品的采集。人体血液样品，用棉签依次蘸取 75% 的乙醇和 0.44mol/L 的 HNO_3 擦拭皮肤后用真空管采取静脉血约 8 mL，共采集研究区人群血液样本 437 个。样本净置 15 min 后，3000 r/min（离心半径为 6cm）离心 10 min，取上清液于聚乙烯具塞离心管中，立即放入 –70℃冰箱冷冻储存并且避免反复冻存。

尿液样品，所有研究对象均空腹，于次晨 8 点收集晨尿，冰箱保存，并且避免反复冻融，所有入选对象近 3d 没有进行剧烈的体育运动，正常饮食。样品采集后于 –20℃ 避光保存。

（2）测定方法。血清中有机污染物检测采用 GC-MS 进行分析。定量分析采用内标法和 5 点校正曲线法进行，每条校正曲线的相关因子均大于 0.99。仪器检测限以 3 倍信噪比计算，以 50L 水为基准。其方法检测限为：2.2 ~ 108pg/g，每 10 个样品进行一次实验空白，结果显示实验空白样品所有 PBDEs 单体均低于检测限。样品中回收率指示物[13]C-PCB141 和 PCB 209 的平均回收率为 83% ~ 112% 和 86% ~ 120%，均符合 US EPA1614 的要求。

血清、尿液中的重金属污染物监测采用原子吸收分光光度计。生物样本检测中对标准物和样品作多次重复分析及使用未受污染的试剂和仪器，各标准液浓度的吸光度经仪器对数处理后，线性良好。

效应标志物（FSH、17-KS 等）的监测均采用酶联免疫测定法，严格遵照试剂盒说明书所介绍的方法进行操作，按照抗原抗体反应、磁性分离、显色反应三个步骤。

通过对环境背景资料、环境污染资料、人群健康资料的收集，并进行流行病学调查和环境污染调查，通过对生物样本中污染物负荷、暴露标志物、效应生物标志物及器官功能指标的检测，以促甲状腺激素、游离甲状腺素、三碘甲状腺原氨酸等作为人群的暴露指标进行研究。

人群内暴露负荷分析结果见表 6-30～表 6-33 和图 6-11。

表 6-30 不同村庄人群血液中各元素的含量 $(x \pm S)$

元素	帽岭村	桐山村	岭下周村	西焦湾村
Be/(ng/g)	2.36E-4±0.000	3.58E-4±0.000	3.13E-4±0.001	1.09E-4±0.001
Cd/(ng/g)	7.682±1.859	2.25±0.383	3.689±0.272	1.99E-4±0.003
Cr/(ng/g)	1.160±0.542	1.135±0.664	1.6881±1.213	0.895±0.008
Cu/(ng/g)	0.079±0.005	0.128±0.049	0.114±0.001	0.188±0.012
Mn/(ng/g)	1.322±0.009	1.273±0.744	3.162±0.746	0.345±0.002
Pb/(ng/g)	0.190±0.525	0.414±0.072	0.268±0097	0.028±0.083
Fe/(ng/g)	1.048±0.317	0.877±0.012	1.449±0.906	0.777±0.004
Zn/(μg/g)	0.032±0.001	0.025±0.007	0.030±0.017	0.028±0.081

表 6-31 不同村庄人群尿液中各元素的含量 $(x \pm S)$

元素	帽岭村	桐山村	岭下周村	西焦湾村
Be/(ng/g)	0.019±0.009	0.019±0.001	0.023±0.001	0.007±0.001
Cd/(ng/g)	1.284±1.839	1.191±0.384	3.225±0.212	1.827±0.003
Cr/(ng/g)	0.691±0.544	0.792±0.662	1.088±1.113	0.293±0.002
Cu/(ng/g)	19.223±0.004	18.108±0.043	26.983±0.001	12.333±0.010
Mn/(ng/g)	3.035±0.003	1.922±0.748	3.758±0.741	1.343±0.001
Pb/(ng/g)	6.678±0.526	6.429±0.075	8.772±0.017	1.822±0.085
Zn/(μg/g)	0.372±0.001	0.393±0.003	0.434±0.027	0.328±0.019

表 6-32 血清中有机物的含量 （单位：ng/g 脂肪）

项目	十溴PBB	五溴PBB	四溴PBB	六溴PBB	BDE-209	BDE-077	BDE-085	BDE-126	BDE-205	BDE-203	BDE-100	BDE-119	BDE-99	BDE-118	BDE-116	BDE-85
暴露区	95.15	169.16	941.92	8769.23	70.75	74.32	139.65	66.79	9.36	43.64	197.21	293.83	180.42	439.64	431.28	228.32
对照区	52.53	45.95	274.69	2613.79	41.45	37.10	65.51	20.99	9.70	12.47	70.42	85.86	91.11	122.80	93.02	105.97

表6-33 电子废弃物拆解区人群内分泌分析指标

区域	17-KS/(mg/mmolCr)	T3/(ng/mL)	T4/(μg/dL)	FT3/(pg/mL)	FT4/(ng/dL)	FSH/(mIU/mL)	LH/(mIU/mL)	P/(mg/mL)
帽岭村	12.90±19.12	0.99±0.99	7.99±2.09	2.55±0.32	0.91±0.10	17.79±22.27	8.39±8.9	1.69±4.40
桐山村	3.09±8.34	0.95±0.30	7.19±1.75	2.52±0.49	0.87±0.21	20.60±22.02	9.27±8.62	1.1±3.57
岭下周村	1.23±4.90	1.23±0.16	8.38±1.72	3.00±0.33	0.96±0.10	18.29±25.49	8.62±9.46	2.57±6.32
西焦湾村	1.12±0.92	1.18±0.19	7.83±1.64	2.86±0.37	1.00±0.13	20.78±24.91	9.04±9.38	1.34±4.05

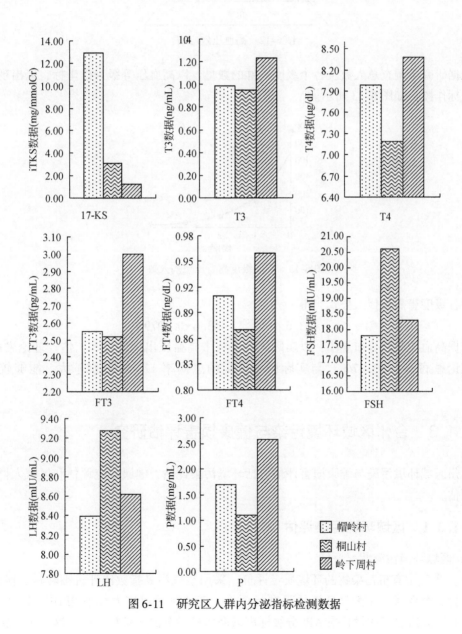

图6-11 研究区人群内分泌指标检测数据

6.1.2.10 健康效应谱分析——以高血压为例

根据高血压诊断标准，将高血压级度分为 5 级，见图 6-12。

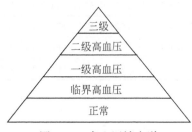

图 6-12 高血压效应谱

根据研究区调查总人数及各个级度人群的数量，以高血压等级为横坐标，以出现例数为纵坐标作图，如图 6-13 所示。

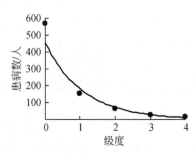

图 6-13 不同级度高血压患病人数

将各级度患病数代入公式，得

$$y_i = 453.6 \times e^{-0.9214x} = 453.6 \times 0.39796^x$$

依据高血压级度分布规律，以实际调查资料中高血压出现的频率，估计理论患病率，得到理论患病率为 13.37%，与实际调查得到的患病率 12.4% 差别不大，能够较好地吻合。

6.1.3 台州区域环境污染与健康损害评估研究

台州区域环境污染与健康损害评估包括环境污染评估、健康效应评估和区域人群健康危害评估。

6.1.3.1 区域环境污染评估

1）区域环境污染状况评估

（1）大气中有机污染物的环境质量评价。采用空气污染指数法评价帽岭村、桐山村、岭下周村三个乡镇村庄大气环境质量进行评价，三个乡镇村庄大气中 PBDE、PCB、PBB 均超过我国城市空气质量日报 API 分级标准最高污染指数的污染物浓度，这三个乡镇村庄的空气质量均为重污染。

（2）土壤中微量重金属元素的环境质量评价。参考《中国土壤元素背景值》报道的浙江表层土壤元素背景值，采用地积累指数法评价帽岭村、桐山村、岭下周村三个乡镇村庄土壤中重金属环境质量，具体结果见表6-34。

表6-34 研究区土壤重金属污染地累积指数及级别

调查区	Cd		Ni		Cr		Cu		Pb		As		Hg	
	I_{geo}	等级	I_{geo}	等级	I_{geo}	等级	I_{geo}	等级	I_{geo}	等级	I_{geo}	等级	I_{geo}	等级
帽岭村	4.51	5	0.63	1	0.54	1	0.41	1	0.26	1	-1.03	0	3.83	4
桐山村	4.05	5	-0.90	0	0.45	1	0.63	1	0.21	1	-0.97	0	3.82	4
岭下周村	4.11	5	0.59	1	0.36	1	0.39	1	0.22	1	-1.19	0	3.74	4
均值	4.23	5	0.71	1	0.45	1	0.48	1	0.23	1	-1.06	0	3.80	4

根据地积累指数（I_{geo}）的分级评定标准评价研究地区土壤中重金属污染程度，结果见表6-35。

表6-35 研究区土壤重金属地积累指数评价结果

地积累指数（I_{geo}）	$5 < I_{geo} \leq 10$	$4 < I_{geo} \leq 5$	$3 < I_{geo} \leq 4$	$2 < I_{geo} \leq 3$	$1 < I_{geo} \leq 2$	$0 < I_{geo} \leq 1$	$I_{geo} \leq 0$
分级	6	5	4	3	2	1	0
污染程度	极严重污染	强-极严重污染	强污染	中等-强污染	中等污染	轻度-中等污染	无污染
帽岭村	—	Cd	Hg	—	—	Ni、Cr、Cu、Pb	As
桐山村	—	Cd	Hg	—	—	Cr、Cu、Pb	Ni、As
岭下周村	—	Cd	Hg	—	—	Ni、Cr、Cu、Pb	As

采用潜在生态危害指数法计算研究地区土壤中重金属污染系数及生态风险指数，结果见表6-36。

表6-36 研究区土壤重金属生态风险指数

区域	Cd		Ni		Cr		Cu		Pb		As		Hg		C_d	RI
	C_f^i	E_r^i	C_f^i	E_r^i	C_f^i	E_r^i	C_f^i	E_r^i	C_f^i	E_r^i	C_f^i	E_r^i	C_f^i	E_r^i		
帽岭村	33.92	1017.55	2.32	11.59	2.18	4.36	1.99	9.93	1.79	8.97	0.74	7.38	21.15	845.97	64.08	1905.75
桐山村	24.63	738.88	0.81	4.03	2.04	4.09	2.32	11.62	1.74	8.70	0.77	7.69	20.97	838.84	53.28	1613.84
岭下周村	25.68	770.26	2.26	11.30	1.93	3.86	1.97	9.83	1.75	8.73	0.66	6.61	19.81	792.46	54.05	1603.06
平均	28.07	842.23	1.79	8.97	2.05	4.10	2.09	10.46	1.76	8.80	0.72	7.23	20.64	825.76	57.13	1707.55

根据生态风险指数法污染程度的划分标准评价研究地区土壤中重金属潜在生态风险，评价结果见表6-37。

表 6-37　研究区土壤重金属潜在生态风险评价结果

单项潜在生态风险系数 E_r^i	$E_r^i \geqslant 320$	$320 > E_r^i \geqslant 160$	$160 > E_r^i \geqslant 80$	$80 > E_r^i \geqslant 40$	$E_r^i < 40$
潜在生态风险指数（RI）		RI≥600	600>RI≥300	300>RI≥150	RI<150
潜在生态风险程度	极强	很强	强	中等	轻微
帽岭村	Cd、Hg	—	—	—	Ni、Cr、Cu、Pb、As
桐山村	Cd、Hg	—	—	—	Ni、Cr、Cu、Pb、As
岭下周村	Cd、Hg	—	—	—	Ni、Cr、Cu、Pb、As

　　根据以上采用地积累指数法和潜在生态危害指数法两种方法的评价结果，研究地区土壤中存在的重金属污染，各村庄的主要重金属污染物为：帽岭村，Cd、Hg、Ni、Cr、Cu、Pb；桐山村，Cd、Hg、Cu、Cr、Pb；岭下周村，Cd、Hg、Ni、Cu、Cr、Pb。

　　（3）地下水质量评价。根据《地下水质量标准》（GB/T 14848—93）（Ⅲ类标准），采用单因子污染指数法及简单综合污染指数法评价帽岭村、桐山村、岭下周村三个村地下水中重金属（Cd、Cr、Cu、Hg、Ni、Pb、As）质量，环境质量指数计算结果见表 6-38。

表 6-38　研究区地下水中重金属污染的环境质量指数

区域	S_i							P 值
	Cd	Ni	Cr	Cu	Pb	As	Hg	
帽岭村	0.006	0.320	0.408	0.010	0.012	—	—	0.151
桐山村	0.008	0.135	0.355	0.011	0.013	—	—	0.104
岭下周村	0.008	0.167	0.328	0.014	0.013	—	—	0.106
平均	0.007	0.208	0.364	0.012	0.013	—	—	0.120

　　由表 6-38 中的数据可见，所测重金属评价因子 S_i 均小于 1，表明该水质因子满足选定的水质标准。

　　本节运用地累积指数法和潜在生态风险指数法评价了研究区土壤重金属环境质量，并采用单因子污染指数法及简单综合污染指数法对研究区地下水中重金属进行了评估。结果显示：Cd 和 Hg 的污染严重，污染程度分别为强—极强和强。除 As 和桐山的 Ni 外，其余重金属元素对土壤都造成轻度—中度污染。Cd 和 Hg 的生态风险程度极强，其余重金属对生态的影响轻微。

　　研究了三个调查村地下水中重金属的污染现状。研究发现，所调查的研究村地下水水质良好，满足饮用水标准。

　　2）环境污染的生物毒性综合效应评估

　　（1）特征污染物权重。研究区特征污染物致癌性分类权重见表 6-39。在 IRIS 数据库中，PCB 可以通过口摄入、呼吸吸入和皮肤接触对人体产生致癌性，危害人类健康。PCB 具有生物蓄积性和放大作用，且广泛存在各种环境介质及野生动物、家禽、人类的肌体组织中，有文献报道，我国电子废弃物拆解区人去血清、母乳中 PCB 浓度甚至超过一些污染严重的工业地区，可见环境的 PCB 通过食物链传递和富集对人体健康产生危害。

表 6-39 特征污染物 IARC 与 IRIS 致癌性分类权重

序号	无机物	权重		序号	有机物	权重	
		IARC	IRIS			IARC	IRIS
1	镉	G2A	B1	8	BDE-209	G2B	B2
2	镍	G1	A	9	BDE-047	G3	C
3	铜	G3	C	10	BDE-099	G3	C
4	铬（Ⅵ/Ⅲ）	G1/G3	A/C	11	BDE-153	G3	C
5	铅	G2B	B2	12	PCB-029	G2A	B1
6	砷	G1	A	13	PCB-098	G2A	B1
7	汞	G4	D				

（2）环境持久性评估。PCB 结构稳定，自然条件下易分解，在水中的半衰期为 2 个月以上，在土壤和沉积物中半衰期为半年以上；PCB 容易累积在生物的脂肪组织中，造成脑部、皮肤及内脏疾病，并影响神经、生殖和免疫系统，在人体和动物体内的半衰期可长达 10 年以上，是一类具有持久性的环境污染物。

（3）生物累积性评估。$\log K_{ow}$ 是研究 PCB 生物毒性的基本参数。焦龙研究发现，除了 2，2′-PCB 的 $\log K_{ow} < 5$ 外，其余均大于 5，表明 PCB 的生物累积性较大；黄小葳等运用 QSAR 模型预测了 PCBs 的 $\log K_{ow}$，结果表明，用模型所预测的 PCB 的 $\log K_{ow}$ 值均大于 5，表明 PCB 的生物累积性较大。可以看出，PCB 对生物体有积蓄性毒害作用，是一类具有生物累积性的环境污染物。

（4）生物毒性评价。生物毒性评价包括以下两种。

Ⅰ．潜在生物毒性指数法评价。根据多氯联苯对蛋白小球藻等四种藻类的 EC_{50}，按照以下公式计算帽岭村、桐山村、岭下周村的毒性单位：

$$TU = \frac{100}{IC_{50}（或 EC_{50}）}$$

代入

$$PEEP = \log\left[1 + n\left(\sum_1^n \frac{TU_i}{N}\right)Q\right]$$

计算三个村的 PEEP 值，结果见表 6-40 和图 6-14。

表 6-40 电子垃圾拆解区综合生物毒理指标综合评价

区域	蛋白核小球藻 TU	斜生栅藻 TU	锥状斯氏藻 TU	热带骨条藻 TU	污染物量/（mg/a）	PEEP
帽岭村	12936.6	4625.3	970.9	11111.1	238 797.6	9.85
桐山村	12936.6	4625.3	970.9	11111.1	4 204.8	8.10
岭下周村	12936.6	4625.3	970.9	11111.1	4 555.2	8.13

从表 6-40 和图 6-14 可以看出，三个村的综合毒性 PEEP 均大于 6，说明污水在排放前需根据毒性削减评价程序制订有毒污染物削减计划，采取治理措施。

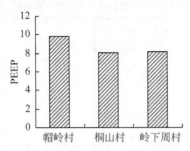

图 6-14 电子垃圾拆解区综合生物毒理指标综合评价

Ⅱ．综合毒性风险评价

根据多氯联苯对蛋白小球藻等四种藻类的 EC_{50}，计算其毒性单位，并对其赋值，见表 6-41～表 6-44。

表 6-41 不同藻类 PCB 的 EC_{50}（单位：mg/L）

藻类	96h EC_{50}
蛋白核小球藻	0.00773
斜生栅藻	0.02162
锥状斯氏藻	0.103
热带骨条藻	0.009

表 6-42 毒性分级赋值表

权重值（WS）	毒性单位（TU）
WS=0	TU<1
WS=1	1≤TU<1.33
WS=2	1.33≤TU<5
WS=3	5≤TU<10
WS=4	TU>10

表 6-43 毒性赋值表

藻类	TU	WS
蛋白核小球藻	12936.6	4
斜生栅藻	4625.3	4
锥状斯氏藻	970.9	4
热带骨条藻	11111.1	4

表 6-44 综合毒性风险等级

TRI	风险等级
TRI≤30%	Ⅰ 轻度毒性风险
30%＜TRI≤50%	Ⅱ 中度毒性风险
TRI＞50%	Ⅲ 高度毒性风险

由公式

$$TRI = \frac{(\sum_1^N WS_i)}{N(WS_{max})} \times 100$$

计算得出综合毒性风险指数 TRI＝100%，对照风险等级表（表 6-44）可知，属于Ⅲ级高度毒性风险。

6.1.3.2 环境污染健康效应评估

电子垃圾成分复杂，包括铅、镉、铬等重金属和多氯联苯、多溴联苯醚等有机污染物。铅可以抑制卵巢分泌雌激素、孕激素等甾体激素，一般认为轻度铅接触（血铅含量 1.90~2.90μmol/L）即可造成女性月经紊乱、排卵异常，严重影响了女性的生活质量。双酚 A 具有某些雌激素特性，与雌激素受体具有一定的亲和力，能诱导人类乳腺癌细胞 MCF-7 的孕酮受体表达并刺激 MCF-7 细胞增殖。铅作为雄性生殖毒物，接触早期直接增加附睾的雄性激素结合蛋白，能引起睾丸退行性变化，以及直接损伤间质细胞合成的卵泡刺激素（FSH）、黄体生成素（LH）等的分泌功能。PBDEs 与甲状腺激素存在类似结构，可能对血清中甲状腺激素分泌、甲状腺激素转运蛋白、甲状腺激素代谢及甲状腺激素受体产生影响。Hallgren 等用 PBDE 和 PCB 混合染毒雄性大鼠和小鼠后发现，随着 PBDE 剂量的增加，FT4 含量降低；Birnbaum 等研究 PBDE 对雄性大鼠的毒性效应时发现，雄性大鼠的甲状腺素含量降低，而促甲状腺素的浓度升高；居颖等研究发现暴露组产妇体内 PBDE 的暴露能够干扰新生儿甲状腺激素的分泌。

因此，本研究选择甲状腺功能指标（T3、T4、FT4、FT3）和性激素指标（17-KS、FSH、LH、P）八种内分泌激素作为研究指标，探讨环境污染物对人群的健康影响。

1）综合生物标志物响应指数法

（1）内分泌指标。本研究选择电子垃圾拆解区特征污染物内分泌效应指标 17-KS、T3、T4、FT4、FT3、FSH、LH、P 作为生物标志物，以综合生物标志物响应指数法来评价帽岭村、桐山村、岭下周村三个村庄人群所受的影响（表 6-45）。

表 6-45 电子废弃物拆解区人群生物标志物指标

区域	17-KS/(mg/mmolCr)	T3/(ng/mL)	T4/(μg/dL)	FT3/(pg/mL)	FT4/(ng/dL)	FSH/(mIU/mL)	LH/(mIU/mL)	P/(mg/mL)
帽岭村	12.90±19.12	0.99±0.99	7.99±2.09	2.55±0.32	0.91±0.10	17.79±22.27	8.39±8.9	1.69±4.40
桐山村	3.09±8.34	0.95±0.30	7.19±1.75	2.52±0.49	0.87±0.21	20.60±22.02	9.27±8.62	1.1±3.57
岭下周村	1.23±4.90	1.23±0.16	8.38±1.72	3.00±0.33	0.96±0.10	18.29±25.49	8.62±9.46	2.57±6.32

将每种标志物的 S_i 值大小以星状图中辐射线的长度来表示（图6-15），计算由相邻生物标志物的辐射线围成的三角形面积之和，得到不同村庄的 IBR 值，如表 6-46 所示。

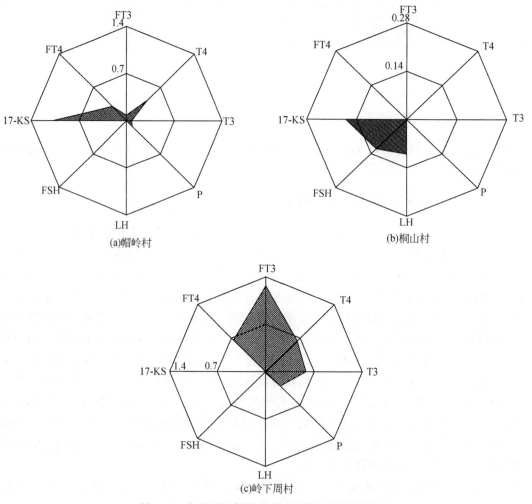

图 6-15　电子垃圾拆解区人群生物标志物星状图

表 6-46　电子废弃物拆解区 IBR 值

区域	17-KS	T3	T4	FT3	FT4	FSH	LH	P	IBR
帽岭村	1.08	0.08	0.43	0.08	0.30	0	0	0.12	0.15
桐山村	0.17	0	0	0	0	0.12	0.10	0	0.01
岭下周村	0	0.58	0.64	1.27	0.66	0.02	0.02	0.30	0.84

分析表 6-46 和图 6-15 可知，帽岭村、桐山村、岭下周村三个村庄的 IBR 值分别为 0.15、0.01、0.84，均小于 10，表明三个村庄的人群处于较低的风险。

三个村庄的 IBR 值大小依次为桐山村<帽岭村<岭下周村，表明岭下周村所受的污染程度最严重，人群所受的影响最大，而桐山村污染较轻，对人群的影响较小。

（2）致癌性指标。8-羟基脱氧鸟苷（8-OH-DG）是目前 DNA 氧化损伤中最常用的生物标志物。通过 8-OH-DG 的检测可以评估体内氧化损伤和修复的程度，氧化应激与 DNA 损伤的相互关系；甲胎蛋白（AFP）、5′-核苷酸酶（5-NT）和血清磷酸酶（AKP）是常用的致癌性指标。本研究选择电子垃圾拆解区特征污染物效应指标 8-羟基脱氧鸟苷（8-OH-DG）、甲胎蛋白（AFP）、5′-核苷酸酶（5-NT）和血清磷酸酶（AKP）作为生物标志物，以综合生物标志物响应指数法来评价帽岭村、桐山村、岭下周村三个村庄人群所受的影响（表 6-47）。

表 6-47　电子废弃物拆解区人群生物标志物指标

区域	8-OH-DG	5-NT	AFP	AKP
帽岭村	10.96±0.93	3.08±1.05	2.39±1.16	82.57±23.70
桐山村	12.11±1.29	2.97±1.28	2.54±1.78	81.22±25.39
岭下周村	12.55±1.77	3.13±1.03	3.65±2.39	82.99±10.71

将每种标志物的 S_i 值大小以星状图中辐射线的长度来表示（图 6-16），计算由相邻生物标志物的辐射线围成的三角形面积之和，得到不同村庄的 IBR 值，如表 6-48 所示。

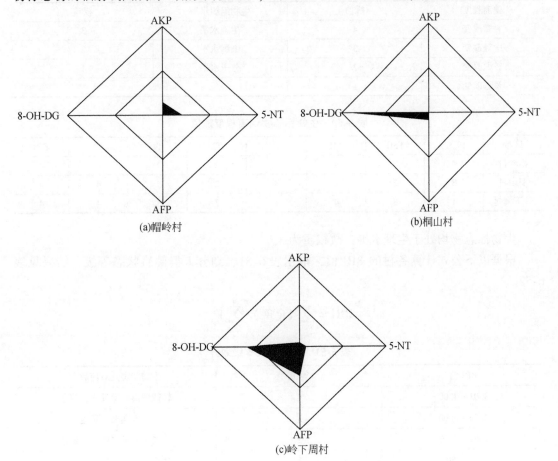

(a)帽岭村　　(b)桐山村　　(c)岭下周村

图 6-16　电子垃圾拆解区人群生物标志物星状图

表 6-48　电子废弃物拆解区 IBR 值

区域	8-OH-DG	AFP	5-NT	AKP	IBR
帽岭村	0	0	0.10	0.07	0.0035
桐山村	0.87	0.08	0	0	0.0348
岭下周村	1.20	0.70	0.14	0.09	0.5293

　　三个村庄的 8-OH-DG、AFP、5-NT 和 AKP 的平均浓度均处于正常范围内,分析表 6-48 和图 6-16 可知,帽岭村、桐山村、岭下周村三个村庄的 IBR 值分别为 0.0035、0.0348、0.5293,均小于 10,表明三个村庄的人群处于较低的风险,这也与三个村庄的生物标志物处于正常范围内一致。

　　三个村庄的 IBR 值大小依次为帽岭村 < 桐山村 < 岭下周村,表明岭下周村所受的污染程度最严重,人群所受的影响最大,而帽岭村污染较轻,对人群的影响较小。

　　2)生物标志物响应指数法

　　根据所选标志物浓度,以标准值为参照,对照表 6-49,对其进行赋值,见表 6-50。

表 6-49　生物标志物偏离程度及权重

偏离程度	赋值	生物组织水平	权重
轻微改变	4	生理水平	3
中等改变	3	细胞水平	2
较大改变	2	分子水平	1
显著改变	1		

表 6-50　生物标志物偏离程度赋值

区域	17-KS	FSH	LH	P	T3	T4	FT3	FT4
帽岭村	4	3	4	1	2	1	4	4
桐山村	3	2	4	3	2	1	4	4
岭下周村	1	3	4	1	2	1	4	4

　　生物标志物均处于生理水平,故权重为 3。

　　根据以下公式计算各村的 BRI 值,根据表 6-51,划分人群健康状态等级,结果见表 6-52。

$$\mathrm{BRI} = \sum_{i=1}^{n}(R_i W_i) \Big/ \sum_{i=1}^{n} W_i$$

表 6-51　生物健康等级划分

BRI 值	等级	生物状态及对应颜色
3.01~4.00	4	轻微偏离正常反应,绿色
2.76~3.00	3	中等偏离,黄色
2.51~2.75	2	偏离正常反应较大,橙色
0~2.50	1	严重偏离正常反应,红色

表6-52 人群健康等级划分

区域	BRI	等级	生物状态及对应颜色
帽岭村	2.875	3	中等偏离，黄色
桐山村	2.875	3	中等偏离，黄色
岭下周村	2.5	1	严重偏离正常反应，红色

岭下周村人群的健康等级为1级，说明人群受到的健康威胁较大，而帽岭村和桐山村人群均处于3级，受到的健康威胁较小。

6.1.3.3 区域人群健康危害评估

运用健康风险评价方法对台州区域进行人群健康危害评估。

1）剂量–反应评估

依据毒理学研究资料，将重点研究物质分为有阈化学物和无阈化学物；对于有阈化学物，因其暴露与人群健康效应之间的定量关系是以该物质的参考剂量（RfD）来表示的，主要参照美国环保局综合风险信息数据库（IRIS）的最新数据查询该物质的参考剂量。无阈化学物的剂量与致癌反应率之间的定量关系以致癌强度系数（CPF）表示，某些物质的致癌强度系数可查阅IRIS数据库，对于不能直接查到致癌强度系数的物质，则根据毒理资料和人群流行病学资料估算。根据所查询的资料确定的重点研究物质的RfD或CPF见表6-53。

表6-53 化学物质毒理学数值

化学物质	非致癌效应		致癌效应	
	RfD/[mg/(kg·d)]	效应点	CPF/[mg/(kg·d)]	效应点
As	3.0×10^{-4}	皮肤损害（角质化、色素沉着），神经系统、消化道、泌尿系统、免疫系统等损害	1.5	皮肤癌及其他多种器官癌症（肝、肾、肺、膀胱）
Cd	5.0×10^{-4}（饮水）1.0×10^{-3}（食物）	肾脏损害，生殖毒性，骨质疏松、骨软化等	1.8×10^{-3}μg/(cu·m)（吸入）6.1（食入）	肺癌、气管癌
Cr^{+6}	3.0×10^{-3}	细胞坏死等毒性损害，肾脏损伤，皮肤损伤	1.2×10^{-2}μg/(cu·m)（吸入）	吸入致肺癌、食入不致癌
Cu	3.7×10^{-2}	高浓度出现铜中毒现象	—	
Hg	3.0×10^{-4}	神经系统损害，肾脏损伤，影响生殖功能，免疫系统损伤，非特异性损伤，胚胎、发育毒性	—	
Ni	2.0×10^{-2}	体重及脏器重量减轻，皮炎、气管炎甚至肺炎	1.19×10^{-2}μg/(cu·m)（吸入）	肺癌、鼻癌、呼吸道癌
Pb	1.4×10^{-3}	神经系统、骨髓造血系统、免疫系统、消化系统及其他系统的毒性损害，肝脏和胸腺的组织病理学改变		

续表

化学物质	非致癌效应		致癌效应	
	RfD/[mg/(kg·d)]	效应点	CPF/[mg/(kg·d)]	效应点
PBDEs	1×10^{-4}	改变甲状腺系统，神经系统损害		致癌
PBBs		肝脏、神经系统、生殖系统损害，干扰甲状腺内分泌		肝癌
PCBs	2×10^{-5}	生殖、遗传、免疫、神经、内分泌等系统毒性损害，肾脏、肝脏病变		乳腺癌、淋巴癌、消化道癌

2）暴露评价

暴露评价是对人群暴露于环境介质中有害污染因子的强度、频率和时间进行测量、估算或预测的过程。为了进行暴露评价，需要确定人群对环境中化学物质的暴露途径、暴露浓度、暴露频率和暴露持续时间，在获得以上参数的基础上，利用 EPA 的暴露评价模型计算人群对于有害污染因子的暴露剂量。

（1）暴露途径。人群对于化学物质的暴露途径有三种：皮肤接触、口（包括食品摄入和饮水）和呼吸。因为所调查区域为电子垃圾拆解区，通过对空气、土壤、农作物中污染物的浓度、时空分布和环境迁移转化规律，筛选出这些介质中主要的特征污染物 PBB、PCB、BDE、Cu、Pb、Cr、Cd、Ni、As 和 Hg。根据其理化性质及有关调查数据和毒理学资料，本研究考虑皮肤接触土壤、皮肤接触水、土壤摄食、饮水摄入、食物摄入和呼吸六种具体途径（表 6-53）。

（2）暴露模型。暴露模型主要如下。

A. 皮肤接触途径

Ⅰ. 皮肤接触土壤。人体经皮肤接触土壤对污染物的日均暴露剂量的计算方法：

$$ADD = \frac{CS \times CF \times SA \times AF \times ABS \times EF \times ED}{BW \times AT}$$

式中，CS 为土壤中化学物质浓度（mg/kg）；CF 为转换因子（10^{-6} kg/mg）；SA 为皮肤接触表面积（cm^2）；AF 为皮肤黏着度[mg/(cm^2·d)]；ABS 为皮肤吸收因子，无量纲；EF 为暴露频率（d/a）；ED 为暴露持续时间（a）；BW 为体重（kg）；AT 为平均接触时间（d）。

Ⅱ. 皮肤接触水。对于接触水的皮肤暴露（包括日常洗漱、洗澡的皮肤暴露）吸收剂量可通过下式计算得到：

$$AbsorbedDose = \frac{CW \times SA \times PC \times ET \times EF \times ED \times CF}{BW \times AT}$$

式中，CW 为水中污染物浓度（mg/L）；SA 为皮肤接触表面积（cm^2）；PC 为具体的化学物质皮肤渗透常数（cm/h）；ET 为暴露时间（h/d）；EF 为暴露频率（d/a）；ED 为暴露持续时间（a）；CF 为转换因子（1 L/1000cm^3）；BW 为体重（kg）；AT 为平均接触时间（d）。

B. 经口暴露途径

Ⅰ. 土壤摄食。人体经土壤摄食对污染物暴露的日均剂量的计算方法：

$$ADD = \frac{CS \times IR \times CF \times FI \times EF \times ED}{BW \times AT}$$

式中，CS 为土壤中化学物质浓度（mg/kg）；IR 为摄取速率（mg/d）；CF 为转换因子（10^{-6} kg/mg）；FI 为被摄取污染源比例（%）；EF 为暴露频率（d/a）；ED 为暴露持续时间（a）；BW 为体重（kg）；AT 为平均接触时间（d）。

Ⅱ. 饮水摄入。人体饮水途径下对污染物暴露的日均剂量的计算方法：

$$Intake = \frac{CW \times IR \times EF \times ED}{BW \times AT}$$

式中，CW 为水中污染物浓度（mg/L）；IR 为摄入率（L/d）；EF 为暴露频率（d/a）；ED 为暴露持续时间（a）；BW 为体重（kg）；AT 为平均接触时间（d）。

Ⅲ. 食物摄入。人体经食物摄入对污染物暴露的日均剂量的计算方法：

$$ADD = \frac{CF \times IR \times FI \times EF \times ED}{BW \times AT}$$

式中，CF 为食品中污染物浓度（mg/kg）；IR 为摄入率（kg/meal）；FI 为被摄入污染源比例，无量纲；EF 是暴露频率（meal/a）；ED 指暴露持续时间（a）；BW 为体重（kg）；AT 为平均时间（d）。

C. 呼吸途径

人体经呼吸道对污染物暴露的日均剂量的计算方法：

$$ADD = \frac{C \times IR \times ED}{BW \times AT}$$

式中，ADD 为经呼吸暴露某种化合物的剂量 [mg/(kg·d)]；C 为环境空气中该化合物的质量浓度（mg/m³）；IR 为呼吸速率（m³/d）；ED 为暴露持续时间（a）；BW 为体质量（kg）；AT 为平均暴露时间（d）。

（3）暴露参数

A. 暴露参数优化

在该研究区通过入户问卷，对其中年龄在 30～60 岁的 447 名居民（男性 226 人，女性 221 人）的体质量、身高等进行了统计，为了保证调查的质量，采用 Excel 2007 对 447 份问卷和 50 份平行问卷进行录入，前后两次录入的差异率小于 3%，采用 SPSS18.0 对数据进行统计分析。

Ⅰ. 呼吸速率参数。采用人体能量代谢估算法对研究区人群的呼吸速率进行了估算，并与美国居民进行了对比，见表 6-54 和图 6-17。

表 6-54 和图 6-17 可以看出，人群的呼吸速率与活动强度呈正比，活动强度越高，呼吸速率越大。同时不同性别人群的呼吸速率差距较大。无论在什么劳动强度下男性的呼吸速率都远高于女性。和美国居民的呼吸速率相比，呼吸速率大小为美国居民一般水平>研究区居民，研究区男性的呼吸速率比美国男性低 31.45%，女性比美国女性低 3.73%。

表 6-54　研究区居民和美国居民的呼吸速率比较

项目	性别	不同活动强度下的呼吸速率/(m³/h)				呼吸速率/(m³/d)
		睡眠	轻度运动	中度运动	重度运动	
研究区居民	男	0.47	0.58	1.56	2.33	14.67
	女	0.37	0.46	1.22	1.84	11.36
美国居民	男	0.7	0.8	2.5	4.8	21.4
	女	0.3	0.5	1.6	2.9	11.8

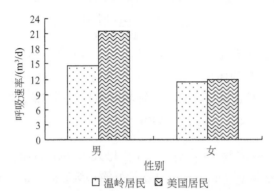

图 6-17　研究区居民和美国居民不同性别呼吸速率比较

Ⅱ. 皮肤暴露参数。在研究研究区居民皮肤暴露面积时，根据公式 $SA = 0.0164H^{0.502} \times W^{0.496}$ 对皮肤体表面积进行计算。鉴于日本居民与我国居民体格较为相似，故在研究中根据日本统计出的成年人体各部位表面积在总表面积中的比例（表 6-55）及不同季节暴露的体表面积占全身的比例，对该地区人群皮肤暴露面积进行估算，见表 6-56。

表 6-55　日本成人不同部位占全身总面积的比例　　　　　（单位:%）

性别	头	躯干	上肢			下肢		
			合计	手臂	手	合计	腿	脚
男	7.8	35.9	18.8	14.1	5.2	37.5	31.2	7.0
女	7.1	34.8	17.9	14.0	5.1	40.3	32.4	6.5

表 6-56　研究区居民和美国居民的身体各部位及不同季节暴露的皮肤体表面积（单位：m²）

项目	性别	SA	季节			身体各个部位						
			春秋季	夏季	冬季	头	躯干	上肢			下肢		
								合计	手臂	手	合计	腿	脚
研究区成人	男	1.76	0.176	0.440	0.088	0.137	0.632	0.331	0.248	0.092	0.660	0.549	0.123
	女	1.57	0.157	0.393	0.079	0.111	0.546	0.281	0.220	0.080	0.633	0.509	0.102
美国成人	男	1.96	0.196	0.490	0.098	0.118	0.569	0.319	0.228	0.084	0.636	0.505	0.112
	女	1.69	0.169	0.422	0.085	0.110	0.542	0.276	0.210	0.0746	0.626	0.488	0.0975

由表6-56 和图6-18 可以看出，研究区居民的皮肤体表面积和美国的参数存在着差别。该地区男性居民的体表面积平均值为 1.76 m²，比美国男性体表面积约少 10.2%，女性皮肤体表面积平均值为 1.57 m²，比美国女性体表面积少 7.1%。

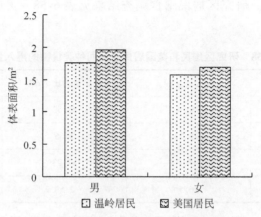

图 6-18 研究区成人与美国成人体表面积对比

Ⅲ. 饮水暴露参数。饮水暴露参数主要是指总饮水率，包括直接饮水率和间接饮水率。根据研究区人群饮水情况的实测结果，该地区居民直接饮水率和美国居民的直接饮水率如表 6-57 和图 6-19 所示。

表6-57 研究区居民和美国居民的直接饮水率比较 （单位：mL/d）

项目	性别	直接饮水率
研究区居民	男	1309.20
	女	1215.90
	全体	1270.20
美国居民	男	753.85
	女	723.08
	全体	751.28

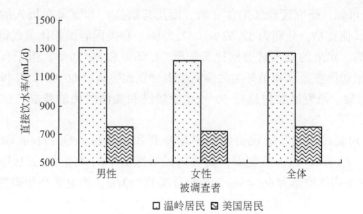

图 6-19 研究区与美国报道饮水率的对比

由表 6-57 和图 6-19 显而易见，不同性别人群的总饮水率差异显著，具有统计学意义（$P<0.05$）。男性人群的总饮水率平均值比女性高 4.1%。研究结果和美国存在明显的差异，男性和女性的直接饮水率分别比美国高 73.67% 和 68.16%。

Ⅳ. 饮食暴露参数。研究区居民膳食调查结果见表 6-58，美国居民的对照情况见图 6-20。

表 6-58 研究区居民和美国居民对不同种类食物的摄入量比较

食物	成人/(g/d)	占总量的比例/%	美国成人/(g/d)
主食（米、面及其制品）	536.4	52.52	—
谷类及制品	78.2	7.66	311
蔬菜	380.2	37.23	229
水果	26.5	2.59	136.5

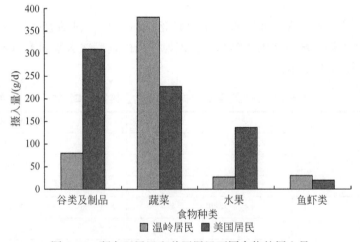

图 6-20 研究区居民和美国居民不同食物的摄入量

由表 6-58 可知，研究区地区主食（米、面及其制品）和蔬菜在摄入的食物总量上所占的比重大于其他食物，分别为 52.52%、37.23%。和美国居民相比可以得出：研究区居民在谷类及制品、水果的摄入量分别比美国低 74.86% 和 80.59%，由于自产蔬菜和地处沿海地区，当地居民在蔬菜和鱼虾类的摄入量上分别比美国高 66.03% 和 49.75%。

Ⅴ. 基本参数。研究区农村地区 30～60 岁居民和美国居民的身高、体质量信息见表 6-61。

从表 6-59 可见，研究区居民男性的平均身高和体质量分别 171cm 和 68kg，女性为 159cm 和 55kg。根据 US EPA 数据库，美国居民男性的平均体重为 82.19kg，平均身高为 176.2cm，女性平均体质量为 69.45kg，平均身高 162.3cm，均显著高于研究区。

表6-59 研究区居民和美国居民的身高、体质量信息

项目	参数	性别	均值
研究区居民	身高/cm	男	171
		女	159
	体质量/kg	男	68
		女	55
美国居民	身高/cm	男	176.2
		女	162.3
	体质量/kg	男	82.19
		女	69.45

注：成人指调查人群中的所有 30~60 岁居民

Ⅵ. 小结。本节研究分析了不同环境介质中特征污染物通过不同途径暴露于人体的污染水平，探讨了研究区人群的经皮肤、经口、经呼吸等的暴露参数。结果表明：男性体表面积为 1.76 m^2，女性为 1.57 m^2，分别比美国低 10.2% 和 7.1%。该地区成人饮水量为 3355.9 mL/d，饮食量为 1021.3g/d，主要食用米、面及其制品和蔬菜，分别占 52.52%、37.23%。研究区男性呼吸速率为 14.67 m^3/d，女性为 11.36 m^3/d，分别比美国低 31.45%、3.73%。

B. 研究区暴露参数

主要参考美国 EPA 的 *Exposure Factors Handbook* 和 *Dermal Exposure Assessment*：*Principles and Applications* 等资料，结合研究区实际情况，确定暴露参数，见表6-60。

表6-60 研究区暴露参数

名称	数值	名称	数值
饮水摄入率/(L/d)	2	主食摄入量/(g/d)	536.4*
土壤摄入率/(mg/d)	50	谷类及制品摄入量/(g/d)	78.2*
淋浴时间/(h/d)	0.2	蔬菜摄入量/(g/d)	380.2*
游泳时间/(h/d)	2.6	水果摄入量/(g/d)	26.5*
游泳频率/(d/a)	7	蛋及制品摄入量/(g/d)	25.9*
游泳吞水量/(mL/h)	50	鱼虾摄入量/(g/d)	30.1*
皮肤表面积/m^2	1.67*	奶及其制品摄入量/(g/d)	12.2*
皮肤渗透常数/(cm/h)	各物质特有	油脂摄入量/(g/d)	37.8*
皮肤黏着度/[mg/(cm^2·d)]	0.2	其他摄入量/(g/d)	68.2*
暴露持续时间/(a)	30	皮肤吸收因子	0.001
体重（成人）/kg	62*		
平均时间/a	致癌：70；非致癌：30		

* 为优化过的数据

（4）暴露剂量计算。计算方法如下。

A. 重金属暴露剂量

根据暴露参数模型，计算重金属在不同介质不同途径下的暴露剂量，见表6-61。

表6-61　重金属在不同暴露途径下的日均暴露剂量　　　　　[单位：mg/（kg·d）]

调查区	暴露途径	Cd	As	Ni	Cr	Cu	Pb	Hg	合计
岭下周村	地下水接触皮肤	1.85E-09	—	9.00E-08	1.77E-06	7.41E-07	3.56E-09	—	2.61E-06
	地下水经口	1.11E-06	—	2.69E-04	5.29E-04	4.44E-04	2.13E-05	—	1.26E-03
	食物稻米	5.39E-04	2.44E-03	3.47E-03	2.82E-02	6.98E-02	3.57E-03	1.04E-02	1.18E-01
	食物鸡肉	2.59E-04	7.10E-03	9.41E-03	2.60E-02	2.71E-02	9.41E-03	1.28E-02	9.21E-02
	食物玉米	2.59E-04	4.10E-03	2.77E-03	4.37E-02	3.40E-02	3.87E-03	8.86E-03	9.76E-02
	土壤接触皮肤	3.86E-08	1.56E-07	3.36E-06	5.67E-06	2.22E-06	2.26E-06	7.38E-08	1.38E-05
	土壤摄食	5.77E-07	2.33E-06	5.03E-05	8.48E-05	3.33E-05	3.38E-05	1.10E-06	2.06E-04
	合计	1.06E-03	1.36E-02	1.60E-02	9.85E-02	1.31E-01	1.69E-02	3.21E-02	3.10E-01
帽岭村	地下水接触皮肤	1.39E-09	—	1.72E-07	2.20E-06	5.58E-07	3.34E-09	—	2.93E-06
	地下水经口	8.29E-07	—	5.16E-04	6.58E-04	3.34E-04	2.00E-05	—	1.53E-03
	食物稻米	2.80E-04	1.42E-03	3.47E-03	2.91E-02	6.44E-02	3.62E-03	7.05E-03	1.09E-01
	食物鸡肉	1.94E-04	8.50E-03	1.31E-02	3.48E-02	3.18E-02	1.00E-02	1.34E-02	1.12E-01
	食物玉米	3.45E-04	1.70E-03	3.02E-03	3.63E-02	3.98E-02	3.47E-03	9.51E-03	9.41E-02
	土壤接触皮肤	5.08E-08	1.74E-07	3.45E-06	6.40E-06	2.25E-06	2.32E-06	7.87E-08	1.47E-05
	土壤摄食	7.60E-07	2.60E-06	5.16E-05	9.59E-05	3.36E-05	3.47E-05	1.18E-06	2.20E-04
	合计	8.21E-04	1.16E-02	2.02E-02	1.01E-01	1.36E-01	1.71E-02	3.00E-02	3.17E-01
桐山村	地下水接触皮肤	1.85E-09	—	7.28E-08	1.91E-06	6.02E-07	3.61E-09	—	2.59E-06
	地下水经口	1.11E-06	—	2.18E-04	5.72E-04	3.61E-04	2.16E-05	—	1.17E-03
	食物稻米	1.73E-04	3.13E-03	2.52E-03	2.14E-02	7.55E-02	4.13E-03	8.50E-03	1.15E-01
	食物鸡肉	2.59E-04	4.90E-03	9.61E-03	3.06E-02	3.01E-02	7.50E-03	1.25E-02	9.55E-02
	食物玉米	1.51E-04	4.10E-03	2.26E-03	4.18E-02	2.05E-02	3.93E-03	8.00E-03	8.07E-02
	土壤接触皮肤	3.69E-08	1.81E-07	1.20E-06	6.00E-06	2.63E-06	2.25E-06	7.81E-08	1.24E-05
	土壤摄食	5.53E-07	2.71E-06	1.79E-05	8.99E-05	3.94E-05	3.37E-05	1.17E-06	1.85E-04
	合计	5.85E-04	1.21E-02	1.46E-02	9.45E-02	1.27E-01	1.56E-02	2.90E-02	2.93E-01

从表6-61可以看出，调查区重金属通过食物摄入暴露于人体的剂量最大，其次为地下水经口暴露，地下水接触皮肤的暴露剂量最小。从各个调查区来看，三个村Cu的暴露剂量最大，Cr次之，Cd最小。三个村的暴露剂量依次为帽岭村>岭下周村>桐山村。这可能是由于各个村对重金属的拆解工艺的不同导致了各种环境介质中重金属含量存在差异。

B. 有机物暴露剂量

有机污染物在不同介质不同途径下的暴露剂量见表6-62。

表 6-62　有机污染物在不同暴露途径下的日均暴露剂量　　[单位：mg/(kg·d)]

调查区	暴露途径	BDE-209	BDE-047	BDE-099	BDE-153	PCB-029	PCB-098	合计
岭下周村	大气	2.25E-04	4.04E-03	2.15E-04	7.20E-05	3.96E-04	5.77E-04	5.53E-03
	地下水接触皮肤	3.23E-07	5.35E-06	1.01E-07	1.48E-07	1.78E-06	1.85E-07	7.89E-06
	地下水经口	3.46E-04	1.09E-02	4.29E-04	3.18E-04	6.33E-03	7.88E-04	1.91E-02
	食物稻米	1.75E-03	4.35E-02	2.96E-03	2.83E-04	6.65E-03	3.22E-03	5.84E-02
	食物鸡肉	4.29E-04	1.08E-02	1.76E-03	4.29E-04	5.21E-02	6.53E-04	6.62E-02
	食物玉米	5.90E-02	1.06E+00	5.63E-02	1.89E-02	1.04E-01	1.51E-01	1.45E+00
	土壤接触皮肤	6.32E-07	1.14E-05	6.02E-07	2.02E-07	1.11E-06	1.62E-06	1.56E-05
	土壤摄食	9.46E-06	1.70E-04	9.03E-06	3.03E-06	1.67E-05	2.43E-05	2.33E-04
	合计	6.18E-02	1.13E+00	6.17E-02	2.00E-02	1.69E-01	1.56E-01	1.60E+00
帽岭村	大气	2.52E-04	4.30E-03	2.07E-04	8.58E-05	4.82E-04	6.50E-04	5.98E-03
	地下水接触皮肤	3.49E-07	5.33E-06	1.10E-07	1.68E-07	1.88E-06	1.81E-07	8.02E-06
	地下水经口	3.73E-04	1.09E-02	4.70E-04	3.59E-04	6.69E-03	7.74E-04	1.96E-02
	食物稻米	1.97E-03	4.92E-02	3.00E-03	2.05E-04	6.54E-03	3.39E-03	6.43E-02
	食物鸡肉	4.62E-04	1.26E-02	2.06E-03	6.34E-04	6.07E-02	2.82E-03	7.93E-02
	食物玉米	6.60E-02	1.13E+00	5.44E-02	2.25E-02	1.26E-01	1.71E-01	1.57E+00
	土壤接触皮肤	7.06E-07	1.21E-05	5.83E-07	2.41E-07	1.35E-06	1.83E-06	1.68E-05
	土壤摄食	1.06E-05	1.81E-04	8.72E-06	3.61E-06	2.03E-05	2.73E-05	2.52E-04
	合计	6.91E-02	1.21E+00	6.01E-02	2.38E-02	2.00E-01	1.79E-01	1.74E+00
桐山村	大气	2.23E-04	4.06E-03	1.60E-04	6.55E-05	4.00E-04	5.02E-04	5.41E-03
	地下水接触皮肤	2.71E-07	5.36E-06	9.38E-08	1.23E-07	1.66E-06	1.58E-07	7.67E-06
	地下水经口	2.90E-04	1.09E-02	4.01E-04	2.63E-04	5.93E-03	6.77E-04	1.85E-02
	食物稻米	1.71E-03	4.27E-02	2.79E-03	1.38E-04	5.76E-03	3.00E-03	5.61E-02
	食物鸡肉	4.23E-04	1.07E-02	1.55E-03	4.68E-04	4.68E-02	2.80E-03	6.27E-02
	食物玉米	5.85E-02	1.06E+00	4.20E-02	1.72E-02	1.05E-01	1.32E-01	1.41E+00
	土壤接触皮肤	6.25E-07	1.14E-05	4.49E-07	1.84E-07	1.12E-06	1.41E-06	1.52E-05
	土壤摄食	9.37E-06	1.71E-04	6.73E-06	2.75E-06	1.68E-05	2.11E-05	2.28E-04
	合计	6.12E-02	1.13E+00	4.69E-02	1.81E-02	1.64E-01	1.39E-01	1.56E+00

由表 6-62 可见，有机物通过玉米摄入暴露于人体的剂量最大，而通过土壤和地下水接触皮肤的暴露剂量比较小。从各个调查区来看，研究区有机物的暴露剂量依次为 BDE-047>PCB-029>PCB-098> BDE-209> BDE-099>BDE-153。三个村的暴露剂量依次为帽岭村>岭下周村>桐山村。

3）风险表征

（1）健康风险评价方法。首先将待评价物质分为有阈化合物（非致癌物与非遗传毒性的致癌物）和无阈化合物（有阈化合物即已知或假设，在一定暴露条件下，对动物或人不发生有害作用的化合物；无阈化合物是已知或假设其作用是无阈的，即大于零的所有剂量都可以诱导出致癌反应的化合物)。

有阈化合物和无阈化合物的健康风险分别按照以下公式计算：

$$R = \frac{\text{ADD}}{\text{RfD}} \times 10^{-6}$$

式中，R 为发生某种特定有害健康效应而造成等效死亡的终身风险；ADD 为有阈化学污染物的日均暴露剂量 [mg/(kg·d)]；RfD 为化学污染物的某种暴露途径下的参考剂量 [mg/(kg·d)]；10^{-6} 为与 RfD 相对应的假设可接受的风险水平。

$$R = q(人) \times \text{ADD}$$

式中，R 为人群患癌终身超额风险（无量纲），指 0 岁人群的期望寿命 70 年；ADD 为日均暴露剂量 [mg/(kg·d)]；q(人)为由动物推算出来人的致癌强度系数 [mg/(kg·d)]。

（2）健康风险计算结果。根据化学物质的致癌性资料，将 As、Cd 和有机物归为无阈化合物，其余元素归为有阈化合物，然后按照美国 EPA 推荐的健康风险评价模型和评价参数计算各重金属通过各种暴露途径对研究地区人群造成的健康风险。

A. 重金属风险表征

由表 6-63 清晰可知，三个村的致癌风险均高于美国环保署推荐的最大可接受风险水平 1×10^{-4}，非致癌风险均高于英国皇家协会、瑞典环境保护局及荷兰建设环境部等推荐的最大可接受风险水平 10^{-6}，表明当地居民在当前暴露途径下，Ni、Cr、Cu 等 7 种重金属元素对人体健康存在威胁，有潜在的致癌性。

表 6-63 重金属污染物成人健康年风险

调查区	成人健康年风险	致癌		∑致癌	非致癌					∑非致癌
		Cd	As		Ni	Cr	Cu	Pb	Hg	
岭下周村	地下水接触皮肤	1.61E-10	—	1.61E-10	6.43E-14	8.41E-12	2.86E-13	3.63E-14	—	8.80E-12
	地下水经口	9.64E-08	—	9.64E-08	1.93E-10	2.51E-09	1.71E-11	2.17E-10	—	2.94E-09
	食物稻米	4.70E-05	2.13E-04	2.60E-04	2.49E-09	1.34E-07	2.70E-09	3.64E-08	4.96E-07	6.72E-07
	食物鸡肉	2.26E-05	6.19E-04	6.42E-04	6.73E-09	1.24E-07	1.05E-09	9.60E-08	6.09E-07	8.37E-07
	食物玉米	2.26E-05	3.57E-04	3.80E-04	1.97E-09	2.09E-07	1.31E-09	3.96E-08	4.21E-07	6.73E-07
	食物摄食	9.21E-05	1.19E-03	1.28E-03	1.12E-08	4.67E-07	5.06E-09	1.71E-07	1.53E-06	2.18E-06
	土壤接触皮肤	3.36E-09	3.34E-09	6.70E-09	2.40E-12	2.70E-11	8.59E-13	2.30E-11	3.51E-12	5.68E-11
	土壤摄食	5.03E-08	2.03E-07	2.53E-07	3.60E-11	4.04E-10	1.29E-12	3.44E-10	5.26E-11	8.38E-10
	合计	1.84E-04	2.38E-03	2.56E-03	2.26E-08	9.37E-07	1.01E-08	3.44E-07	3.06E-06	4.37E-06
帽岭村	地下水接触皮肤	1.21E-10	—	1.21E-10	1.23E-13	1.05E-11	2.15E-13	3.41E-14	—	1.09E-11
	地下水经口	7.23E-08	—	7.23E-08	3.69E-10	3.13E-09	1.29E-11	2.04E-10	—	3.72E-09
	食物稻米	2.44E-05	1.24E-04	1.48E-04	2.49E-09	1.39E-07	2.49E-09	3.70E-08	3.36E-07	5.17E-07
	食物鸡肉	1.69E-05	7.40E-04	7.57E-04	9.39E-09	1.66E-07	1.23E-09	1.02E-07	6.40E-07	9.19E-07
	食物玉米	3.00E-05	1.49E-04	1.79E-04	2.16E-09	1.73E-07	1.53E-09	3.54E-08	4.53E-07	6.65E-07
	食物摄食	7.13E-05	1.01E-03	1.08E-03	1.40E-08	4.77E-07	5.24E-09	1.74E-07	1.43E-06	2.10E-06

调查区	成人健康年风险	致癌		∑致癌	非致癌					∑非致癌
		Cd	As		Ni	Cr	Cu	Pb	Hg	
帽岭村	土壤接触皮肤	4.43E-09	3.73E-09	8.16E-09	2.46E-12	3.05E-11	8.67E-13	2.37E-11	3.75E-12	6.13E-11
	土壤摄食	6.63E-08	2.27E-07	2.93E-07	3.69E-11	4.57E-10	1.30E-12	3.54E-10	5.60E-11	9.05E-10
	合计	1.43E-04	2.02E-03	2.17E-03	2.84E-08	9.59E-07	1.05E-08	3.49E-07	2.86E-06	4.21E-06
桐山村	地下水接触皮肤	1.61E-10	—	1.61E-10	5.20E-14	9.10E-12	2.33E-13	3.68E-14	—	9.42E-12
	地下水经口	9.64E-08	—	9.64E-08	1.56E-10	2.73E-09	1.39E-11	2.20E-10	—	3.12E-09
	食物稻米	1.50E-05	2.73E-04	2.88E-04	1.80E-09	1.02E-07	2.91E-09	4.21E-08	4.04E-07	5.53E-07
	食物鸡肉	2.26E-05	4.27E-04	4.50E-04	6.87E-09	1.46E-07	1.16E-09	7.66E-09	5.97E-07	8.28E-07
	食物玉米	1.32E-05	3.57E-04	3.70E-04	1.61E-09	1.99E-07	7.93E-10	4.00E-08	3.81E-07	6.22E-07
	食物摄食	5.07E-05	1.06E-03	1.11E-03	1.03E-08	4.47E-07	4.87E-09	1.59E-07	1.38E-06	2.00E-06
	土壤接触皮肤	3.22E-09	3.88E-09	7.10E-09	8.55E-13	2.86E-11	1.02E-12	2.29E-11	3.72E-12	5.71E-11
	土壤摄食	4.81E-08	2.36E-07	2.84E-07	1.28E-11	4.29E-10	1.51E-12	3.43E-10	5.57E-11	8.42E-10
	合计	1.02E-04	2.12E-03	2.22E-03	2.07E-08	8.97E-07	9.75E-09	3.18E-07	2.76E-06	4.01E-06

通过分析各种暴露途径对健康风险值的贡献率可知，食物摄食对致癌风险和非致癌风险的贡献均为最大。

B. 有机物风险表征

有机物健康风险如表6-64、图6-21～图6-24所示，三个村有机物致癌风险值分别为8.15×10^{-6}、9.03×10^{-6}、8.04×10^{-6}，均低于美国环保局推荐的最大可接受风险水平1×10^{-4}，但高于英国皇家协会、瑞典环境保护局及荷兰建设环境部等推荐的最大可接受风险水平10^{-6}，表明若当地居民在当前暴露途径下长期暴露，有一定的致癌风险。

表6-64　有机污染物成人健康年风险

调查区	成人健康年风险值	BDE-209	BDE-047	BDE-099	BDE-153	PCB-029	PCB-098	合计
岭下周村	大气	2.24E-08	5.77E-09	3.07E-10	2.06E-10	3.96E-10	1.64E-10	2.92E-08
	地下水接触皮肤	3.24E-11	7.64E-12	1.44E-13	4.24E-13	1.77E-12	5.26E-14	4.24E-11
	地下水经口	3.46E-08	1.56E-08	6.13E-10	9.09E-10	6.33E-09	2.26E-10	5.83E-08
	食物稻米	1.76E-07	6.21E-08	4.23E-09	8.07E-10	6.66E-09	9.20E-10	2.51E-07
	食物鸡肉	4.29E-08	1.54E-08	2.51E-09	1.23E-09	5.20E-08	1.87E-10	1.14E-07
	食物玉米	5.90E-06	1.51E-06	8.04E-08	5.40E-08	1.04E-07	4.33E-08	7.69E-06
	食物摄食合计	6.12E-06	1.59E-06	8.71E-08	5.60E-08	1.63E-07	4.44E-08	8.06E-06
	土壤接触皮肤	6.33E-11	1.63E-11	8.60E-13	5.77E-13	1.11E-12	4.63E-13	8.26E-11
	土壤摄食	9.46E-10	2.43E-10	1.29E-11	8.66E-12	1.67E-11	6.93E-12	1.23E-09
	合计	6.18E-06	1.61E-06	8.81E-08	5.72E-08	1.69E-07	4.48E-08	8.15E-06

续表

调查区	成人健康年风险值	BDE-209	BDE-047	BDE-099	BDE-153	PCB-029	PCB-098	合计
帽岭村	大气	2.51E-08	6.14E-09	2.96E-10	2.46E-10	4.81E-10	1.86E-10	3.24E-08
	地下水接触皮肤	3.49E-11	7.61E-12	1.57E-13	4.80E-13	1.89E-12	5.17E-14	4.51E-11
	地下水经口	3.73E-08	1.56E-08	6.71E-10	1.03E-09	6.69E-09	2.21E-10	6.15E-08
	食物稻米	1.97E-07	7.03E-08	4.29E-09	5.86E-10	6.54E-09	9.69E-10	2.80E-07
	食物鸡肉	4.61E-08	1.80E-08	2.94E-09	1.81E-09	6.07E-08	8.04E-10	1.30E-07
	食物玉米	6.60E-06	1.61E-06	7.77E-08	6.43E-08	1.26E-07	4.87E-08	8.53E-06
	食物摄食合计	6.84E-06	1.70E-06	8.49E-08	6.67E-08	1.93E-07	5.05E-08	8.94E-06
	土壤接触皮肤	7.07E-11	1.73E-11	8.33E-13	6.89E-13	1.35E-12	5.21E-13	9.14E-11
	土壤摄食	1.06E-09	2.59E-10	1.25E-11	1.03E-11	2.03E-11	7.81E-12	1.37E-09
	合计	6.91E-06	1.72E-06	8.59E-08	6.80E-08	2.00E-07	5.09E-08	9.03E-06
桐山村	大气	2.23E-08	5.80E-09	2.29E-10	1.87E-10	4.00E-10	1.43E-10	2.91E-08
	地下水接触皮肤	2.71E-11	7.66E-12	1.34E-13	3.51E-13	1.66E-12	4.51E-14	3.70E-11
	地下水经口	2.90E-08	1.56E-08	5.73E-10	7.50E-10	5.93E-09	1.93E-10	5.20E-08
	食物稻米	1.71E-07	6.10E-08	3.99E-09	3.94E-10	5.76E-09	8.57E-10	2.43E-07
	食物鸡肉	4.23E-08	1.53E-08	2.21E-09	1.34E-09	4.69E-08	7.99E-10	1.09E-07
	食物玉米	5.84E-06	1.51E-06	6.00E-08	4.91E-08	1.05E-07	3.76E-08	7.60E-06
	食物摄食合计	6.05E-06	1.59E-06	6.62E-08	5.08E-08	1.58E-07	3.93E-08	7.95E-06
	土壤接触皮肤	6.27E-11	1.63E-11	6.41E-13	5.26E-13	1.13E-12	4.03E-13	8.17E-11
	土壤摄食	9.37E-10	2.44E-10	9.61E-12	7.87E-12	1.69E-11	6.03E-12	1.22E-09
	合计	6.11E-06	1.61E-06	6.70E-08	5.18E-08	1.64E-07	3.96E-08	8.04E-06

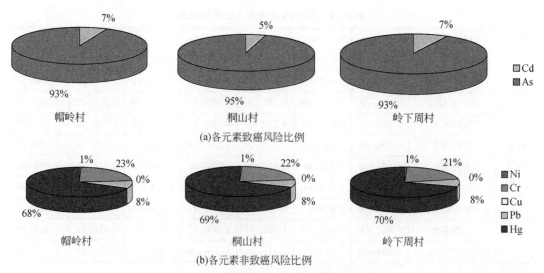

图 6-21　研究区重金属污染物风险比例

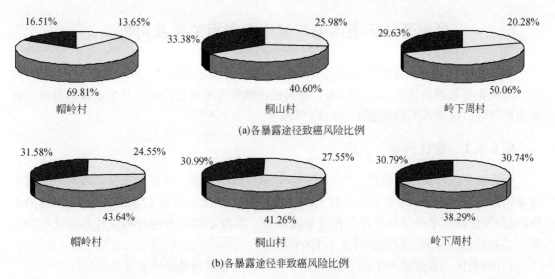

(a)各暴露途径致癌风险比例

(b)各暴露途径非致癌风险比例

■地下水接触皮肤　■地下水经口　□食物稻米　□食物鸡肉　■食物玉米　■土壤接触皮肤　■土壤摄食

图 6-22　研究区重金属各暴露途径风险比例

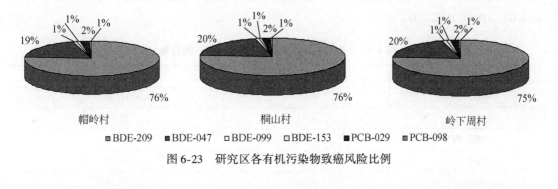

■BDE-209　■BDE-047　□BDE-099　□BDE-153　■PCB-029　□PCB-098

图 6-23　研究区各有机污染物致癌风险比例

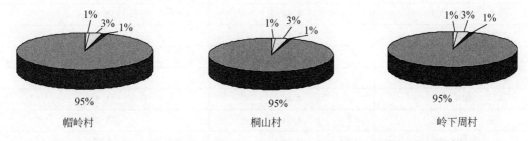

■大气　■地下水接触皮肤　□地下水经口　□食物稻米　■食物鸡肉　■食物玉米　■土壤接触皮肤　■土壤摄食

图 6-24　研究区不同暴露途径下有机污染物的致癌风险比例

　　通过以上研究可知：研究区非致癌风险元素主要为 Hg、Cr、Ni、Cr、Pb，主要暴露途径为食物摄食。致癌风险污染物主要为 As、Cd、PBB、PCB、BDE，主要暴露途径为玉米等的食物摄食。无论是非致癌风险还是致癌风险均大于国际上有关机构推荐的最大可接受风险水平，研究区居民存在健康风险。

6.1.4 台州区域环境污染与健康损害相关关系判断

本研究对台州电子垃圾拆解场人群血液 PBDEs 浓度、尿液 17 酮类固醇（17-KS）浓度、尿液 8-羟基脱氧鸟苷（8-OH-DG）及男性性激素水平进行检测，并选取绿色种植区域作为对照区，检测其人群尿液 8-OH-DG 等浓度。

6.1.4.1 定性分析

根据研究区环境污染调查、识别和评估结果，依据特征污染物的浓度、毒性、暴露剂量等因素，运用 SPSS 18.0 软件，对人群血液 PBDEs 浓度、尿液 17-KS 浓度、尿液 8-OH-DG 及男性性激素水平与各种经口介质暴露剂量、各混杂因素等进行相关性和多元回归分析（生物样品的采集、检测参看 3.4.1.9）。

1）研究区人群血液 PBDEs 浓度和各种经口介质暴露剂量的相关性分析

（1）研究区人群血液中 PBDEs 浓度。本研究对研究区人群 437 个血液样本中 PBDEs 的含量进行检测，共检出 12 种 PBDEs 同系物，各单体含量见表 6-65。在所检测的样本中 PBDEs 总浓度为 58.17ng/g 脂肪，其中 BDE-119 在总含量中贡献率最高，为 17.1%，其次是 BDE-205 和 BDE-209。

表 6-65　血清中多溴联苯醚（PBDEs）的含量　　（单位：ng/g 脂肪）

PBDEs	Mean	Std. Deviation
BDE-209	7.08	12.34
BDE-077	4.03	15.75
BDE-085	1.97	20.95
BDE-126	6.68	18.42
BDE-205	9.36	15.28
BDE-203	4.34	13.49
BDE-100	1.97	3.76
BDE-119	9.94	10.75
BDE-99	1.81	4.68
BDE-118	4.40	11.94
BDE-116	4.31	17.03
BDE-85	2.28	3.59

（2）电子废弃物拆解区经口介质 PBDEs 污染对人群健康的潜在影响。根据调查问卷中各研究对象的居住年限、生活习惯、饮食习惯等数据，统计每人经口暴露途径的日均暴露量，并与其血液中 PBDEs 富集程度进行相关性分析，见表 6-66。发现居住年限和血液中 PBDEs 浓度存在显著相关性。在当地居住年限越长，则 PBDEs 在血液中的富集量越高。在本研究中仅考虑研究区居住人群的经口暴露途径，未进行职业暴露研究。各经口介质暴

露剂量与血清中 PBDEs 富集情况的相关性分析表明与饮水暴露途径明显是相关的，其他介质均无相关性。可初步认为研究区人群的饮水暴露剂量影响其在血液中的富集。

表6-66　居住年限和血液浓度和各种经口介质暴露剂量的相关性

项目	居住年限	经口介质暴露剂量					
		饮用水	土壤	红薯干	大米	鸡肉	猪肉
相关系数	0.963	0.879	0.434	0.561	0.465	0.519	0.442
P 值	0.005**	0.045*	0.489	0.285	0.456	0.311	0.483

*$P<0.05$ 显著相关；**$P<0.01$ 显著相关

2）研究区职业拆解人群尿液 17 酮类固醇（17-KS）的相关因素分析

（1）研究区职业拆解人群尿液 17-KS 浓度。研究区人群尿液 17-KS 平均水平为 5.4 ng/mgCr（正常值 6.0~22.0 ng/mgCr），对照区人群 17-KS 的平均水平为 10.9 ng/mgCr，范围为 9.1~23.8 ng/mgCr。职业拆解人群 17-KS 的平均水平低于对照区，但差异无统计学意义（$F=5.664$，$P>0.05$）。酸洗焚烧工艺人群尿液 17-KS 水平低于对照组（表6-67）。

表6-67　电子废弃物拆解不同工艺人群尿中 17-KS 水平

组别	人数	平均值/（ng/mgCr）	范围/（ng/mgCr）
对照组	68	10.9	9.1~23.8
手工拆解	41	15.6	12.90~19.12
酸洗工艺	32	5.37	3.09~8.34
焚烧工艺	26	3.13	1.23~4.90

（2）研究区人群（男性）尿液 17-KS 水平的相关因素分析。多元线性回归分析结果见表6-68，研究区人群（男性）的尿液 17-KS 水平与手工拆解工艺、拆解年限、饮酒呈显著负相关，与酸洗工艺、焚烧工艺、吸烟呈显著正相关（表6-69）。

表6-68　研究区人群（男性）尿 17-KS 水平与影响因素的多元回归分析

变量	偏回归系数	标准化偏回归系数	t 值	P 值	R^2
拆解年限	-7.097	-0.344	-2.304	0.028	0.534
手工拆解工艺	-20.987	-0.987	-4.987	0.000	0.457
酸洗工艺	30.167	0.379	4.712	0.019	0.548
焚烧工艺	12.914	0.153	6.648	0.014	0.513
吸烟	1.231	0.165	2.176	0.001	0.412
饮酒	-3.453	-0.219	-5.231	0.013	0.542

3）研究区人群 8-羟基脱氧鸟苷（8-OH-DG）与混杂因素的相关性分析

（1）研究区人群尿液 8-羟基脱氧鸟苷（8-OH-DG）浓度。研究区人群和对照区人群的尿液 8-羟基脱氧鸟苷（8-OH-DG）的检验结果显示，电子废弃物拆解地区暴露区人群的 8-OH-DG 的平均水平为 17.536 ng/mgCr，对照区人群 8-OH-DG 的平均水平为 11.944 ng/

mgCr。

（2）研究区人群尿8-羟基脱氧鸟苷水平与混杂因素的相关性分析。多元线性回归分析结果显示，研究区人群的尿液8-OH-DG水平与血中Cu、K的含量和手工拆解工艺、焚烧工艺呈显著负相关，与血中Fe的含量、年龄和酸洗工艺呈显著正相关（表6-69）。

表6-69　研究区人群尿8-OH-DG水平与相关因素的相关性分析

变量	偏回归系数	标准化偏回归系数	t 值	P 值	R^2
Cu	−4.674	−0.854	−5.926	0.001	0.384
Fe	26.164	0.539	2.443	0.022	0.642
K	−15.712	−0.213	−3.435	0.009	0.322
Zn	−16.635	−0.884	−6.664	0.998	0.435
年龄	4.788	0.321	2.632	0.012	0.421
手工拆解工艺	−18.988	−0.981	−4.872	0.000	0.351
酸洗工艺	2.819	0.370	3.076	0.0013	0.541
焚烧	−20.914	−0.153	−6.648	0.014	0.620
是否拆解	−30.123	−0.895	−5.322	0.000	0.516

4）研究区男性性激素水平与铅暴露、各混杂因素的相关关系

（1）电子废弃物拆解区男性性激素水平。由图6-25（其中每组箱式图中最上面和最下面的横线分别代表该组数据的最大值和最小值，中间的横线表示该组数据的中值）可见，各年龄段男性性激素FSH、LH和T的箱线图关于中位线对称，且箱子高度约为整体高度的1/3，符合正态分布，则选用算数平均值来代表性激素总体水平进行分析。3个年龄段男性FSH平均浓度分别为5.64 mIU/mL、11.51 mIU/mL、15.32 mIU/mL，各年龄段铅浓度随年龄的增大而升高。

（2）男性性激素水平与环境铅暴露的相关关系。研究发现，环境介质中只有地下水、稻米、土壤中铅浓度与性激素浓度具有显著相关性，因此只从这3种环境介质的铅暴露分析与研究区男性性激素FSH、LH、T水平的相关性。

将调查的男性人群职业暴露区域与所在的地下水（家中井水）、土壤（家中农田土壤）、稻米（家中种植谷物）样本区域分类，并就各年龄段男性性激素浓度与环境介质铅暴露浓度的相关性进行分析，结果见表6-70。31岁以下男性FSH、LH水平与地下水、稻米、土壤铅暴露浓度均具有显著相关性，相关系数为0.891~0.956（$P<0.05$），31岁以下男性T与三种环境介质铅浓度的相关系数为0.254~0.303，相关性较小；30~45岁男性激素FSH、LH和T水平与三种环境介质铅浓度相关系数为0.567~0.651，无显著相关性；而46~60岁男性T的水平与地下水、稻米、土壤铅的浓度显著相关，相关系数为0.809~0.878（$P<0.05$），性激素FSH、LH与地下水、稻米、土壤中铅浓度相关系数为0.425~0.515，无显著相关性。综上，31岁以下的男性FSH、LH平均水平、46~60岁男性T的平均水平与地下水、土壤、稻米3种环境介质中铅浓度均存在共线性，且随着环境介质中铅暴露浓度的增大，该年龄段男性FSH和LH水平升高，男性T水平降低，而31~45岁男性FSH、LH、T水平最不易受到环境铅暴露的影响。课题组在调查中发现，该拆

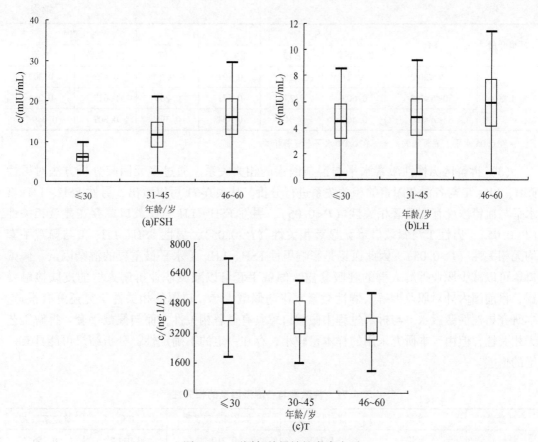

图 6-25　不同年龄男性性激素水平

解场 31~45 岁男性工作地点及在同一地点持续暴露的时间变数最大，这可能是该年龄段男性 FSH、LH、T 水平与所在地铅暴露浓度相关性最小的主要原因。多元回归分析结果表明，地下水、稻米、土壤环境介质中铅暴露对 31 岁以下男性 FSH、LH 水平具有显著影响，三种环境介质中铅暴露对男性 T 水平具有显著影响。三种环境介质中铅暴露对 31~45 岁男性 FSH、LH、T 水平和 46~60 岁男性 FSH、LH 水平均无显著影响。

表 6-70　不同环境介质中铅浓度与不同年龄段性激素水平的相关性分析

环境介质	年龄	FSH		LH		T	
		相关系数	P 值	相关系数	P 值	相关系数	P 值
地下水	$N \leqslant 30$	0.956	0.007**	0.938	0.017*	0.456	0.254
	$30 < N \leqslant 45$	0.613	0.232	0.589	0.243	0.651	0.216
	$45 < N \leqslant 60$	0.515	0.303	0.493	0.314	0.878	0.035*
稻米	$N \leqslant 30$	0.947	0.021*	0.922	0.027*	0.428	0.284
	$30 < N \leqslant 45$	0.608	0.241	0.567	0.263	0.624	0.259
	$45 < N \leqslant 60$	0.484	0.354	0.425	0.411	0.832	0.044*

环境介质	年龄	FSH		LH		T	
		相关系数	P 值	相关系数	P 值	相关系数	P 值
土壤	$N \leqslant 30$	0.921	0.029 *	0.891	0.032 *	0.423	0.303
	$30 < N \leqslant 45$	0.603	0.257	0.571	0.260	0.617	0.264
	$45 < N \leqslant 60$	0.468	0.317	0.434	0.398	0.809	0.049 *

* 在 0.05 水平上显著相关；＊＊在 0.01 水平上显著相关

（3）拆解区男性性激素水平与混杂因素的相关关系。通过多元回归分析方法对男性 FSH、LH、T 与各混杂因素的相关关系进行分析。从表 6-71 可以看出，男性 FSH、LH、T 水平与血铅浓度存在显著相关性（$P < 0.05$），男性 FSH、LH 与佩戴口罩存在显著相关性（$P < 0.05$），男性 T 与佩戴口罩无显著相关性（$P > 0.05$），男性 FSH、LH、T 与佩戴手套均无相关性（$P > 0.05$），因此血铅是影响男性 FSH、LH、T 水平最重要的混杂因素。佩戴口罩可以减少职业拆解人群的呼吸暴露，佩戴手套可以减少职业拆解人群的皮肤接触暴露，目前国内外对职业拆解人群性激素水平与佩戴手套、口罩的相关性研究还鲜有报道。本研究男性性激素水平与拆解过程中佩戴口罩具有显著相关性，而与佩戴手套、拆解工艺无相关性，但由于本研究采用的样本量较小，存在一定的不确定性，分析结果可能具有一定的偏差。

表 6-71   性激素与各混杂因素的相关性

性激素	变量	偏回归系数	标准化偏回归系数	P 值	确定系数 R^2
FSH	血铅	1.313	0.210	0.011 *	0.156
	拆解工艺	0.465	0.037	0.835	0.012
	佩戴口罩	0.763	0.126	0.043 *	0.163
	佩戴手套	0.569	0.089	0.567	0.023
LH	血铅	0.548	0.201	0.009	0.137
	拆解工艺	0.065	0.012	0.867	0.005
	佩戴口罩	−2.335	−0.282	0.083	0.082
	佩戴手套	−0.436	−0.080	0.638	0.012
T	血铅	−230.87	53.65	0.019 *	0.113
	拆解工艺	174.91	123.95	0.744	0.292
	佩戴口罩	−112.31	188.90	−0.128	0.136
	佩戴手套	100.56	251.51	0.565	0.692

* 在 0.05 水平上显著相关

6.1.4.2   敏感性分析

对不同暴露途径的健康风险评价结果进行参数敏感性分析，目的在于研究参数的变化对污染物产生风险的影响。

　　由图 6-26 可见，呼吸暴露参数各因子中，平均暴露时间（AT）、体重（BW）具有负敏感性，呼吸速率（IR）、大气中污染物浓度（C）和暴露持续时间（ED）具有正敏感性。实测参数体重（BW）、呼吸速率（IR）和大气浓度（C）的致癌风险、非致癌风险绝对敏感性都较大，其中，致癌风险的敏感性分别为 -19.8%、18.6% 和 18.6%，对健康风险有显著影响。经口暴露参数中致癌风险、非致癌风险参数被摄取污染源比例（FI）、体重（BW）、平均接触时间（AT）、食物摄食（IR）、暴露持续时间（ED）和食物摄食暴露频率（EF）的绝对敏感性均为 10%～24%。实测参数食物摄食（IR）、体重（BW）的致癌风险绝对敏感性分别为 15.7%、19.1%，表明对经口暴露的健康风险都具有显著影响。稻米中污染物浓度 CF（稻米）、饮用水摄入率 IR（饮水）敏感性分别为 0.1% 和0.7%，土壤摄食摄入率 IR（土壤）、转换因子 CF 等参数敏感性都小于 3%，对成人健康风险影响相对较小。在皮肤暴露的致癌敏感性中，实测参数皮肤接触表面积（SA）、水中污染物浓度（CW）、体重（BW）致癌风险参数绝对敏感性分别为 12.9%、12.2%、11.7%，土壤化学物浓度（CS）、皮肤黏着度（AF）、皮肤吸收因子（ABS）、土壤接触暴露转换因子（CF）等参数绝对敏感性都在 1% 以下。

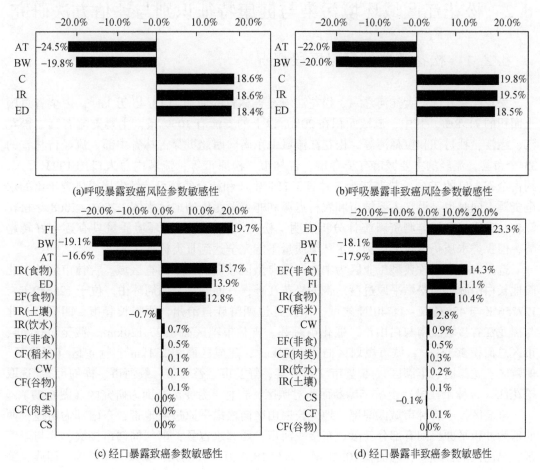

(a) 呼吸暴露致癌风险参数敏感性　　　　　　　(b) 呼吸暴露非致癌风险参数敏感性

(c) 经口暴露致癌参数敏感性　　　　　　　　　(d) 经口暴露非致癌参数敏感性

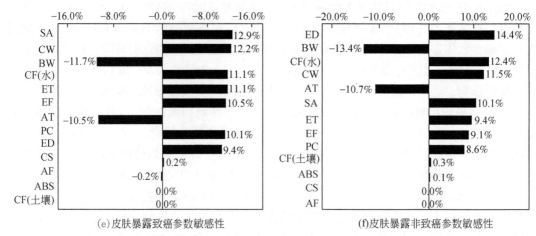

(e) 皮肤暴露致癌参数敏感性   (f) 皮肤暴露非致癌参数敏感性

图 6-26 电子废弃物拆解场成人各暴露途径致癌风险与非致癌风险参数敏感性分析

6.2 松花江区域环境污染与健康特征识别与评估方法研究

6.2.1 松花江典型污染区段概况

松花江是我国七大江河之一。松花江流经吉林省的面积为 13.45 万 km^2，占全省总国土面积的 71.8%。其中，流域面积在 $20km^2$ 以上的支流有 1059 条，主要支流有第二松花江、嫩江、牡丹江和拉林河等。松花江流域由东南向西北贯穿吉林省中部，流经吉林省的 33 个市县，流经的主要城市有长春市、吉林市、松原市等；流域内总人口约 1993 万人，约占全省人口的 73%。松花江为吉林省工农业生产和社会经济可持续发展提供着丰富的水电资源，同时也是沿江主要城市和农村点源和非点源污染的纳污水体。2001~2008 年松花江吉林省段水环境监测资料统计分析表明，松花江吉林省段水环境质量具有逐年好转趋势，但Ⅳ类水质仍占较大比例，水环境质量不能完全达到Ⅲ类标准。

选择吉林市江段典型工业区为本次污染典型区域人群健康调查区域。吉林市地处东北腹地长白山脉，向松嫩平原过渡地带的松花江畔，三面临水、四周环山。位于 125°40′E ~ 127°56′E 与 42°31′N ~ 44°40′N 之间。东接延边朝鲜族自治州，西临长春市、四平市，北与黑龙江省接壤，南与白山市、通化市毗邻。吉林市辖区面积 27 120km²。截至 2006 年，市区总面积 3636km²；城市规划区面积 1995km²；建成区面积 231km²，辖 4 区（昌邑区、船营区、龙潭区、丰满区）、5 县市（永吉县、舒兰市、磐石市、蛟河市、桦甸市）。选取松花江（吉林市江段）上游丰满断面为对照区，吉林下游龙潭断面为研究区（图 6-27）。

丰满区位于吉林市城区南部，地处长白山区向松嫩平原过渡地带，东南部为山地，西北部为冲积平原，间有部分丘陵。东接蛟河市，西邻永吉县，南与桦甸市接壤，北与船营区、昌邑区隔江相望，总面积 1062km²，人口 18.2 万，有汉族、满族、朝鲜族、回族、蒙古族、壮族、瑶族、土家族、土族、羌族、锡伯族和达斡尔族等 12 个民族，辖 3 乡 1 镇、6 街、1 个省级经济开发区。

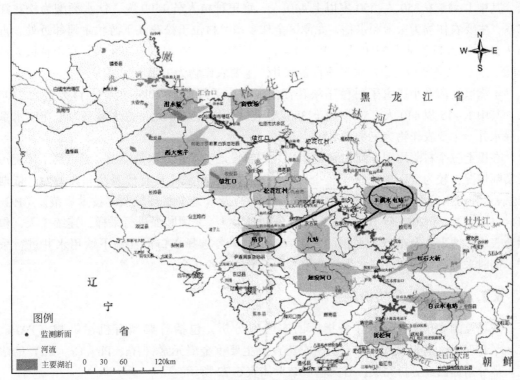

图 6-27　研究区和对照区位置示意图

龙潭区位于吉林市东北部、松花江北岸，东部与蛟河市天岗镇接壤，东南与丰满区相连，南部和西部与昌邑区隔江相望，北部与舒兰市毗邻；辖区面积 1209km²，人口 51.7 万，其中农业人口 18.9 万。现辖 13 个街道、2 个乡、4 个镇、51 个社区、127 个行政村，其中少数民族镇 2 个，少数民族村 11 个。松花江呈半包围状环绕龙潭区，流程 58km。中石油吉林石化公司、建龙吉林钢铁公司、国电吉林热电厂、污水的吉化污水处理厂等 10 余家企业坐落在区内，全区现有规模工业企业 112 户，初步形成了以化工、钢铁、汽车零部件及机械加工、农产品加工、矿产建材等为主导产业的新型综合工业体系。

6.2.2　松花江区域环境污染与健康特征识别研究

通过对研究区各环境介质中污染物的溯源检测，对污染物质进行识别，结合优先控制污染物黑名单，筛选研究区特征污染物。通过资料收集与现场调查相结合的方法，了解人群基本信息，以及暴露人群的体内负荷、不良症状、健康状况等情况；主要采用资料收集、流行病学调查、环境污染调查和生物样本检测的方法对区域人群进行暴露特征和健康损害的识别和分析。

6.2.2.1　现场采样

龙潭区金珠乡安达村位于松花江下游牤牛河邻近处，占地 5.6km²，人口数量为 1619

人，其中 1 ~ 15 岁 350 人，50 岁以上 440 人，水田种植人员 1500 人，饮水类型为松花江水系，主要农作物为玉米和水稻。龙潭区金珠乡南兰村位于松花江下游牤牛河邻近处，占地 7.5km²，人口数量为 2400 人，其中 1 ~ 15 岁 570 人，50 岁以上 789 人，水田种植人员 1786 人，饮水类型为松花江水系或自备水井，主要农作物为玉米和水稻。

丰满区江南乡小孤家子村位于松花江上游，吉天线 17 ~ 20km 处，人口数量为 2100 人，其中 1 ~ 15 岁 440 人，50 岁以上 380 人，人均收入 5800 元，饮水类型为松花江水系或深水井，主要农作物为玉米和水稻。

在以上三个村落周围方圆 3km 的范围之内布设地表水和井水采样点，考虑到了环境污染实际情况，较为全面地反映了整个区段情况，调查和采样具有代表性和典型性。依据《地表水和污水监测技术规范》（HJ/T 91—2002）及《地下水环境监测技术规范》（HG/T164—2004），于 2010 年 10 月 13 ~ 15 日分别对丰满、龙潭断面进行采样，连续 3 天，包括地表水、地下水及玉米、水稻的采集（3 个村子各选择 3 口沿江地下饮用水井进行采样，同时采集利用松花江江水灌溉的稻米、玉米样本各 9 个）。

6.2.2.2 样品分析检测

现场监测 pH 等参数，其余指标回实验室分析，包括有典型有机污染物（PAHs、PCBs、硝基苯、有机氯农药和有机磷农药）及主要重金属元素（Hg、Pb、Cr、Cd）的浓度。部分指标已经分析完成，有关初步结果如表 6-72 所示。

表 6-72　各水样 pH

序号	采样点	pH
1	龙潭区江心水	6.45
2	丰满区江心水	6.45
3	安达村 1#	7.13
4	安达村 2#	7.18
5	安达村 3#	7.21
6	南兰村 1#	6.68
7	南兰村 2#	6.49
8	南兰村 3#	6.50
9	小孤家子村 1#	6.79
10	小孤家子村 2#	7.33
11	小孤家子村 3#	6.83

利用 pH 计测得水样 pH 为 6.45 ~ 7.33。地表水 pH 达到农田灌溉水质标准（GB5084—2005）；除南兰村 2#水样外，其余地下水水样 pH 均达到生活饮用水卫生标准（GB5749—2006）。

采用固相萃取-气质联用法检测了水样中的 PAHs、PCBs、硝基苯、有机氯农药（OCPs）和有机磷农药（OPs）等半挥发性有机污染物。

6.2.2.3　污染特征

1）地表水

地表水中 PAHs、PCB、硝基苯、有机氯农药和有机磷农药、重金属的监测结果见表 6-73 ~ 表 6-78。

表 6-73　地表水中 PAHs 的监测结果　　　　（单位：μg/L）

PAHs	龙潭区江心水	丰满区江心水
萘	0.366	0.236
苊烯	0.001	0.001
苊	0.004	0.005
芴	0.177	0.114
菲	0.028	0.03
蒽	0.003	0.002
荧蒽	0.005	0.004
芘	0.011	0.006
苯并［a］蒽	0.007	0.007
屈	0.008	0.008
苯并［b］荧蒽	0.009	0.009
苯并［k］荧蒽	0.013	0.012
苯并［a］芘	0.012	0.011
茚［1, 2, 3-cd］芘	0.012	0.012
苯并［g, h, i］苝	0.013	0.012

表 6-74　地表水中 PCB 的监测结果　　　　（单位：μg/L）

PCB	龙潭区江心水	丰满区江心水
2, 2′, 5, 5′-四氯联苯	0.009	—
2, 2′, 3, 3′, 4, 4′, 5, 5′-八氯联苯	0.343	0.124

表 6-75　地表水中硝基苯的监测结果　　　　（单位：μg/L）

项目	龙潭区江心水	丰满区江心水
硝基苯	0.173	0.092

表 6-76　地表水中 OCPs 的监测结果　　　　（单位：μg/L）

OCPs	龙潭区江心水	丰满区江心水
β-六六六	4.426	1.504
γ-六六六	0.03	0.028

续表

OCPs	龙潭区江心水	丰满区江心水
Δ-六六六	0.008	—
Heptachlor 七氯	0.112	0.04
Endrin 异狄氏剂	0.13	0.102
Heptachlor epoxide 环氧庚氯烷	1.166	0.498
Endrin aldehyde 异狄氏醛	0.004	—
p, p′-DDD	0.029	0.029

表 6-77　地表水中 OPs 的监测结果　　（单位：μg/L）

OPs	龙潭区江心水	丰满区江心水
敌敌畏	0.031	0.061
地虫磷	0.019	0.019
二嗪农	0.013	0.013
杀螟硫磷	0.109	0.062
甲基嘧啶磷	0.021	0.021
马拉硫磷	0.2	0.07
毒死蜱	0.138	0.078
毒虫畏	0.021	0.018
杀扑磷	0.028	0.028
乙硫磷	0.031	0.03
三硫磷	0.031	0.031
伏杀磷	0.036	0.034
甲基毒死蜱	1.375	0.811

表 6-78　地表水中重金属的监测结果　　（单位：μg/L）

区域	Cr	Cd	Pb	As	Cu	Zn	Hg
丰满区江心水	24.008	未检出	未检出	0.479	3.318	3.707	未检出
龙潭区江心水	24.686	1.710	10.810	1.957	4.912	14.975	0.017

　　经统计分析可得，研究区江心水萘和芴浓度为对照区江心水的 1.55 倍，芘为 1.83 倍，其余相差不大。

　　研究区江心水 2, 2′, 3, 3′, 4, 4′, 5, 5′-八氯联苯浓度为对照区江心水的 2.77 倍；研究区检出了 2, 2′, 5, 5′-四氯联苯，而对照区未检出。

　　地表水中硝基苯的含量已达到灌溉水中氯苯、1, 2-二氯苯、1, 4-二氯苯、硝基苯限量（GB22573—2008）标准。研究区龙潭区江心水硝基苯浓度为对照区丰满区江心水的 1.88 倍。

　　经统计分析得，除 p, p′-DDD 浓度相等外，研究区江心水 OCPs 浓度均高于对照区江心水。

经统计分析得，研究区江心水大部分 OPs 浓度高于对照区江心水，其中马拉硫磷浓度为对照区的 2.86 倍。

地表水中重金属 Cr、Cd、Pb、As、Cu、Zn、Hg 的含量均已达到农田灌溉水质标准（GB5084—2005）。研究区重金属浓度均高于对照区，其中 Cr 浓度为对照区的 1.03 倍；研究区检出了 Hg、Pb 及 Cd，而对照区未检出。

2）地下水

地下水中 PAHs、PCB、硝基苯、有机氯农药、有机磷农药和重金属的监测结果见表 6-79 ~ 表 6-84。

表 6-79　地下水中 PAHs 的监测结果　　　　　　（单位：μg/L）

PAHs	安达村 1#	安达村 2#	安达村 3#	南兰村 1#	南兰村 2#	南兰村 3#	小孤家子村 1#	小孤家子村 2#	小孤家子村 3#
萘	0.3	0.162	0.11	0.076	0.134	0.234	0.197	0.219	0.168
苊烯	0.001	0.001	0.001	0.002	0.001	0.004	0.002	0.002	0.001
苊	0.004	0.004	0.003	0.009	0.004	0.005	0.006	0.005	0.004
芴	0.102	0.089	0.098	0.096	0.099	0.1	0.193	0.179	0.178
菲	0.029	0.019	0.019	0.033	0.028	0.031	0.025	0.038	0.023
蒽	0.002	0.002	0.002	0.003	0.029	0.003	0.002	0.004	0.002
荧蒽	0.004	0.003	0.003	0.003	0.003	0.004	0.004	0.005	0.003
芘	0.008	0.006	0.006	0.007	0.005	0.005	0.01	0.009	0.01
苯并[a]蒽	0.007	0.007	0.007	0.008	0.007	0.007	0.007	0.013	0.007
屈	0.008	0.008	0.007	0.007	0.007	0.007	0.007	0.014	0.007
苯并[b]荧蒽	0.009	0.008	0.008	0.008	0.008	0.009	0.008	0.017	0.008
苯并[k]荧蒽	0.012	0.012	0.012	0.012	0.012	0.013	0.012	0.024	0.012
苯并[a]芘	0.012	0.011	0.011	0.011	0.012	0.011	0.011	0.022	0.011
茚[1,2,3-cd]芘	0.012	0.011	0.012	0.011	0.011	0.012	0.011	0.023	0.011
苯并[g,h,i]苝	0.011	0.01	0.011	0.01	0.01	0.011	0.012	0.021	0.011
总量	0.521	0.353	0.31	0.296	0.37	0.456	0.507	0.595	0.456

表 6-80　地下水中 PCBs 的监测结果　　　　　　（单位：μg/L）

PCB	安达村 1#	安达村 2#	安达村 3#	南兰村 1#	南兰村 2#	南兰村 3#	小孤家子村 1#	小孤家子村 2#	小孤家子村 3#
2,2′,5,5′-四氯联苯	0.008	0.013	0.044	0.091	0.004	0.002	0.084	0.002	0.002
2,2′,4,5,5′-五氯联苯	—	—	0.002	—	0.002	0.001	—	0.003	0.004
2,2′,3,3′,4,4′,5,5′-八氯联苯	0.158	0.145	0.164	0.154	0.152	0.119	0.255	0.271	0.218
总量	0.166	0.158	0.21	0.245	0.158	0.122	0.339	0.276	0.224

表 6-81　地下水中硝基苯的监测结果　　　　（单位：μg/L）

项目	安达村 1#	安达村 2#	安达村 3#	南兰村 1#	南兰村 2#	南兰村 3#	小孤家 子村1#	小孤家 子村2#	小孤家 子村3#
硝基苯	0.093	0.209	0.128	0.127	0.096	0.111	0.116	0.109	0.097

表 6-82　地下水中有机氯农药的监测结果　　　　（单位：μg/L）

有机氯农药	安达村 1#	安达村 2#	安达村 3#	南兰村 1#	南兰村 2#	南兰村 3#	小孤家 子村1#	小孤家 子村2#	小孤家 子村3#
β-六六六	3.614	3.643	3.825	20.082	3.02	2.323	17.967	2.803	3.305
γ-六六六	0.027	0.04	0.027	0.027	0.027	0.029	0.029	0.057	0.027
Δ-六六六	—	—	—	0.018	0.001	—	—	0.002	—
Heptachlor 七氯	0.114	0.075	0.043	0.033	0.037	0.033	0.078	0.316	0.082
Endrin 异狄氏剂	0.126	0.163	0.05	0.44	0.355	0.043	0.075	0.759	0.077
Heptachlor epoxide 环氧庚氯烷	0.522	0.462	0.539	0.464	0.467	0.453	1.026	0.978	1.033
Endrin aldehyde 异狄氏醛	0.003	0.002	—	—	—	—	—	—	—
p,p′-DDD	0.029	0.03	0.029	0.029	0.029	0.029	0.029	0.058	0.029

表 6-83　地下水中有机磷农药的监测结果　　　　（单位：μg/L）

OPs	安达村 1#	安达村 2#	安达村 3#	南兰村 1#	南兰村 2#	南兰村 3#	小孤家 子村1#	小孤家 子村2#	小孤家 子村3#
敌敌畏	0.044	0.032	0.036	0.036	0.032	0.036	0.038	0.128	0.036
地虫磷	0.019	0.018	0.019	0.019	0.02	0.019	0.018	0.039	0.019
二嗪农	0.029	0.023	0.013	0.014	0.014	0.013	0.015	0.041	0.013
杀螟硫磷	0.074	0.066	0.071	0.063	0.076	0.064	0.091	0.148	0.088
甲基嘧啶磷	0.021	0.021	0.021	0.021	0.021	0.021	0.021	0.043	0.021
马拉硫磷	0.093	0.074	0.094	0.071	0.088	0.084	0.109	0.164	0.095
毒死蜱	0.107	0.095	0.086	0.09	0.137	0.11	0.1	0.249	0.105
毒虫畏	0.022	0.019	0.019	0.024	0.019	0.021	0.02	0.038	0.021
杀扑磷	0.028	0.028	0.028	0.028	0.028	0.028	0.028	0.057	0.028
乙硫磷	0.032	0.033	0.032	0.031	0.031	0.032	0.03	0.062	0.031
三硫磷	0.031	0.031	0.031	0.031	0.031	0.031	0.031	0.061	0.031
伏杀磷	0.052	0.039	0.033	0.037	0.034	0.036	0.034	0.068	0.033
甲基毒死蜱	0.403	0.325	0.203	0.302	0.279	0.575	0.154	0.369	0.103

表 6-84　地下水中重金属的监测结果　　　　　　　（单位：μg/L）

水样 项目	安达村 1#	安达村 2#	安达村 3#	南兰村 1#	南兰村 2#	南兰村 3#	小孤家 子村 1#	小孤家 子村 2#	小孤家 子村 3#
Cr	10.871	7.828	4.44	8.18	12.948	16.96	未检出	未检出	未检出
Cd	未检出	0.139	0.53	1.29	0.008	0.99	未检出	未检出	未检出
Pb	2.096	0.893	3.53	7.24	0.813	7.13	未检出	未检出	未检出
Hg	未检出	未检出	未检出	未检出	未检出	未检出	未检出	未检出	未检出

经统计分析可得，地下水中多环芳烃总量均已达到生活饮用水卫生标准（GB5749—2006），而苯并［a］芘的浓度均超标（0.000 01mg/L）。南兰村蒽浓度（0.012μg/L）为小孤家子村浓度（0.003μg/L）的 4 倍，研究区地下水蒽浓度（0.007μg/L）为小孤家子村的 2.33 倍；南兰村苊浓度（0.006μg/L）为小孤家子村（0.005μg/L）的 1.20 倍；南兰村菲浓度（0.031μg/L）为小孤家子村（0.029μg/L）的 1.07 倍。地下水中多氯联苯总量均已达到生活饮用水卫生标准（GB5749—2006）。龙潭区南兰村 2,2′,5,5′-四氯联苯浓度（0.032μg/L）为丰满区小孤家子村浓度（0.029μg/L）的 1.10 倍。地下水中硝基苯浓度均已达到生活饮用水卫生标准（GB5749—2006）。安达村平均浓度（0.143μg/L）为小孤家子村（0.107μg/L）的 1.34 倍；南兰村平均浓度（0.111μg/L）为小孤家子村的 1.04 倍；研究区地下水平均浓度（0.127μg/L）为小孤家子村的 1.19 倍。南兰村 1#及小孤家子村 1#六六六（总量）浓度超过生活饮用水卫生标准（GB5749—2006）。南兰村 delta-六六六平均浓度（0.006μg/L）为小孤家子村（0.001μg/L）的 6 倍；研究区（0.003μg/L）为对照区的 3 倍；南兰村 β-六六六平均浓度（8.475μg/L）为小孤家子村（8.025μg/L）的 1.06 倍；安达村检出了异狄氏醛，而对照区未检出。安达村甲基毒死蜱平均浓度（0.31μg/L）为小孤家子村（0.209μg/L）的 1.48 倍，南兰村（0.385μg/L）为小孤家子村的 1.84 倍，研究区（0.348μg/L）为对照区的 1.67 倍。地下水中重金属 Cr、Cd、Pb、Hg 的含量均已达到生活饮用水卫生标准（GB5749—2006）。

3）鱼类

主要调查鱼种类包括鲫鱼、鲤鱼、鲶鱼等，调查结果见表 6-85～表 6-88。由检测分析结果可知，①重金属：研究区鲫鱼体内总铬高于对照区，锌却低于对照区。②PAHs：研究区鲶鱼体内萘浓度约为对照区的 7 倍，苯并［a］芘约为对照区的 5 倍，苯并［a］蒽约为对照区的 2.5 倍，屈约为对照区的 1.5 倍，二苯并［a,h］蒽约为对照区的 1.2 倍，其余相差不大。③OCPs：研究区鲶鱼体内大部分 OCPs 浓度均高于对照区，其中异狄氏剂浓度约为对照区的 10 倍。④PCB：研究区鲶鱼体内绝大部分 PCB 浓度均高于对照区，其中 2,2′,4,5,5′-五氯联苯约为对照区的 19 倍。

表 6-85　鱼类体内重金属污染分析　　　（单位：mg/kg 干重）

江段	鱼类	Cr	Zn	Cu	Pb	Cd
丰满断面	鲫鱼	37.8887	147.7934	未检出	未检出	未检出
	鲤鱼	37.7012	49.5724	未检出	未检出	未检出
	鲶鱼	36.9587	35.3474	未检出	未检出	未检出
	黄颡鱼	37.0231	41.3153	未检出	未检出	未检出
哨口断面	鲫鱼	38.5291	66.5161	未检出	未检出	未检出
	餐条	38.3434	91.5660	未检出	未检出	未检出

表 6-86　鱼类体内多环芳烃污染分析　　　（单位：ng/kg 湿重）

项目	鱼类	萘	苊烯	苊	芴	菲	蒽	荧蒽	芘	苯并[a]蒽	屈	苯并[b]荧蒽	苯并(k)荧蒽	苯并[a]芘	茚并[1,2,3-cd]芘	二苯并[a,h]蒽	苯并[g,h,i]芘
丰满断面	鲫鱼	35.55	1.46	2.46	41.75	85.18	88.31	20.75	6.79	0.93	2.49	1.80	0.53	0.11	0.22	0.08	0.41
	鲤鱼	57.68	1.17	3.36	9.12	24.37	1.71	5.49	5.73	0.87	1.03	1.55	1.49	0.41	0.35	0.05	0.78
	鲶鱼	212.58	3.78	12.95	34.78	67.30	4.15	17.05	17.30	2.36	3.76	5.43	5.21	0.81	1.00	0.30	1.80
哨口断面	鲶鱼	1406.00	2.80	6.20	29.48	52.80	3.73	14.03	11.21	5.97	5.53	5.41	4.23	3.84	0.43	0.35	1.28

4）水稻

水稻中重金属 Hg 的含量均已达到食品中污染物限量（GB2762—2005）标准；除南兰村 1#外，其余样本中 Cd 的含量均达到限量（0.2mg/kg）标准；Cr 的含量均超过限量（1.0mg/kg）标准；Pb 的含量均超过限量（0.2mg/kg）标准。

除安达村 3#外，其余水稻样本中苯并（a）芘的含量均已达到限量（5ug/kg）标准。

研究区所有水稻样本中六六六残留量均超过食品中农药最大残留限量（GB2763—2005）中的六六六再残留限量（0.05mg/kg），而对照区均未超标；南兰村 2#七氯残留量超过再残留限量（0.02mg/kg）；南兰村 3#滴滴涕（p，p'-DDT、p，p'-DDE、p，p'-DDD 之和）的残留量超过再残留限量（0.05mg/kg）（表 6-89～表 6-94）。

5）玉米

玉米中重金属 Hg 的含量均已达到食品中污染物限量（GB2762—2005）标准；安达村 3#及南兰村 3#样本中 Cd 的含量超过限量（0.1mg/kg）标准；Cr 的含量均超过限量（1.0mg/kg）标准；安达村 2#、3#，小孤家子村 2#及南兰村所有样本中重金属 Pb 的含量均超过限量（0.2mg/kg）标准。

安达村 2#和小孤家子村 3#玉米样本中苯并（a）芘的含量超过限量（5μg/kg）标准。

表6-87　鱼类体内有机氯农药污染分析

（单位：ng/kg 湿重）

江段	鱼类	四氯间二甲苯	α-六六六	β-六六六	γ-六六六	Δ-六六六	七氯	艾氏剂	环氧庚氯烷	β-硫丹	p,p'-DDD	p,p'-DDE	狄氏剂	异狄氏剂	β-硫丹	p,p'-DDT	异狄氏醛	硫丹硫酸酯	十氯联苯
丰满断面	鲫鱼	5.561	0.372	15.480	4.763	4.842	2.377	1.038	0.269	0	25.435	2.328	1.199	89.111	0.000	1.073	12.593	5.051	0.159
丰满断面	鲤鱼	3.114	0.518	5.182	3.966	2.382	7.297	1.150	0.217	33.773	4.613	0.391	13.419	4.496	0.000	0.604	16.501	5.620	0.108
丰满断面	鲶鱼	3.119	0.320	20.575	15.558	3.610	6.069	1.049	0.200	0	15.750	1.109	23.478	4.197	0.000	0.726	29.123	6.821	0.052
哨口断面	鲶鱼	2.593	0.940	16.042	12.974	1.883	4.070	2.452	0.101	0	24.200	9.916	70.272	43.725	0.000	1.846	35.655	12.687	0.085

表6-88　鱼类体内多氯联苯污染分析

（单位：ng/kg 湿重）

江段	鱼类	四氯间二甲苯	2,2',5-三氯联苯	2,4,4'-三氯联苯/2,4',5-三氯联苯	2,3,3'-三氯联苯	2,2',5,5'-四氯联苯	2,2',3,5'-四氯联苯	2,2',4,5,5'-五氯联苯	2,2',3,4',6,-六氯联苯	2,3',4,4',5-五氯联苯	2,2',4,5,5'-六氯联苯	2,3,3',4,4'-五氯联苯	2,2',4,4',5,5'-六氯联苯	2,2',3,4,4',5-六氯联苯	2,2',3,4,4',5,5'-七氯联苯	2,2',3,3',4,4',5,5'-八氯联苯	十氯联苯
丰满断面	鲫鱼	15.3897	0.3216	0.0889	0.2826	0.6426	0.5681	0.6216	1.5834	0.3306	0.2452	0.2116	0.7743	0.0939	0.4377	3.2498	0.2012
丰满断面	鲤鱼	6.1821	0.2888	1.2579	0.4676	0.5108	47.754	1.3913	1.1113	0.3814	0.1657	0.143	0.7103	0.3437	0.0694	0.1933	0.1354
丰满断面	鲶鱼	15.1897	0.3601	0.1394	1.3332	0.3989	0.1138	0.3468	3.5396	0.2861	0.4259	0.37	0.2067	0.2318	0.0316	0.164	0.1432
哨口断面	鲶鱼	13.1842	0.8669	0.2623	0.7469	1.8235	1.0251	6.4647	3.9094	2.0742	0.9975	0.8612	1.242	0.0477	0.5169	0.3554	0.1945

表 6-89 水稻中重金属的监测结果

项目	Hg/(ng/g)	Cd/(μg/g)	Cr/(μg/g)	Pb/(μg/g)
小孤家子村 1#	未检出	0.121	1.088	0.631
小孤家子村 2#	未检出	0.122	1.085	0.731
小孤家子村 3#	未检出	0.109	1.095	0.51
安达村 1#	7.375	0.093	1.142	0.518
安达村 2#	0.5	0.065	1.147	0.586
安达村 3#	未检出	0.06	1.031	0.54
南兰村 1#	未检出	0.207	1.18	1.161
南兰村 2#	未检出	0.139	1.13	0.738
南兰村 3#	未检出	0.179	1.133	1.045

表 6-90 水稻中 PAHs 的监测结果 （单位：ng/g）

PAHs	安达村 1#	安达村 2#	安达村 3#	南兰村 1#	南兰村 2#	南兰村 3#	小孤家子村 1#	小孤家子村 2#	小孤家子村 3#
萘	40.2871	57.4981	85.5882	58.8004	67.4318	69.3254	62.5319	51.5837	57.1421
苊烯	0.7257	1.4571	1.0479	3.4817	0.7946	0.8777	1.7392	0.8926	1.3969
苊	1.6387	2.9877	1.2314	1.9452	1.1596	0.9472	2.5779	1.2923	1.8612
芴	15.6998	23.5233	23.6358	16.6784	12.3507	9.3712	15.9714	20.7346	13.8708
菲	91.7391	117.0606	148.8185	71.2969	50.6504	40.5808	66.4331	68.4147	60.0720
蒽	90.3170	115.2469	146.4905	70.2389	49.8823	39.9732	65.4231	67.2075	67.0221
荧蒽	35.5874	2.0630	66.6399	14.1845	2.2570	2.2313	2.1090	1.6384	2.2408
芘	17.7981	7.0893	26.0545	12.4174	13.2546	11.7763	5.2542	3.7034	5.5000
苯并（a）蒽	2.5136	2.3948	2.2753	3.1022	3.5342	5.9710	4.1202	2.8356	2.2912
屈	2.2906	11.1616	22.7776	2.8738	3.2021	5.3739	3.7366	2.4859	1.8609
苯并（b）荧蒽	5.9236	2.3864	3.1471	3.8688	5.8463	6.5079	3.2008	3.5954	3.4474
苯并（a）芘	3.844	3.2317	5.6989	3.8715	2.6951	2.3990	4.0896	2.7395	3.4211
茚(1,2,3-cd)芘	1.2436	1.8509	3.1728	1.7689	1.2448	1.3714	1.1041	1.2227	1.7125
苯并(g,h,i)苝	1.6009	1.6651	0.9786	2.0899	2.1855	1.9524	1.1934	1.1954	1.3141

表 6-91 水稻中 PCB 的监测结果 （单位：ng/g）

PCB	安达村 1#	安达村 2#	安达村 3#	南兰村 1#	南兰村 2#	南兰村 3#	小孤家子村 1#	小孤家子村 2#	小孤家子村 3#
2,4,4′-三氯联苯	1.3818	1.7183	9.3230	124.6104	0.9247	1.0356	1.0200	0.7359	1.0628
2,2′,5,5′-四氯联苯	3.1540	3.5452	6.3710	4.1154	2.0986	9.7799	2.9085	2.9789	3.7730
2,2′,4,5,5′-五氯联苯	1.3673	1.7645	2.9440	5.4501	1.4662	1.3543	1.7961	1.4857	2.8140
2,2′,4,4′,5,5′-六氯联苯	9.8817	2.8265	2.0064	4.5317	2.8235	9.4471	1.5428	1.4349	1.5542
2,2′,3,4,4′,5′-六氯联苯	0.8972	1.1725	2.4355	2.2328	0.9418	13.1047	1.1633	1.1966	1.3581
2,2′,3,4,4′,5,5′-七氯联苯	14.0047	9.6646	1.6829	3.8636	1.7364	5.9174	1.7087	3.5205	2.0068
2,2′,3,3′,4,4′,5,5′-八氯联苯	2.0046	11.6020	2.3006	4.6440	2.2641	2.2936	1.7651	2.5542	3.1527

表6-92　水稻中硝基苯的监测结果　　　　　（单位：ng/g）

项目	安达村 1#	安达村 2#	安达村 3#	南兰村 1#	南兰村 2#	南兰村 3#	小孤家 子村1#	小孤家 子村2#	小孤家 子村3#
硝基苯	13.7655	14.3360	23.5943	19.1867	18.3673	27.1153	13.4289	8.1758	10.2464

表6-93　水稻中有机氯农药的监测结果　　　　（单位：ng/g）

有机氯农药	安达村 1#	安达村 2#	安达村 3#	南兰村 1#	南兰村 2#	南兰村 3#	小孤家 子村1#	小孤家 子村2#	小孤家 子村3#
α-六六六	10.5123	14.5165	13.4496	10.6722	11.4235	9.8244	12.4608	9.2533	9.2304
β-六六六	16.4385	18.5969	27.0800	24.9386	22.3460	24.4866	18.5910	15.5478	17.5508
γ-六六六	9.4602	10.7148	11.7426	14.4016	12.8354	14.0585	10.9529	9.2484	10.4596
Δ-六六六	13.8773	8.8627	12.4016	9.7179	13.5858	13.2968	7.1028	10.5248	5.5683
七氯	5.2689	3.6542	2.4799	3.6407	24.3252	1.1928	4.5329	2.8250	5.0367
艾氏剂	0.7194	1.0293	0.4952	0.6151	—	0.7694	0.6802	—	0.4655
环氧庚氯烷	0.3712					0.8379			
β-硫丹	844.8381	12.9238	24.7476	647.9068	208.9071	13.2042	15.5362	34.0452	140.5040
p, p′-DDE	38.8437	—	16.4226	2.0934	10.6765	60.9434	2.5427		
异狄氏剂	1.4532	0.1471	1.4054	7.9886	7.1750	—	0.2155	0.2583	1.4527
beta-硫丹	71.5239	—	60.4325	419.0392	227.2038	306.3394			
p, p′-DDD	3.8579	4.5709	1.8808	1.3535	3.2135	2.5012	—		
异狄氏醛	—	6.0219	—				31.9409		3.1001
硫丹硫酸酯	—	0.8020	—	1.0197					
p, p′-DDT	5.3871	1.6534	1.0681	10.0517	1.0916		1.4194	1.2007	4.7866

表6-94　水稻中有机磷农药的监测结果　　　　（单位：ng/g）

OPs	安达村 1#	安达村 2#	安达村 3#	南兰村 1#	南兰村 2#	南兰村 3#	小孤家 子村1#	小孤家 子村2#	小孤家 子村3#
敌敌畏	16.5906	15.4446	26.3648	15.2356	3.9692	3.8597	11.4205	4.6089	7.6738
地虫磷	3.1505	10.6943	17.8005	7.6070	3.5057	3.3661	4.1686	2.7068	2.0625
杀螟硫磷	7.9664	10.7533	13.3629	18.1851	15.1933	15.2839	5.5949	3.7842	10.4222
甲基嘧啶磷	3.2280	2.0610	3.3001	6.8352	3.7184	3.4166	1.7070	2.5008	1.9802
马拉硫磷	—	94.1444	22.3755	84.7679	6.1967	15.9536	119.5425	20.0234	5.9476
毒虫畏	11.8820	36.0193	4.7087	4.4656	5.5240	5.0263	30.6134	6.0980	7.8592
杀扑磷	3.9253	1.1182	4.7759	15.7692	3.9296	4.0242	1.3233	2.7396	1.3405
乙硫磷	4.3649	1.7569	5.3196	8.2087	5.2737	5.2193	1.4731	1.1746	5.8519
三硫磷	5.0059	2.1056	7.7781	8.4857	8.2266	15.5669	2.9411	2.4285	—
甲基谷硫磷	5.4770	10.7502	9.7738	16.2694	9.1407	9.2535	28.0727	7.6327	4.6441

　　南兰村 3#玉米样本中六六六残留量超过食品中农药最大残留限量（GB2763—2005）中的六六六再残留限量（0.05mg/kg）；安达村 1#、3#及小孤家子村 3#七氯残留量超过再残留限量（0.02mg/kg）；南兰村 3#、小孤家子村 3#异狄氏剂残留量超过农药最大残留限量（NY1500.41.3～1500.41.6-2009 NY1500.50～1500.92—2009）标准（表 6-95～表 6-100）。

表 6-95　玉米中重金属的监测结果

项目	Hg/(ng/g)	Cd/(μg/g)	Cr/(μg/g)	Pb/(μg/g)
小孤家子村 1#	未检出	0.003	1.776	0.143
小孤家子村 2#	未检出	0.012	1.461	2.365
小孤家子村 3#	未检出	0.032	1.289	0.158
安达村 1#	未检出	0.021	1.39	0.114
安达村 2#	13	0.084	1.759	2.771
安达村 3#	未检出	0.134	1.189	1.76
南兰村 1#	未检出	0.041	1.552	3.02
南兰村 2#	1.875	0.055	1.586	6.397
南兰村 3#	未检出	0.154	1.216	0.97

表 6-96　玉米中 PAHs 的监测结果　　　　（单位：ng/g）

PAHs	安达村 1#	安达村 2#	安达村 3#	南兰村 1#	南兰村 2#	南兰村 3#	小孤家子村 1#	小孤家子村 2#	小孤家子村 3#
萘	22.6131	63.8375	32.1075	23.5756	23.5031	38.0214	34.7414	34.2146	59.5259
苊烯	0.7041	0.8976	0.7215	0.9174	0.7691	0.8008	0.8867	0.9649	1.2220
苊	0.7846	2.2827	2.0147	1.4424	1.4995	1.8495	2.4090	3.0766	2.6737
芴	7.1057	11.5291	10.3049	9.6876	8.6925	15.1254	10.7768	13.9908	22.8545
菲	20.6923	41.0511	45.9773	38.8750	28.3781	57.6437	32.0866	37.8736	91.8031
蒽	20.4039	40.4437	45.2841	38.2972	27.9680	56.7679	31.6207	37.3164	90.3927
荧蒽	3.4432	1.9321	13.6874	7.1334	5.2478	13.5002	5.2374	4.0687	5.5648
芘	1.1858	4.1824	1.3329	1.4812	1.6328	3.3120	1.8993	1.3387	5.6030
苯并［a］蒽	2.4145	4.0292	4.4826	2.9889	3.0598	4.4500	2.9652	2.7604	9.5653
屈	2.2109	3.6556	4.0481	2.7215	2.7860	4.0227	2.7065	2.5249	8.5911
苯并［b］荧蒽	1.8587	5.0974	4.5154	1.7454	2.0201	1.8102	2.8781	3.2329	5.7974
苯并［a］芘	2.4649	7.6158	1.8439	1.8608	2.6978	2.3509	3.2606	2.1842	18.6734
茚［1,2,3-c、d］芘	1.0500	1.6355	0.9655	1.1061	1.0929	1.1494	1.1309	1.2524	1.7541
苯并［g,h,i］苝	1.0721	1.2125	1.0180	1.1453	1.0702	1.2815	1.2042	1.2062	1.3260

表 6-97 玉米中 PCBs 的监测结果 （单位：ng/g）

PCBs	安达村 1#	安达村 2#	安达村 3#	南兰村 1#	南兰村 2#	南兰村 3#	小孤家 子村 1#	小孤家 子村 2#	小孤家 子村 3#
2,4,4′-三氯联苯	1.0480	1.4846	1.4005	1.2018	1.5676	129.0644	1.6230	1.1709	—
2,2′,5,5′-四氯联苯	2.2606	2.2617	2.3231	2.8342	2.4294	2.5677	2.4546	2.5140	5.7160
2,2′,4,5,5′-五氯联苯	1.1256	1.5274	1.3659	1.4167	1.4076	6.1077	1.6689	1.3805	2.6147
2,2′,4,4′,5,5′-六氯联苯	1.2592	1.4743	1.2184	1.1920	1.2246	3.8228	1.6835	1.5658	1.6959
2,2′,3,4,4′,5,5′-六氯联苯	1.0994	1.2969	1.3537	1.0256	1.2098	1.2558	1.1304	1.1628	1.3197
2,2′,3,4,4′,5,5′-七氯联苯	2.4672	8.1632	2.9419	1.0921	2.5674	1.7304	1.6493	3.3981	1.9370
2,2′,3,3′,4,4′,5,5′-八氯联苯	1.4204	2.2222	1.9724	3.0859	1.8975	1.8279	1.3302	1.9249	2.3759

表 6-98 玉米中硝基苯的监测结果 （单位：ng/g）

项目	安达村 1#	安达村 2#	安达村 3#	南兰村 1#	南兰村 2#	南兰村 3#	小孤家 子村 1#	小孤家 子村 2#	小孤家 子村 3#
硝基苯	10.1592	23.2643	14,7212	12.4959	11.5460	17.8812	25.6899	15.6406	17.6887

表 6-99 玉米中有机氯农药的监测结果 （单位：ng/g）

有机氯农药	安达村 1#	安达村 2#	安达村 3#	南兰村 1#	南兰村 2#	南兰村 3#	小孤家 子村 1#	小孤家 子村 2#	小孤家 子村 3#
α-六六六	6.0292	10.1324	11.4277	8.0079	8.7829	12.1942	14.3444	10.6520	10.6257
β-六六六	7.0473	16.1934	11.3731	9.8670	10.6899	16.2993	15.7862	13.2021	15.7521
γ-六六六	4.1137	9.3431	6.3441	5.7214	6.1931	9.3916	8.7841	7.4171	8.3885
Δ-六六六	5.1965	7.3839	3.5585	4.8570	4.4690	20.4385	1.0243	1.6620	0.6588
七氯	57.0951	2.7074	60.5200	5.1589	7.5811	1.8932	1.3557	3.8357	121.1384
艾氏剂	0.3156	0.4689	0.5362	0.3698	0.5661	0.8875	0.5517	0.3776	—
环氧庚氯烷	—	—	—	—	—	0.0204	—	—	—
β-硫丹	6.1716	268.7725	10.2455	5.1482	5.8054	5.5782	6.8441	14.9978	502.4218
p,p′-DDE	—	2.4524	—	—	—	—	0.0718	—	—
异狄氏剂	0.0619	1.7117	0.54951	0.3229	0.4018	23.6597	0.2902	0.3479	19.4625
beta-硫丹	—	15.3367	—	—	—	—	—	—	—
p,p′-DDD	0.6967	0.1563	0.0098	0.6840	—	6.4365	0.8259	—	4.9394
异狄氏醛	0.1482	35.9576	19.1015	0.2100	0.6871	38.5359	0.8461	18.8897	1408.5577
硫丹硫酸酯	—	—	0.1173	0.0219	0.5513	2.7179	0.3201	—	—
p,p′-DDT	1.2508	1.4357	1.0983	1.1895	1.6768	1.3607	1.5653	1.3241	27.3344

表 6-100 玉米中有机磷农药的监测结果 （单位：ng—g）

OPs	安达村 1#	安达村 2#	安达村 3#	南兰村 1#	南兰村 2#	南兰村 3#	小孤家 子村 1#	小孤家 子村 2#	小孤家 子村 3#
敌敌畏	8.7038	84.8213	8.5413	8.1170	18.7481	18.0767	31.9010	12.8740	24.2286
地虫磷	0.5252	3.2967	1.1583	2.0948	0.7145	2.4231	1.15469	0.47277	0.2943
甲基毒死蜱	4.6358	7.5344	3.8665	1.9134	2.2967	—	4.14194	6.4199	
杀螟硫磷	4.5923	15.4472	5.2467	3.8617	2.4819	7.7077	15.7170	7.8213	29.2778
甲基嘧啶磷	2.9835	1.9612	1.7173	1.4831	1.9276	1.3933	2.95417	2.5974	1.6964
马拉硫磷	61.3763	78.0525	80.6766	46.7004	233.3170	62.2728	78.4525	132.5825	286.1006
甲基对硫磷	62.9926	—	10.8386	11.3753	12.9154	—	13.1354	89.2707	
毒虫畏	12.1491	24.4608	13.7391	8.3054	15.4453	21.4919	16.9306	14.4334	4.3465
杀扑磷	0.9945	1.1221	1.0117	0.9674	0.7248	24.5363	0.7841	1.6233	0.7943
乙硫磷	1.1394	1.0620	1.3236	1.0870	1.2004	8.1441	1.63726	1.3055	7.6155
三硫磷	1.5669	6.5414	0.4442	1.0886	1.9042	4.1504	0.57769	0.4770	—
甲基谷硫磷	13.5181	19.3879	16.3745	12.0781	15.9701	16.3958	22.1911	21.8433	11.5760

6.2.2.4 区域环境污染源分析

2005~2008 年，松花江吉林段高锰酸盐指数、氨氮浓度变化如表 6-101 所示。

表 6-101 2005~2008 年松花江典型污染区段水环境主要污染指标浓度变化表

断面名称	污染指标	2008 年	2007 年	2006 年	2005 年	与 2005 年相比，变化幅度/%
丰满	高锰酸盐指数	4.01	4.39	4.73	4.91	−18.33
	氨氮	0.16	0.2	0.36	0.29	−44.83
龙潭桥	高锰酸盐指数	4.15	4.82	4.92	5.03	−17.50
	氨氮	0.26	0.25	0.51	0.29	−10.34

工业污染是造成松花江典型污染区段水环境污染的主要因素。吉林市工业废水中主要污染物的污染源如表 6-102 所示。

表 6-102 吉林市主要污染源工业废水污染物排放量排序

名称	排序	排污企业名称	排放量/kg	比例/%	累计/%
化学需氧量	1	吉林晨鸣纸业有限责任公司	10 306 854	40.69	40.69
	2	"中国石油" 吉林石化公司污水处理厂	3 935 723	15.54	56.23
	3	吉林化纤集团有限责任公司	1 802 000	7.11	63.34
	4	"中国石油" 吉林石化公司有机合成厂	1 759 000	6.94	70.28
	5	吉林市华康益民木糖有限公司	1 597 040	6.30	76.58
	6	吉林铁合金股份有限责任公司	1 411 603	5.57	82.15
	7	吉林沱牌农产品开发有限公司	838 260	3.31	85.46

名称	排序	排污企业名称	排放量/kg	比例/%	累计/%
氨氮	1	吉林化纤集团有限责任公司	128 000	27.40	27.40
	2	"中国石油"吉林石化公司污水处理厂	127 530	27.30	54.70
	3	"中国石油"吉林石化公司有机合成厂	52 131	11.16	65.86
	4	吉林铁合金股份有限责任公司	45 503	9.74	75.60
	5	"中国石油"吉林石化公司丙烯腈厂	32 592	6.98	82.58
挥发酚	1	"中国石油"吉林石化公司污水处理厂	950	69.85	69.85
	2	"中国石油"吉林石化公司电石厂	228	16.76	86.61
	3	吉林铁合金股份有限责任公司	118	8.68	95.29
	4	中钢集团吉林炭素股份有限公司	58	4.26	99.55
石油类	1	"中国石油"吉林石化公司污水处理厂	82 786	37.42	37.42
	2	"中国石油"吉林石化公司有机合成厂	70 969	32.07	69.49
	3	吉林铁合金股份有限责任公司	43 811	19.80	89.29
	4	"中国石油"吉林石化公司电石厂	6 112	2.76	92.05
	5	"中国石油"吉林石化公司化肥厂	4 825	2.18	94.23
氰化物	1	吉林铁合金股份有限责任公司	619	39.18	39.18
	2	"中国石油"吉林石化公司污水处理厂	513	32.47	71.65
	3	中钢集团吉林炭素股份有限公司	396	25.06	96.71
六价铬	1	吉林铁合金股份有限责任公司	802.0	99.55	99.55
	2	吉林航空维修有限责任公司	2.4	0.30	99.85
	3	吉林江北机械制造有限公司	1.2	0.15	100
镉	1	吉林航空维修有限责任公司	0.1	100	100
铅	1	吉林铁合金股份有限责任公司	1 248.0	100	100

研究以氨氮污染源为例,采用等标污染负荷来进行污染源评价,计算过程如下:

废水中污染物等标污染负荷计算:

$$P = \frac{C}{C_0} Q \times 10^{-6}$$

式中,P 为废水中某污染物的等标污染负荷;C 为废水中某污染物的实测浓度(废水为 mg/L);C_0 为废中某污染物的评价标准浓度(废水为 mg/L);Q 为废水中某污染物的年排放量(废水为 t/a);10^{-6} 为废水的换算系数。

吉林市污染源分析结果见表 6-103,可以看出,吉林市龙潭桥和丰满区的污染源污染负荷相当;龙潭桥氨氮污染的主要污染源是吉林化纤集团有限责任公司和"中国石油"吉林石化公司污水处理厂,等标污染负荷比均为 27.40%,其次是吉林铁合金股份有限责任公司,等标污染负荷比均为 11.19%;丰满区的主要污染源是吉林化纤集团有限责任公司,等标污染负荷比为 27.40%,其次是"中国石油"吉林石化公司污水处理厂,等标污染负荷比为 27.30%。

表 6-103　吉林市氨氮污染源分析表

主要污染源	龙潭桥		丰满区	
	等标污染负荷	等标污染负荷比/%	等标污染负荷	等标污染负荷比/%
吉林化纤集团有限责任公司	$4.096×10^{-5}$	27.40	$3.328×10^{-5}$	27.40
"中国石油"吉林石化公司污水处理厂	$4.08×10^{-5}$	27.40	$3.316×10^{-5}$	27.30
吉林铁合金股份有限责任公司	$1.668×10^{-5}$	11.19	$1.355×10^{-5}$	11.16
"中国石油"吉林石化公司丙烯腈厂	$1.456×10^{-5}$	9.78	$1.183×10^{-5}$	9.74
"中国石油"吉林石化公司丙烯腈厂	$1.043×10^{-5}$	7.00	$8.474×10^{-6}$	6.98

6.2.2.5　区域污染源特征因子筛选

1）研究区水体污染物检出浓度及检出率

对研究区内采集的样本检测分析，共检测出 7 种重金属污染物，61 种有机污染物。重金属中的铬浓度最高，为 156.23μg/L；有机物污染物中的 beta-六六六浓度最高，为 4.426μg/L。污染物的检出浓度及检出率见表 6-104，鉴于部分污染物暂不能查找到环境中的背景值，因此将对照区的浓度值设为本研究的参考值。

表 6-104　松花江水体污染物的检出浓度及检出率

类别	污染物	检出浓度/(μg/L)		检出率/%	类别	污染物	检出浓度/(μg/L)		检出率/%
		研究区	对照区				研究区	对照区	
重金属检出浓度	Cr	156.23	151.94	100	OPs	伏杀磷	0.036	0.034	100
	Cd	0.103	0.031	100		甲基毒死蜱	1.375	0.811	100
	Pb	3.886	0.484	100		β-六六六	4.426	1.504	53
	As	1.957	0.479	100		γ-六六六	0.03	0.028	100
	Cu	4.912	3.318	20		Δ-六六六	0.008	未检出	100
	Zn	14.975	3.707	100		七氯	0.112	0.04	100
	Hg	0.017	未检出	90		异狄氏剂	0.13	0.102	100
OPs	敌敌畏	0.044	0.031	100		环氧庚氯烷	1.166	0.498	100
	地虫磷	0.019	0.019	100		异狄氏醛	0.004	未检出	47
	二嗪农	0.013	0.013	100	OCPs	p,p'-DDD	0.029	0.029	100
	杀螟硫磷	0.109	0.062	100		艾氏剂	2.452	1.038	100
	甲嘧硫磷	0.021	0.021	100		狄氏剂	0.070	0.012	100
	马拉硫磷	0.2	0.07	100		α-硫丹	0.033	未检出	25
	毒死蜱	0.138	0.078	100		β-硫丹	未检出	未检出	0
	毒虫畏	0.021	0.018	100		硫丹硫酸酯	0.127	0.068	100
	杀扑磷	0.028	0.028	100		p,p'-DDT	0.185	0.060	100
	乙硫磷	0.031	0.03	100		p,p'-DDE	0.991	0.391	100
	三硫磷	0.031	0.031	100					

类别	污染物	检出浓度/(μg/L)		检出率/%	类别	污染物	检出浓度/(μg/L)		检出率/%
		研究区	对照区				研究区	对照区	
PAHs	萘	0.036	0.023	100	PCBs	2,2′,5-三氯联苯	0.867	0.269	100
	苊烯	0.001	0.001	100		2,2′,4′-三氯联苯	0.262	0.139	100
	苊	0.009	0.005	100		2,2′,3′-三氯联苯	0.747	0.468	100
	芴	0.177	0.114	100		2,2′,3,5-四氯联苯	1.025	0.568	100
	菲	0.028	0.03	100		2,2′,3,4′,5′,6-六氯联苯	3.909	1.111	100
	蒽	0.003	0.002	100		2,2′,4,4′,5,5′-六氯联苯	0.998	0.166	100
	荧蒽	0.005	0.004	100		2,2′,3,4,4′,5′-六氯联苯	1.242	0.710	100
	芘	0.011	0.006	100					
	苯并[a]蒽	0.177	0.114	100		2,3′,4,4′,5-五氯联苯	2.074	0.381	100
	屈	0.008	0.008	100		2,3,3′,4,4′-五氯联苯	0.861	0.143	100
	苯并[b]荧蒽	0.009	0.009	100		2,2′,3,4,4′,5,5′-七氯联苯	0.094	0.048	100
	苯并[k]荧蒽	0.013	0.012	100					
	苯并[a]芘	0.112	0.031	100		2,2′,3,3′,4,4′,5-七氯联苯	0.517	0.069	100
	茚[1,2,3-c,d]芘	0.012	0.012	100					
	苯并[g,h,i]菲	0.013	0.012	100		四氯间二甲基苯	3.184	1.182	100
	二苯并[a,h]蒽	0.034	0.015	71		十氯联苯	0.195	0.135	100
PCBs	2,2′,5,5′-四氯联苯	1.823	0.511	93					
	2,2′,4,5,5′-五氯联苯	1.465	1.191	60	硝基苯		0.173	0.092	75
	2,2′,3,3′,4,4′,5,5′-八氯联苯	0.355	0.193	79					

2）研究区水体污染物赋值

通过前述筛选原则、步骤和方法，得到松花江吉林江段水环境中各污染物9个因子赋值打分情况（表6-105）。

表6-105　污染物各因子赋值结果

序号	污染物	A	B	C	D	E	F	G	H	I	序号	污染物	A	B	C	D	E	F	G	H	I
1	Zn	5	1	4	0	1	0	1	0	0	8	萘	5	3	2	1	1	0	1	0	0
2	Cr	5	3	5	1	1	1	1	1	0	9	苊	5	3	1	1	1	0	1	0	0
3	Cu	1	1	3	0	1	0	1	1	0	10	屈	5	4	1	1	1	0	1	0	0
4	Pb	5	3	4	1	1	0	1	1	0	11	菲	5	3	2	1	1	0	1	0	0
5	Cd	5	2	2	1	1	1	1	1	0	12	蒽	5	3	1	1	1	0	1	0	0
6	Hg	5	3	3	1	1	1	1	1	0	13	芴	5	1	2	1	1	0	0	0	0
7	As	5	4	3	1	1	1	1	1	0	14	芘	5	4	1	1	1	0	1	0	0

序号	污染物	A	B	C	D	E	F	G	H	I	序号	污染物	A	B	C	D	E	F	G	H	I
15	苉烯	5	2	1	1	1	0	0	0	0	48	β-六六六	5	3	4	1	1	0	1	1	1
16	荧蒽	5	3	1	1	1	0	1	0	0	49	γ-六六六	5	3	1	1	1	0	1	1	0
17	毒死蜱	5	2	3	1	1	0	1	0	0	50	δ-六六六	3	4	1	1	1	0	1	1	0
18	毒虫畏	5	2	2	1	1	0	1	0	0	51	Heptachlor 七氯	5	5	3	1	1	1	1	0	1
19	杀扑磷	5	3	2	1	1	0	1	0	0	52	Endrin 异狄氏剂	5	2	1	1	1	1	1	0	1
20	乙硫磷	5	2	3	1	1	0	1	0	0	53	四氯间二甲基苯	5	2	1	1	1	0	1	1	0
21	三硫磷	5	3	2	1	1	0	1	0	0	54	环氧庚氯烷	5	3	3	1	1	0	0	0	0
22	伏杀磷	5	2	2	1	1	0	1	0	0	55	2,2',5-三氯联苯	5	2	2	1	1	0	0	0	1
23	硝基苯	4	5	3	1	1	0	0	1	0	56	2,2',4'-三氯联苯	5	2	2	1	1	0	0	0	1
24	狄氏剂	5	2	1	1	1	0	1	1	1	57	2,2',3'-三氯联苯	5	2	2	1	1	0	0	0	1
25	艾氏剂	5	2	1	1	1	0	1	1	1	58	2,2',3,5-四氯联苯	5	2	2	1	1	0	0	0	1
26	敌敌畏	5	2	2	1	1	0	1	1	0	59	2,2',5,5'-四氯联苯	5	3	1	1	1	0	0	0	1
27	地虫磷	5	3	2	1	1	0	1	0	0	60	2,2',4,5,5'-五氯联苯	3	3	1	1	1	1	1	0	1
28	二嗪农	5	2	1	1	1	0	1	0	0	61	2,2',3,3',4,4',5,5'-八氯联苯	4	2	2	1	1	1	1	1	1
29	苯并[a]芘	5	4	4	1	1	1	1	0	0	62	2,2',3,4',5',6-六氯联苯	5	1	3	1	1	1	1	0	1
30	苯并[a]蒽	5	4	3	1	1	0	1	0	0	63	2,2',4,4',5,5'-六氯联苯	5	2	2	1	1	1	1	0	1
31	p,p'-DDD	5	3	2	1	1	0	0	0	0	64	2,2',3,4,4',5'-六氯联苯	5	2	2	1	1	1	1	0	1
32	p,p'-DDT	5	2	1	1	1	0	1	1	1	65	2,3',4,4',5-五氯联苯	5	2	2	1	1	1	1	0	1
33	p,p'-DDE	5	3	3	1	1	0	1	0	0	66	2,3,3',4,4'-五氯联苯	5	2	2	1	1	1	1	0	1
34	α-硫丹	2	2	1	1	1	1	1	0	1	67	2,2',3,4,4',5,5'-七氯联苯	5	2	1	1	1	1	1	0	1
35	β-硫丹	1	2	1	1	0	1	1	0	0	68	2,2',3,3',4,4',5-七氯联苯	5	2	2	1	1	1	1	0	1
36	苯并[b]荧蒽	5	2	1	1	1	0	1	0	0											
37	苯并[k]荧蒽	5	4	1	1	1	0	1	0	0											
38	苯并[g,h,i]芘	5	3	1	1	1	0	1	0	0											
39	十氯联苯	5	2	2	1	1	1	1	0	1											
40	杀螟硫磷	5	2	3	1	1	0	1	0	0											
41	甲嘧硫磷	5	3	2	1	1	0	1	0	0											
42	马拉硫磷	5	3	2	1	1	0	1	0	0											
43	异狄氏醛	3	3	1	1	0	0	0	0	0											
44	甲基毒死蜱	5	5	4	1	1	1	1	0	0											
45	硫丹硫酸酯	5	2	2	1	1	0	1	0	0											
46	二苯并[a,h]蒽	4	4	2	1	1	0	1	0	0											
47	茚并[1,2,3-c、d]芘	5	3	1	1	1	0	1	0	0											

3）筛选结果

根据前述评分标准和总分计算方法对污染物进行评分，按总分值的大小排序，结合松花江优先污染物名单，将综合评价指数大于 210 分的污染物确定为特征污染物。该流域筛选出的特征污染物及排序见表 6-106。

表 6-106　松花江吉林段特征污染物筛选排序结果

序号	污染物	综合分值
1	Cr	252
2	七氯	248
3	As	242
4	苯并（a）芘	240
5	β-六六六	240
6	甲基毒死蜱	240
7	Pb	232
8	Hg	232
9	苯并［a］蒽	220
10	硝基苯	217
11	四氯间二甲基苯	208

6.2.2.6　环境污染及人群疾病资料收集

1）环境污染资料收集

环境污染资料主要包括环境污染源类型、数量、污染物排放与治理，区域内环境介质背景值、污染状况等资料。

吉林市工业废水排放量百万吨以上的企业有 16 家，累计排放工业废水量为 14 699.09 万 t，占全市废水排放量的 90.94%。工业废水中污染物年排放量为 26 026.63t，占全省污染物排放总量的 16.64%。工业污染是造成松花江典型污染区段水环境污染的主要因素。工业废水排放主要由造纸及纸制品业、水的生产和供应业、黑色冶炼及压延加工业、化学原料及化学制品制造业、农副食品加工业、化学纤维制造业及交通运输设备制造业产生。工业用水排放情况详见表 6-107。

表 6-107　2008 年度吉林市工业用水及排水情况表

地区名称	工业用水				工业废水		
	总量/万 t	新鲜用水量/万 t	重复用水量/万 t	重复率/%	排放量/万 t	达标量/万 t	达标率/%
全省	802 320.31	112 432.42	689 887.69	85.99	38 353.16	33 443.27	87.20
吉林市	269 983.83	67 512.51	202 471.31	74.99	16 164.02	16 089.68	99.54

吉林市生活污水的年排放量为 13990.09 万吨，占全省排放总量的 20.15%。吉林市建有 3 个污水处理厂，污水处理能力为 56.9 万 t/d，污水处理量为 13 582 万 t，其中生活污水处理量为 7975.65 万 t，生活污水处理率为 57.01%。生活污水中的主要污染物是化学需氧量和氨氮。吉林市城镇生活污水中的化学需氧量和氨氮排放量分别为 32 066.94t、3773.72t，占全省排放总量的 14.43% 和 14.05%。生活污水排放情况详见表 6-108。

表 6-108　2008 年度吉林市城镇生活污水排放情况

地区名称	城市常住人口/万人	污水排放量/万 t	比例/%	处理量/万 t	处理率/%	COD 排放量/t	COD 排放比例/%	氨氮排放量/t	氨氮排放比例/%
全省	2 718.64	69 428.19	100.00	28 825.94	41.52	222 189.52	100.00	26 853.37	100.00
吉林市	433.58	13 990.09	20.15	7 975.65	57.01	32 066.94	14.43	3 773.72	14.05

2）人群健康资料

区域人群健康资料，主要包括区域人群的疾病种类、发病率、就诊率、人群死亡率、死因归类等，以及区域人群营养、健康调查等资料。

通过从当地相关部门收集及区域内环境与健康相关研究成果和文献回顾调研，获得区域自然与社会环境资料、人口基本资料、产业与经济资料、环境污染源及污染状况资料和人群健康资料，分析区域自然与社会环境特征、环境污染源种类及分布特征、环境污染现状，以及人口构成、结构、数量及其分布特征；结合卫生部门相关的营养与健康普查资料，获得人群体征、生活饮食、健康等方面的基本特征，进而获得人群及其健康的时空分布特征。

（1）疾病调研。龙潭区和丰满区疾病调研数据分别见表 6-109、图 6-28 和表 6-110、图 6-29。

表 6-109　龙潭区金珠医院 2007～2010 年门诊就诊人次及前十种疾病

年份	总就诊人次	疾病名称	就诊人次
2007	9 425	上呼吸道感染	4717
		冠心病	1781
		脑梗死	563
		肺内感染	502
		支气管炎	480
		高血压	425
		胃炎	348
		肠炎	256
		痢疾	173
		糖尿病	156

年份	总就诊人次	疾病名称	就诊人次
2008	10 999	上呼吸道感染	6 219
		冠心病	1 904
		支气管炎	568
		脑梗死	524
		肺内感染	478
		高血压	450
		肠炎	263
		胃炎	253
		痢疾	178
		糖尿病	162
2009	10 995	上呼吸道感染	5 812
		冠心病	2 256
		支气管炎	672
		脑梗死	503
		肺内感染	405
		高血压	386
		肠炎	350
		胃炎	235
		糖尿病	196
		痢疾	180
2010	8 315	上呼吸道感染	2 500
		子宫糜烂	1 815
		心肌缺血	1 000
		胃十二指肠溃疡	800
		盆腔炎	600
		支气管肺炎	400
		尿路感染	300
		胆囊炎	200
		心律不齐	200
		关节炎	100

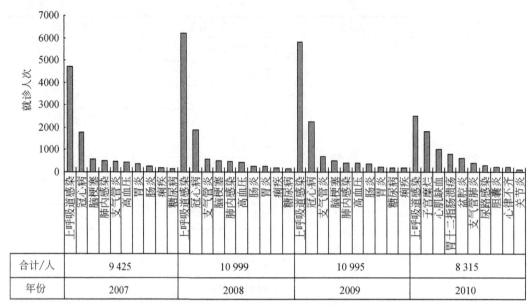

图 6-28　龙潭区人群疾病分布图

表 6-110　丰满区中医院 2007～2010 年门诊就诊人次及前十种疾病

年份	总就诊人次	疾病名称	就诊人次
2007	24 679	循环系统疾病	9 520
		消化系统	6 774
		呼吸系统	4 623
		泌尿生殖系统	2 560
		妊娠分娩和产褥	230
		内分泌系统	218
		肿瘤	150
		血液系统	21
		意外伤害	12
		神经系统疾病	4
2008	26 455	循环系统疾病	9 820
		消化系统	8 562
		呼吸系统	5 003
		泌尿生殖系统	2 046
		内分泌系统	498
		妊娠分娩和产褥	204
		肿瘤	160
		意外伤害	120
		神经系统疾病	60
		血液系统	20

续表

年份	总就诊人次	疾病名称	就诊人次
2009	28 600	循环系统疾病	10 070
		消化系统	9 245
		呼吸系统	6 122
		泌尿生殖系统	1 989
		内分泌系统	521
		妊娠分娩和产褥	205
		肿瘤	166
		意外伤害	119
		神经系统疾病	78
		血液系统	10
2010	32 759	循环系统疾病	12 771
		消化系统	9 506
		呼吸系统	7 009
		泌尿生殖系统	1 755
		内分泌系统	833
		妊娠分娩和产褥	300
		肿瘤	272
		意外伤害	180
		神经系统疾病	104
		血液系统	29

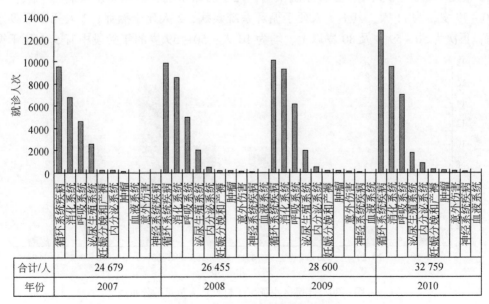

图 6-29　丰满区人群疾病分布图

由图 6-28 和表 6-109 可见，2007～2009 年龙潭区前十种疾病较为稳定，为上呼吸道感染、冠心病、支气管炎、脑梗死、肺内感染、高血压、肠炎、胃炎、糖尿病和痢疾。经统计，2007～2009 年前三种疾病均为上呼吸道感染、冠心病和支气管炎；2010 年为上呼吸道感染、子宫糜烂和心肌缺血。2007～2010 年前三种疾病为上呼吸道感染、冠心病和支气管炎，就诊人次分别为 19 248 人次、5941 人次和 2120 人次。

由表 6-110 和图 6-29 可见，丰满区前十种疾病也较稳定，为循环系统疾病、消化系统疾病、呼吸系统疾病、泌尿生殖系统疾病、内分泌系统疾病、妊娠分娩和产褥、肿瘤、意外伤害、神经系统疾病和血液系统疾病。2007～2010 年前三种疾病均为循环系统疾病（冠心病、脑梗死、高血压等）、消化系统疾病（肠炎、胃炎、痢疾等）和呼吸系统疾病（上呼吸道感染、支气管炎、肺内感染等），其就诊总人次分别为 29 410 人次、24 581 人次、15 748 人次和 32 759 人次。

肿瘤排在第 7 位，其总就诊人次为 748 人次。

（2）死因调查分析。调查分析情况如下。

Ⅰ. 丰满区江南乡小孤家子村。2005～2010 年，小孤家子村总死亡人数为 63 人，其中男性为 43 人，其中死于急性心梗 7 人，脑血栓 6 人，脑出血、意外各 5 人，肺心病 4 人，胰腺癌、肺结核各 2 人，喉梗死、糖尿病合并肝综合征、癫痫、白血病、肝硬化、流感、真菌性肺炎、脑萎缩、胃癌、食道贲门癌、肝癌、冻伤败血症各 1 人（20 人死于循环系统疾病，9 人死于呼吸系统疾病，7 人死于消化系统疾病）；女性为 20 人，其中死于肺心病 5 人，冠心病 3 人，胃癌、直肠癌各 2 人，脑梗死、肝癌、肾衰竭、胰腺癌、糖尿病肾衰竭、脑血栓后遗症、脑出血、老衰各 1 人（死于循环系统疾病、癌症、消化系统疾病各 6 人），男女比例为 2.15∶1。

由图 6-30 可知，60～69 岁年龄段死亡人数最多，为 17 人，其中 8 人死于循环系统疾病，5 人死于癌症，2 人死于呼吸系统疾病，死于泌尿系统和消化系统疾病各 1 人；其次为 70～79 岁，为 11 人，其中 7 人死于循环系统疾病，2 人死于癌症，2 人死于呼吸系统疾病；再次为 50～59 岁及 80 岁以上，均为 10 人；50～59 岁的年龄段中有 5 人死于循环

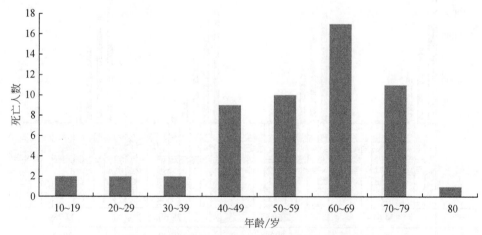

图 6-30　丰满区小孤家子村死亡人员年龄分布

系统疾病，2 人死于消化系统疾病，死于神经系统及泌尿系统疾病各 1 人；80 岁以上的年龄段中有 5 人死于循环系统疾病，3 人死于呼吸系统疾病，1 人死于胃癌。

10～19 岁年龄段 2 人死因均为意外溺水；20～29 岁死于意外及癫痫各 1 人；30～39 岁 1 人死因为冠心病（循环系统疾病），1 人死于意外；40～49 岁死于喉梗死（呼吸系统疾病）、脑血栓（循环系统疾病）、胰腺癌、直肠癌、真菌性肺炎（呼吸系统疾病）、肺结核（呼吸系统疾病）、肺心病（呼吸系统疾病）、白血病、冻伤败血症各 1 人；50～59 岁死于急性心梗（循环系统疾病）3 人，死于肝癌、糖尿病合并肝综合征、脑出血（循环系统疾病）、脑血栓后遗症（循环系统疾病）、脑萎缩、糖尿病肾衰竭、意外各 1 人；60～69 岁死于脑血栓后遗症、急性心梗各 3 人，肺心病、脑出血、胰腺癌各 2 人，肝硬化、胃癌、肾衰竭、直肠癌、食道贲门癌各 1 人；70～79 岁死于肺心病 4 人，死于脑出血、脑血栓后遗症各 2 人，死于肝癌、胃癌、流感（呼吸系统疾病）各 1 人；80 岁以上死于冠心病、肺心病各 2 人，脑梗死（循环系统疾病）、急性心梗、脑出血、肺结核、胃癌、老衰各 1 人。

由图 6-31 和图 6-32 可知，前三种死因为癌症（12 人，占死亡总人数的 19%）、肺心病（9 人，占 14%）、急性心梗和脑血栓后遗症（均为 7 人，占 11%）。前三类死因为循环系统疾病（25 人，占 40%）、呼吸系统疾病（14 人，占 22%）及癌症（12 人，占 19%），共 51 人，占死亡总人数的 81%。

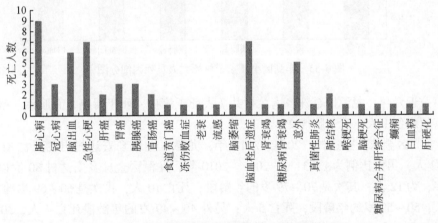

图 6-31 丰满区小孤家子村死亡人员死因分布

近六年，小孤家子村共 12 人死于癌症，其中死于胰腺癌、胃癌各 3 人，直肠癌、肝癌各 2 人，食道贲门癌、白血病各 1 人。其中，消化系统癌症 11 例，循环系统癌症 1 例（图 6-33）。

Ⅱ. 龙潭区金珠乡南兰村。2005～2010 年，龙潭区金珠乡南兰村女性死亡 11 人，男性 28 人，男女比例 2.55：1。2005～2010 年，龙潭区金珠乡南兰村 60～69 岁的年龄段死亡人数最多，为 18 人；其次是 50～59 岁的年龄段，死亡 9 人；再次是 70～79 岁的年龄段，死亡 7 人；另外 30～39 岁的年龄段死亡 1 人，40～49 岁的年龄段死亡 1 人，80 岁以上为 3 人。2005～2010 年，龙潭区金珠乡南兰村前三种死因为心肌梗死（15 人，占总死亡人数的 38.46%）、脑梗（11 人，占总死亡人数的 28.21%）、癌症（7 人，占总死亡人数的

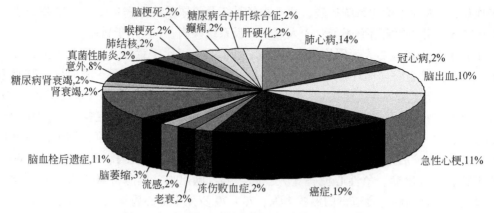

图 6-32　丰满区小孤家子村死亡人员死因比例图

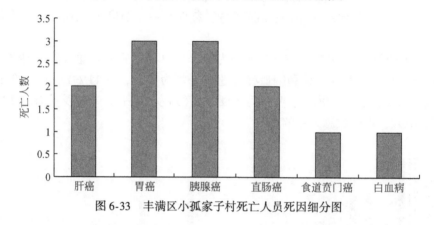

图 6-33　丰满区小孤家子村死亡人员死因细分图

17.95%）。近六年，龙潭区金珠乡南兰村共 7 人死于癌症，死于胃癌、直肠癌、喉癌、子宫癌和宫颈癌各 1 人，死于脑瘤 2 人。

　　Ⅲ. 龙潭区金珠乡安达村。2005～2010 年，龙潭区金珠乡安达村男性死亡 81 人，女性死亡 42 人，男女比例为 1.93∶1。2005～2010 年，龙潭区金珠乡安达村 80 岁以上死亡人数最多，为 12 人；其次是 70～79 岁的年龄段，死亡 10 人；再次是 60～69 岁的年龄段，死亡 8 人；50～59 岁的年龄段，死亡 6 人；另外 40～49 岁的年龄段死亡 4 人，30～39 岁的年龄段死亡 2 人。2005～2010 年，龙潭区金珠乡安达村前三种死因为病死（43 人，占总死亡人数的 34.96%）、心脑血管疾病（42 人，占总死亡人数的 34.14%）、癌症（20人，占总死亡人数的 16.26%）。近六年，龙潭区金珠乡安达村共 20 人死于癌症，其中胃癌 5 人，肝癌和肺癌各 3 人，淋巴癌 2 人，脑瘤、直肠癌、喉癌、膀胱癌、子宫癌和卵巢癌各 1 人。

　　（3）吉林市龙潭区及丰满区死因分析。根据吉林市龙潭区及丰满区死因归类及死亡率数据（图 6-34～图 6-42），我们可以发现，下游研究区龙潭区的死亡率大部分高于上游对照区丰满区。特别是和饮水有关的疾病，如 2007～2009 年龙潭区内消化系统疾病和泌尿生殖系统疾病均高。

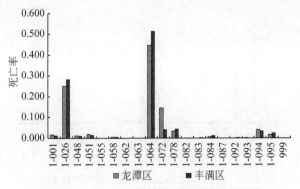

图 6-34　2007 年龙潭区和丰满区居民死亡率

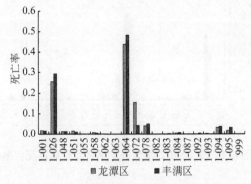

图 6-35　2007 年龙潭区和丰满区男性居民死亡率

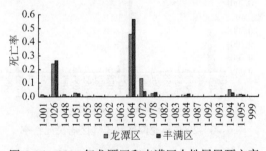

图 6-36　2007 年龙潭区和丰满区女性居民死亡率

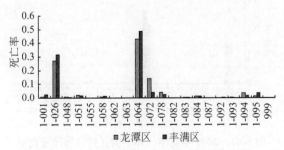

图 6-37　2008 年龙潭区和丰满区居民死亡率

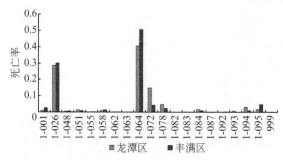

图 6-38   2008 年龙潭区和丰满区男性居民死亡率

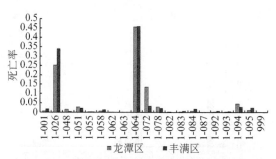

图 6-39   2008 年龙潭区和丰满区女性居民死亡率

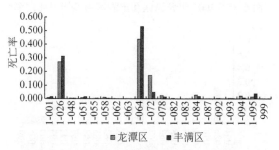

图 6-40   2009 年龙潭区和丰满区居民死亡率

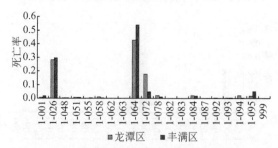

图 6-41   2009 年龙潭区和丰满区男性居民死亡率

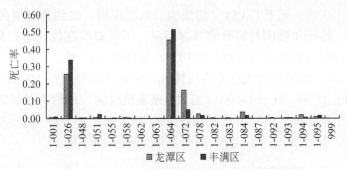

图 6-42　2009 年龙潭区和丰满区女性居民死亡率

由图 6-34 可知，2007 年研究区居民死亡率绝大部分低于对照区，其中总死亡率约为对照区的 1.34 倍，死于 1–072（呼吸系统疾病）的约为对照区的 3.56 倍，死于 1–093（先天性畸形、变形和染色体异常）的约为对照区的 3 倍，死于 1–048（血液及造血器官疾病和某些涉及免疫机制的疾患）的约为对照区的 1.3 倍。

由图 6-35 可知，2007 年研究区男性居民死亡率绝大部分低于对照区，其中总死亡率约为对照区的 1.28 倍，死于 1–072（呼吸系统疾病）的约为对照区的 3.55 倍，死于 1–051（内分泌、营养和代谢疾病）的约为对照区的 1.4 倍，死于 1–001（某些传染病和寄生虫病）的约为对照区的 1.3 倍。

由图 6-36 可知，2007 年研究区女性居民死亡率绝大部分均低于对照区，其中总死亡率约为对照区的 1.45 倍，死于 1–048（血液及造血器官疾病和某些涉及免疫机制的疾患）的约为对照区的 3 倍，死于 1–072（呼吸系统疾病）的约为对照区的 3.53 倍，死于 1–094（症状、体征和临床与实验室异常所见，不可归类在他处者）的约为对照区的 1.85 倍。

由图 6-37 可知，2008 年研究区居民死亡率绝大部分均低于对照区，其中总死亡率约为对照区的 1.1 倍，死于 1–072（呼吸系统疾病）的约为对照区的 3.51 倍，死于 1–093（先天性畸形、变形和染色体异常）的约为对照区的 2.1 倍，死于 1–051（内分泌、营养和代谢疾病）的约为对照区的 1.86 倍。

由图 6-38 可知，2008 年研究区男性居民死亡率绝大部分均低于对照区，其中总死亡率约为对照区的 1.09 倍，死于 1–094（症状、体征和临床与实验室异常所见，不可归类在他处者）的约为对照区的 3.4 倍，死于呼吸系统疾病（1–072）的约为对照区的 3.4 倍，死于 1–084（泌尿生殖系统疾病）的约为对照区的 1.78 倍。

由图 6-39 可知，2008 年研究区女性居民总死亡率约为对照区的 1.1 倍，死于 1–072（呼吸系统疾病）的约为对照区的 4.06 倍，死于 1–051（内分泌、营养和代谢疾病）的约为对照区的 1.32 倍，死于 1–048（血液及造血器官疾病和某些涉及免疫机制的疾患）的约为对照区的 4 倍。

由图 6-40 可知，2009 年研究区居民死亡率绝大部分均低于对照区，其中总死亡率约为对照区的 1.28 倍，死于 1–084（泌尿生殖系统疾病）的约为对照区的 1.69 倍，死于 1–072（呼吸系统疾病）的约为对照区的 3.64 倍，死于 1–092（起源于围产期的某些情况）的约为对照区的 3 倍。

由图 6-41 可知，2009 年研究区男性居民死亡率绝大部分均低于对照区，其中总死亡率约为对照区的 1.3 倍，死于 1-084（泌尿生殖系统疾病）的约为对照区的 1.19 倍，死于 1-094（症状、体征和临床与实验室异常所见，不可归类在他处者）的约为对照区的 5.25 倍，死于 1-072（呼吸系统疾病）的约为对照的 3.87 倍。

由图 6-42 可知，2009 年研究区女性居民死亡率绝大部分均低于对照区，其中总死亡率约为对照区的 1.27 倍，死于 1-084（泌尿生殖系统疾病）的约为对照区的 2.53 倍，死于 1-072（呼吸系统疾病）的约为对照区的 3.24 倍，死于 1-094（症状、体征和临床与实验室异常所见，不可归类在他处者）的约为对照区的 2.63 倍。

6.2.2.7 流行病学调查

1）人群基本信息

本课题组在参照相关监测技术规范的基础上，经专家讨论决定在研究区选取龙潭区金珠乡安达村和龙潭区金珠乡南兰村，共计调查 400 人；在对照区选取丰满区江南乡小孤家子村，调查 400 人。

人群基本信息包括性别、年龄、职业、家庭、社会经历、生活习惯、饮食结构、健康状况等。

2）人群暴露情况

人群暴露情况主要考虑暴露途径、剂量、期限、频率等。

选择适当的数理统计分析方法进行数据处理，分析区域人群年龄、性别、居住、职业、生活习惯等混杂因子对健康效应的影响；借助国内外现有的模型方法，结合相关研究结果，获得人群暴露途径、暴露时间和暴露频率等暴露数据，人群体重、寿命、体表面积、呼吸速率、饮水率等暴露参数，以及调查人群的疾病、不良症状等健康效应数据。

问卷调查是流行病学调查的基本手段之一，调查目的主要是去除混杂因子和获取人群暴露与健康数据。

（1）基本情况。经检验，调查准确性为优良的是 99.50%，真实性为优良的占 99.12%，配合度为优良的占 99.75%，调查资料准确度高、真实可信，可以进行统计分析。经统计分析发现，研究组和对照组的调查人群之间，性别、年龄、体重、身高、BMI、家庭常住人口、人均年收入之间差异无统计学意义。

（2）和水相关指标。饮用水和生活用水来源 93% 以上是手压井，但是研究组和对照组之间饮用水、生活用水来源差异经卡方分析，差异有极显著性意义。每日人均摄入水量、每月接触水的时间，各个调查点之间的差异有统计学意义。

（3）疾病。①肾病：各调查点人群之间，总人群研究区肾病患病率高于对照区，分性别比较，男性和女性的肾病患病率也是研究区高于对照区，经卡方检验，差异有极显著性意义（$P<0.001$）。②糖尿病：研究区和对照区糖尿病总体患病率、男性患病率、女性患病率相同，差异无显著性意义。③高血压：研究区和对照区高血压总体患病率、男性患病率、女性患病率相近，差异无显著性意义。④冠心病：研究区总体患病率、男性患病率、女性患病率均高于对照区，差异有极显著性意义（$P<0.01$）。⑤肝炎：研究区和对照区肝炎总体患病率、男性患病率、女性患病率相同，差异无显著性意义。⑥慢支：研究区和对照区的慢支总体患病率、女性患病率相近，差异无显著性意义；研究区男性慢支总体患病

率高于对照区,差异有显著性意义($p=0.03$)。⑦肿瘤:研究区和对照区的肿瘤总体患病率、男性患病率、女性患病率差异无显著性意义。⑧其他:研究区和对照区的其他疾病总体患病率、男性患病率、女性患病率差异无显著性意义。⑨小结:与水相关疾病——肾病的患病率,研究区高于对照区。

(4)不适症状。人群总体、男性、女性的研究区不适症状的严重程度大多重于对照区,差异均有极显著性意义。

(5)健康信息、污染物关系。①不适症状和每年饮水量相关分析:$P=0.69$,即二者无直线相关关系。②不适症状和每年接触水时间相关分析:$r=0.16$,$P<0.001$,即二者呈正的直线相关关系。③疾病相关指标总分和每年饮水量相关分析:$P=0.92$,即二者无直线相关关系。④疾病相关指标总分和每年接触水时间相关分析:$r=0.14$,$P<0.001$,即二者呈正的直线相关关系。

(6)饮食摄入污染物和疾病。①经由饮水、喝粥(汤)摄入人体的污染物的量,除苊、菲、2,2′,5,5′-四氯联苯、毒虫畏、三硫磷外,其他都是研究区大于对照区,差异有显著性意义。②经由劳动、日常生活接触水时间可能摄入的污染物,大多是研究区大于对照区,差异有显著性意义。③经由饮水、喝粥(汤)摄入人体的污染物的量,除菲外,其他污染物摄入量与健康信息之间的差异有统计学意义。④经由劳动、日常生活接触水时间可能摄入的污染物,大多数和健康信息之间的差异,有统计学意义。

6.2.2.8　人群暴露特征分析

环境污染物或其代谢物的含量测定,是证实污染物危害性的最关键的客观依据。生物材料中有毒物质的增多说明了体内的过度吸收,尿样取样简便、无伤害,可以有效反映近期多种污染物的多途径暴露,是最常用的生物材料。

本研究选取松花江(吉林市江段)上游丰满断面为对照区,吉林下游龙潭断面为研究区。参考环境污染现状调查和健康问卷调查结果,2011年9月,分别对研究区域、龙潭区和对照区域、丰满区的三个村常住居民(在当地居住3年以上)进行生物样本(尿样)采集工作。采集人群为:研究区120人,对照区100人。

样品采集由项目单位吉林市疾病预防控制中心、项目对照区丰满区疾病预防控制中心、项目点江南乡卫生院及其小孤家子村、项目实验区龙潭区疾病预防控制中心、项目点金珠乡卫生院及其南兰村和安达村的四级相关医务人员共同完成。吉林市疾病预防控制中心负责采样前期的物质准备、人员培训、质量控制、样品保存和运输;丰满区、龙潭区疾病预防控制中心负责项目点的工作协调,并配合市疾控中心做好样品采集的质量控制和样品保存、传送;江南乡卫生院、金珠乡卫生院、小孤家子村村医、南兰村和安达村村医负责样品的采集登记和保存。

工作人员在样品采集前一天将尿样采集所需设备分发至采样目标人手中,同时叮嘱目标人采集早晨的第一次尿。采样当天,工作人员尽早、亲自收集样品。尿样采集后首先放在保温箱内,避光保存,冷冻,并尽快冷冻送达南开大学实验室,以防样品成分发生变化。

1)研究区尿液中重金属污染分布情况

采集人群血液、尿或毛发等生物材料标本,测定污染物在样本中的含量。

参考环境特征污染物的筛选结果，结合有关文献及专家建议，分别对实验区龙潭区南兰村和安达村 120 个生物样本和对照区丰满区小孤家子村 100 个生物样本进行分析、检测，确定生物样本（尿液）中四种重金属元素（Hg、Pb、Cr、Cd）的含量。有关结果初步分析如下。

（1）研究区与对照区重金属污染水平比较。由图 6-43 可以看出，研究区人群 Cr 浓度出现一个极大值，浓度为 1010.12μg/L，是研究区人群体内 Cr 平均浓度（111.681μg/L）的 9.045 倍；除去极大值，其他 119 个数据分布较为均匀，最小浓度为 0，最大浓度为 355.760μg/L。对照区人群 Cr 浓度分布较为平均，最小浓度为 19.260μg/L，最大浓度为 258.960μg/L。

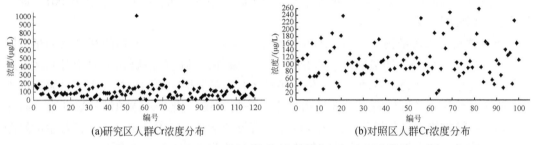

(a)研究区人群Cr浓度分布　　(b)对照区人群Cr浓度分布

图 6-43　研究区与对照区常住居民尿样中 Cr 含量分布图

由图 6-44 可以看出，研究区人群 Cd 浓度出现一个极大值，浓度为 66.34μg/L，是研究区人群体内 Cd 平均浓度（4.171μg/L）的 15.91 倍。对照区人群体内 Cd 的平均浓度为 4.318μg/L，最高浓度为 22.860μg/L，最低浓度为 0.020μg/L。其中，82% 的样本浓度分布在 0.020～6.20μg/L，18% 的样本浓度分布在 11.040～22.860μg/L。

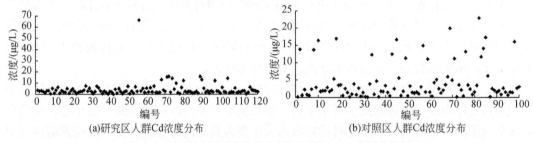

(a)研究区人群Cd浓度分布　　(b)对照区人群Cd浓度分布

图 6-44　研究区与对照区常住居民尿样中 Cd 含量分布图

由图 6-45 可以看出，研究区人群体内 Pb 的平均浓度为 58.645μg/L，样本浓度在 70μg/L 以下的为 88 人，浓度在 70～120μg/L、不包括 70μg/L 的为 15 人，浓度高于 120μg/L 的有 17 人，其中最高浓度为 376μg/L。《职业性慢性铅中毒诊断标准》（GBZ37—2002）中规定，尿铅诊断的起点值为 0.58μmol/L（0.12mg/L），即研究区人群 Pb 浓度达到尿铅诊断起点值的为 17 人，占样本总数的 14.17%。对照区人群体内 Pb 的平均浓度为 89.401μg/L，样本浓度在 70μg/L 以下的为 71 人，浓度为 0～120μg/L、不包括 70μg/L 的为 10 人，浓度高于 120μg/L 的有 19 人，其中最高浓度为 880μg/L。《职业性慢性铅中毒诊断标准》（GBZ37—2002）中规定，尿铅诊断的起点值为 0.58μmol/L（0.12mg/L），即对照区人群 Pb 浓度达到尿铅诊断起点值的为 19 人，占样本总数的 17%。

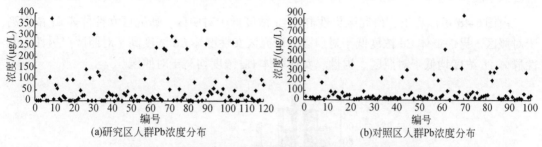

图 6-45　研究区与对照区常住居民尿样中 Pb 含量分布图

由图 6-46 可以看出，研究区人群体内重金属 Hg 的平均值为 1.571μg/L，最大值为 23.4μg/L，最小值为 0.05μg/L。其中 2 个样本重金属 Hg 的检测指标高于《职业性汞中毒诊断标准》（GBZ089—2007）中规定的尿汞正常参考值 0.01mg/L（0.05μmol/L），其浓度分别为 14.86μg/L 和 23.40μg/L。对照区人群体内重金属 Hg 的平均值 1.004μg/L，最大值为 4.4μg/L，最小值为 0μg/L。所有样本中重金属 Hg 的检测指标均未超过《职业性汞中毒诊断标准》（GBZ089—2007）中规定的尿汞正常参考值 0.01mg/L（0.05μmol/L）。

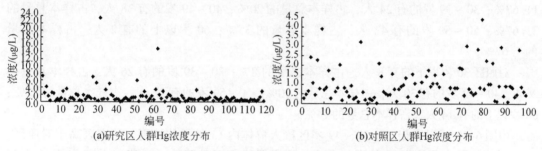

图 6-46　研究区与对照区常住居民尿样中 Hg 含量分布图

由图 6-47 可以看出，常住居民尿样中重金属 Cr 和 Hg 的平均浓度，研究区高于对照区；常住居民尿样中的重金属 Cd 和 Pb 的平均浓度，研究区低于对照区。

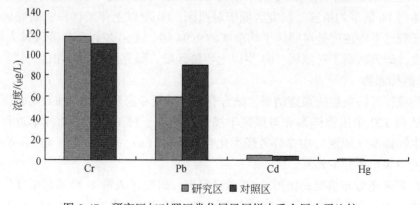

图 6-47　研究区与对照区常住居民尿样中重金属水平比较

（2）性别与重金属浓度的关系。研究区男性 73 人，占样本总量的 60.83%；女性 47 人，占样本总量的 39.17%。对照区男性 61 人，占样本总量的 61%；女性 39 人，占样本总量的 39%。

由图6-48 可以看出，研究区男性群体 Cr 浓度低于对照区，研究区女性群体 Cr 浓度高于对照区。男性群体 Cd 浓度低于对照区，研究区女性群体 Cd 浓度高于对照区。男性、女性群体 Pb 浓度均低于对照区。男性、女性群体 Hg 浓度均高于对照区。

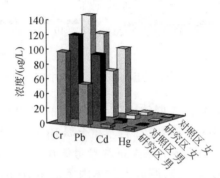

图6-48　研究区与对照区不同性别人群体内重金属浓度比较

（3）年龄段分布与重金属浓度的关系。研究区 30 岁以下的有 14 人，占样本总量的 11.67%；30～39 岁的有 24 人，占样本总量的 20%；40～49 岁的有 38 人，占样本总量的 31.67%；50～59 岁的有 42 人，占样本总量的 35%；60 岁以上的有 2 人，占样本总量的 1.67%。

对照区 30 岁以下的有 8 人，占样本总量的 8%；30～39 岁的有 26 人，占样本总量的 26%；40～49 岁的有 30 人，占样本总量的 30%；50～59 岁的有 22 人，占样本总量的 22%；60 岁以上的有 14 人，占样本总量的 14%。

由图6-49 可以看出：①30～49 岁区段人群体内 Cr 的平均浓度，研究区高于对照区。50～59 岁区段人群体内 Cr 的平均浓度，研究区略高于对照区。30 岁以下和 60 岁以上区段人群体内 Cr 的平均浓度，研究区低于对照区。②39 岁以下年龄区段人群体内 Cd 的平均浓度，研究区低于对照区。40 岁以上年龄区段人群体内 Cd 的平均浓度，研究区高于对照区。60 岁以上年龄区段，研究区平均浓度是对照区平均浓度的 4.55 倍。③60 岁以下年龄区段人群体内 Pb 的平均浓度，研究区低于对照区。60 岁以上年龄区段，研究区明显高于对照区，研究区平均浓度是对照区平均浓度的 9.94 倍。④60 岁以下年龄区段人群体内 Hg 的平均浓度，研究区高于对照区。60 岁以上年龄区段，研究区低于对照区。

2）暴露标志物

参考环境特征污染物的筛选结果，结合有关文献及专家建议，分别对实验区龙潭区南兰村和安达村 120 个生物样本和对照区丰满区小孤家子村 100 个生物样本进行分析、检测，确定生物样本（尿液）中多环芳烃类化合物苯并（a）芘的代谢产物——1-羟基芘的含量。有关结果初步分析如下。

（1）1-羟基芘分布情况。由图6-50 可以看出，研究区人群 1-羟基芘浓度出现了一个极大值，浓度为 5.517μg/L，是研究区人群体内 1-羟基芘平均浓度（0.242μg/L）的 22.8

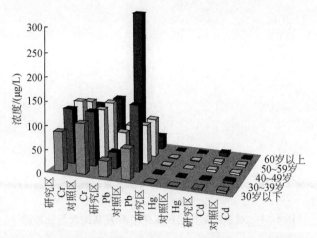

图 6-49 研究区与对照区不同年龄段人群体内重金属浓度比较

倍；除去极大值，其他 119 个数据分布较为均匀，最小浓度 0，最大浓度 1.292μg/L。其中，尿液中 1-羟基芘浓度低于 0.5μg/L 的为 108 人，占样本总量的 90%；浓度范围为 0.5～1μg/L 的为 7 人，占样本总量的 5.83%；浓度大于 1μg/L（包括极大值 5.517μg/L）的为 5 人，占样本总量的 4.17%。

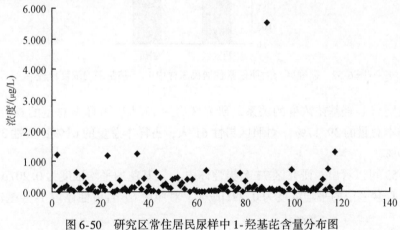

图 6-50 研究区常住居民尿样中 1-羟基芘含量分布图

由图 6-51 可以看出，对照区人群 1-羟基芘浓度同样出现一个极大值，浓度为 13.910μg/L，是对照区人群体内 1-羟基芘平均浓度（0.327μg/L）的 42.54 倍；除去极大值，其他 99 个数据分布较为均匀，最小浓度为 0，最大浓度为 1.785μg/L。其中，尿液中 1-羟基芘浓度低于 0.5μg/L 的为 90 人，占样本总量的 90%；浓度范围在 0.5～1μg/L 的为 6 人，占样本总量的 6%；浓度大于 1μg/L（包括极大值 13.910μg/L）的为 4 人，占样本总量的 4%。

（2）1-羟基芘平均水平对比。研究区人群体内 1-羟基芘的平均浓度为 0.242μg/L，最大值为 5.517μg/L，最小值为 0。对照区人群体内 1-羟基芘的平均浓度为 0.327μg/L，最大值为 13.910μg/L，最小值为 0。由图 6-52 可以看出，常住居民尿样中 1-羟基芘的平均

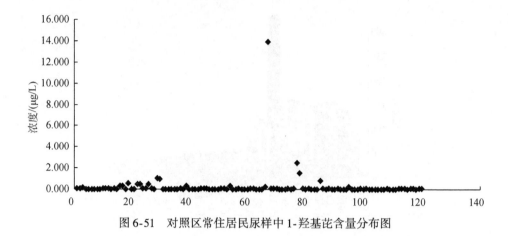

图 6-51　对照区常住居民尿样中 1-羟基芘含量分布图

浓度，研究区低于对照区。

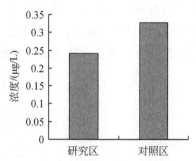

图 6-52　研究区与对照区常住居民尿样中 1-羟基芘平均浓度比较

（3）性别与 1-羟基芘浓度的关系。研究区男性 73 人，占样本总量的 60.83%；女性 47 人，占样本总量的 39.17%。对照区男性 61 人，占样本总量的 61%；女性 39 人，占样本总量的 39%。

由图 6-53 可以看出，研究区 73 名男性体内 1-羟基芘的平均浓度为 0.207μg/L；47 名女性体内的 1-羟基芘的平均浓度为 0.291μg/L。对照区 61 名男性体内 1-羟基芘的平均浓

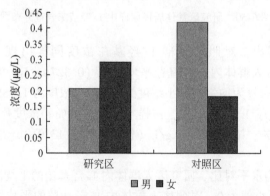

图 6-53　研究区与对照区不同性别人群体内 1-羟基芘浓度比较

度为 0.419μg/L；39 名女性体内 1-羟基芘的平均浓度为 0.182μg/L。研究区男性群体 1-羟基芘浓度低于对照区，研究区女性群体 1-羟基芘浓度高于对照区。

（4）年龄段分布与 1-羟基芘浓度的关系。研究区 30 岁以下的有 14 人，占样本总量的 11.67%；30 ~ 39 岁的有 24 人，占样本总量的 20%；40 ~ 49 岁的有 38 人，占样本总量的 31.67%；50 ~ 59 岁的有 42 人，占样本总量的 35%；60 岁以上的有 2 人，占样本总量的 1.67%。

对照区 30 岁以下的有 8 人，占样本总量的 8%；30 ~ 39 岁的有 26 人，占样本总量的 26%；40 ~ 49 岁的有 30 人，占样本总量的 30%；50 ~ 59 岁的有 22 人，占样本总量的 22%；60 岁以上的有 14 人，占样本总量的 14%。

由图 6-54 可以看出：①研究区 30 岁以下人群 1-羟基芘的平均浓度为 0.324μg/L；30 ~ 39 岁人群 1-羟基芘的平均浓度为 0.162μg/L；40 ~ 49 岁人群 1-羟基芘的平均浓度为 0.176μg/L；50 ~ 59 岁人群 1-羟基芘的平均浓度为 0.320μg/L；60 岁以上人群 1-羟基芘的平均浓度为 0.1μg/L。对照区 30 岁以下人群 1-羟基芘的平均浓度为 0.220μg/L；30 ~ 39 岁人群 1-羟基芘的平均浓度为 0.212μg/L；40 ~ 49 岁人群 1-羟基芘的平均浓度为 0.629μg/L；50 ~ 59 岁人群 1-羟基芘的平均浓度为 0.151μg/L；60 岁以上人群 1-羟基芘的平均浓度为 0.231μg/L。②30 ~ 49 岁区段和 60 岁以上区段，人群体内 1-羟基芘的平均浓度，研究区低于对照区。30 岁以下和 50 ~ 59 岁区段人群体内 1-羟基芘的平均浓度，研究区高于对照区。其中，40 ~ 49 岁区段，对照区明显高于研究区。

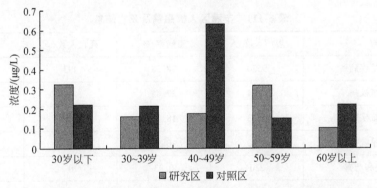

图 6-54　研究区与对照区不同年龄段人群体内 Cr 浓度比较

6.2.2.9　健康效应谱分析

根据上呼吸道感染诊断标准，将上呼吸道感染分为 5 级，如图 6-55 所示。早期：咽部不适、干燥或咽痛，继而出现喷嚏、流涕、鼻塞、咳嗽。中期：可伴有头痛、发热、声音嘶哑、乏力、肢体酸痛、食欲减退。晚期：鼻、咽、喉明显充血、水肿，颌下淋巴结肿大、压痛。

根据研究区调查总人数及各个级度人群的数量，以上呼吸道感染等级为横坐标，以出现例数为纵坐标作图，如图 6-56 所示。

图 6-55　上呼吸道感染效应谱

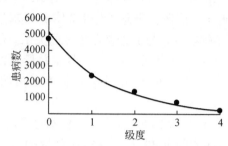

图 6-56　不同级度上呼吸道感染患病人数

将各级度患病数代入公式，得

$$y_i = 5168.8 \times e^{-0.7293x} = 5168.8 \times 0.45280^x$$

依据上呼吸道感染级度分布规律，以实际调查资料中上呼吸道感染出现的频率，估计理论患病率，得到理论患病率为 47.10%，与实际调查得到的患病率 50.05% 差别不大，能够较好地吻合。

6.2.2.10　秩和比法判断死因顺位

根据 2007 年吉林省丰满区循环系统疾病、肿瘤等十种疾病的患病率和致死率，以秩和比法判断丰满区的死因顺位。丰满区患病率和死亡率见表 6-111。

表 6-111　丰满区人群患病及死亡信息

疾病	患病人数/人	患病率/%	死亡人数/人	死亡率/%
循环系统疾病	9520	38.58	493	2.00
消化系统疾病	6774	27.45	41	0.17
呼吸系统疾病	4623	18.73	39	0.16
泌尿生殖系统疾病	2560	10.37	11	0.04
妊娠分娩和产褥	230	0.93	0	0.00
内分泌系统疾病	218	0.88	14	0.06
肿瘤	150	0.61	271	1.10
血液系统疾病	21	0.09	10	0.04
意外伤害	12	0.05	23	0.09
神经系统疾病	4	0.02	5	0.02

从专业角度看，患病率和死亡率为低优指标，按从大到小进行编秩，其编秩结果见表 6-112。

表 6-112 人群疾病及 RSR 值计算表

疾病	患病率/%		死亡率/%		RSR	排序
	X_1	R_1	X_2	R_2		
循环系统疾病	38.58	1	2.00	1	0.1	10
消化系统疾病	27.45	2	0.17	3	0.25	9
呼吸系统疾病	18.73	3	0.16	4	0.35	8
泌尿生殖系统疾病	10.37	4	0.04	7	0.55	6
妊娠分娩和产褥	0.93	5	0.00	10	0.75	3
内分泌系统疾病	0.88	6	0.06	6	0.6	5
肿瘤	0.61	7	1.10	2	0.45	7
血液系统疾病	0.09	8	0.04	8	0.8	2
意外伤害	0.05	9	0.09	5	0.7	4
神经系统疾病	0.02	10	0.02	9	0.95	1

1）计算秩和比

根据公式计算各类疾病的 RSR，其结果见表 6-113。例如，对于循环系统疾病，有

$$RSR = \frac{1}{2 \times 10}(1 + 1) = 0.1$$

表 6-113 RSR 分布

疾病	RSR*	频数 f	Σf	累计频率	概率单位 Y
循环系统疾病	0.10	1	1	10	3.7184
消化系统疾病	0.25	1	2	20	4.1584
呼吸系统疾病	0.35	1	3	30	4.4756
肿瘤	0.45	1	4	40	4.7467
泌尿生殖系统疾病	0.55	1	5	50	5.0000
内分泌系统疾病	0.60	1	6	60	5.2533
意外伤害	0.70	1	7	70	5.5244
妊娠分娩和产褥	0.75	1	8	80	5.8416
血液系统疾病	0.80	1	9	90	6.2816
神经系统疾病	0.95	1	10	97.5**	6.9600

*按 RSR 值从小到大排序；**此处以（1-1/4n）×100 估算

其他疾病类推，根据 RSR 值大小对十种疾病进行排序，RSR 值越大，损害程度越小。可以看出，丰满区循环系统疾病对人类的健康损害最大，神经系统疾病对人类的健康损害最小。

2）确定 RSR 的分布

编制 RSR 频数分布表，确定各组 RSR 的平均秩次 R，按公式 $p = \bar{R}/n$ 计算累计频率，参照常用百分率与概率单位表，得出概率单位值，见表 6-114。

表6-114 部分百分率与概率单位表

%	0.0	0.1	0.2	0.3	0.4	0.5	0.6	0.7	0.8	0.9
10	3.7184	3.7241	3.7298	3.7354	3.7409	3.7464	3.7519	3.7547	3.7625	3.7681
20	4.1584	4.1619	4.1655	4.1690	4.1726	4.1761	4.1796	4.1831	4.1866	4.1901
30	4.4756	4.4785	4.4813	4.4842	4.4871	4.4899	4.4982	4.4956	4.4985	4.5013
40	4.7467	4.7492	4.7518	4.7544	4.7570	4.7596	4.7622	4.7647	4.7673	4.7699
50	5.0000	5.0025	5.0050	5.0075	5.0100	5.0125	5.0150	5.0175	5.0201	5.0226
60	5.2533	5.2559	5.2585	5.2611	5.2627	5.2663	5.2689	5.2715	5.2741	5.2767
70	5.5244	5.5273	5.5302	5.5330	5.5359	5.5388	5.5417	5.5445	5.5476	5.5505
80	5.8416	5.8452	5.8488	5.8524	5.8560	5.8596	5.8633	5.8669	5.8705	5.8742
90	6.2816	6.2673	6.2930	6.2988	6.3047	6.3106	6.3165	6.3225	6.3285	6.3346
91	6.3408	6.3469	6.3532	6.3595	6.3658	6.3722	6.3787	6.3852	6.3917	6.3984
92	6.5051	6.4118	6.4187	6.4255	6.4325	6.4395	6.4466	6.4538	6.4611	6.4584
93	6.5758	6.4833	6.4909	6.4985	6.5063	6.5141	6.5220	6.5301	6.5328	6.5484
94	6.5548	6.5632	6.5718	6.5805	6.5893	6.5982	6.6072	6.6164	6.6258	6.6352
95	6.6449	6.6546	6.6646	6.6747	6.6849	6.6954	6.7050	6.7169	6.7279	6.7392
96	6.7507	6.7624	6.7744	6.7866	6.7991	6.8119	6.8250	6.8384	6.8522	6.8663
97	6.8808	6.8957	6.9110	6.9268	6.9431	6.9600	6.9774	6.9954	7.0141	7.0335
98	7.0537	7.0749	7.0969	7.1201	7.1444	7.1701	7.1973	7.2262	7.2571	7.2904
99	7.3263	7.3656	7.4089	7.4573	7.5121	7.5758	7.6521	7.7478	7.8782	8.0902

3）计算回归方程

以 RSR 为应变量，概率单位 Y 为自变量进行线性回归，得 $RSR = -0.8161 + 0.2629Y$，方差分析结果显示，$F = 255.43$，$P = 2.35 \times 10^{-7} < 0.01$，$R^2 = 0.9696$，说明所求线性回归方程是非常显著的。

4）分档排序

在本例中，可以按照概率单位来进行分档，根据常用分档情况下的百分位数 P_x 临界值及其对应的概率单位 Probit 值（表 6-115），按照最佳分档原则，每档至少 2 例，结合本例实际，拟以临界值 3.7、4.8、5.9 分为三档，按照回归方程，对应的临界 RSR 值分别为 0.16、0.45、0.74，如表 6-116 所示。

表 6-115 常用分档情况下的百分位数 P_x 临界值及其对应的概率单位 Probit 值

分档数	百分位数 P_x	Probit	分档数	百分位数 P_x	Probit
3	$<P_{15.866}$	<4	6	$P_{2.275} \sim$	$3 \sim$
	$P_{15.866} \sim$	$4 \sim$		$P_{15.866} \sim$	$4 \sim$
	$P_{84.134} \sim$	$6 \sim$		$P_{50} \sim$	$5 \sim$
4	$<P_{6.681}$	<3.5		$P_{84.134} \sim$	$6 \sim$
	$P_{6.681} \sim$	$3.5 \sim$		$P_{97.725} \sim$	$7 \sim$
	$P_{50} \sim$	$5 \sim$	7	$<P_{1.618}$	<2.86
	$P_{93.319} \sim$	$6.5 \sim$		$P_{1.618} \sim$	$2.86 \sim$
5	$<P_{3.593}$	<3.2		$P_{10.027} \sim$	$3.72 \sim$
	$P_{3.593} \sim$	$3.2 \sim$		$P_{33.360} \sim$	$4.57 \sim$
	$P_{27.425} \sim$	$4.4 \sim$		$P_{67.003} \sim$	$5.44 \sim$
	$P_{72.575} \sim$	$5.6 \sim$		$P_{89.973} \sim$	$6.28 \sim$
	$P_{96.407} \sim$	$6.8 \sim$		$P_{98.382} \sim$	$7.14 \sim$
6	$<P_{2.275}$	<3			

表 6-116 十种疾病的分档排序

等级	概率单位 Y	RSR	分档排序结果
上	$Y \geqslant 5.9$	$\geqslant 0.74$	血液系统疾病、神经系统疾病
中	$4.8 \leqslant Y < 5.9$	$0.45 \leqslant RSR < 0.74$	泌尿生殖系统疾病、内分泌系统疾病、意外伤害、妊娠分娩和产褥
下	$3.7 \leqslant Y < 4.8$	$0.16 \leqslant RSR < 0.45$	循环系统疾病、消化系统疾病、呼吸系统疾病、肿瘤

从表 6-116 中可以看出，血液系统疾病和神经系统疾病为上档，泌尿生殖系统疾病、内分泌系统疾病、意外伤害、妊娠分娩和产褥属于中档，循环系统疾病、消化系统疾病、呼吸系统疾病、肿瘤属于下档。

6.2.3 松花江区域环境污染与健康损害评估研究

松花江区域环境污染与健康损害评估包括环境污染评估、健康效应评估和区域人群健康危害评估。

6.2.3.1 区域环境污染评估

1）区域环境污染状况评估

不同的环境介质有不同的评估方法，由于研究区特征污染物较多，因此本研究仅以地表水环境污染评估和地下水环境污染评估为例。

（1）地表水环境污染评估。在环境污染调查和特征污染因子物筛选的基础上，依据国家相关评价技术规范，采用污染指数法进行环境污染评估。

首先根据污染物指标对环境的毒性、污染危害特点将污染物指标分为五类，如表 6-117

所示，然后计算单项污染因子的标准指数值，进而分别计算五类污染物的污染指数，并得出总污染物综合指数对地表水环境质量进行评价。

表 6-117　污染指数法的污染物指标分类及计算模式

分类	指标
第 Ⅰ 类：剧毒污染物	—
第 Ⅱ 类：强致癌污染物	多环芳烃（PAHs）等
第 Ⅲ 类：致癌污染物	多氯联苯（PCB）、硝基苯、镉（Cd）、铬（Cr）、砷（As）等
第 Ⅳ 类：有毒非致癌污染物	汞（Hg）、铅（Pb）、有机磷农药、有机氯农药等
第 Ⅴ 类：非致癌污染物	Zn、Cu 等
合计	—

单项污染因子的标准指标值计算公式为：$P_i = C_i/C_{0i}$，其中，C_i、C_0 分别为任意污染物的测定值和标准值（mg/L）。鉴于部分污染物暂不能查找到环境中的背景值，因此将对照区的浓度值设为参考值。

按综合污染指数的超标程度分为 8 个级别，分别为：① $P<1$，不污染；② $1 \leqslant P<2$，轻微污染；③ $2 \leqslant P<4$，中等污染；④ $4 \leqslant P<10$，污染；⑤ $10 \leqslant P<16$，较重污染；⑥ $16 \leqslant P<24$，严重污染；⑦ $24 \leqslant P<40$，极严重污染；⑧ $P \geqslant 40$，特别严重污染。

根据以上污染指数法计算得到松花江段龙潭区地表水环境的污染综合指数为：$P=8.863$，即研究区地表水环境属于严重污染。

对综合指数贡献最大的为 Pb，其单项污染因子的指标值达到 10.81；其次为 α-六六六、As、β-六六六、马拉硫磷、七氯、八氯联苯，其单项污染因子指标值分别为 $P_{\alpha-六六六}=6$、$P_{As}=4.086$、$P_{\beta-六六六}=2.942$、$P_{\beta-六六六}=2.857$、$P_{七氯}=2.8$、$P_{八氯联苯}=2.766$。

（2）地下水环境污染评估。地下水环境污染评估采用内梅罗指数法，首先进行各单项水质参数评价，然后对地下水环境质量进行综合评价。

$$P_i = C_i/C_{0i}$$

$$P = \left\{ \frac{(\max P_i)^2 + \left(\dfrac{1}{n} \displaystyle\sum_{i=1}^{n} P_i \right)^2}{2} \right\}^{\frac{1}{2}}$$

式中，P 为总的污染物综合指数；P_i 为第 i 种污染物的综合指数；C_i、C_{0i} 分别为任意污染物的测定值和标准值（mg/L）；n 为污染物项数；i 为全体单项污染物集合个数。

根据内梅罗污染综合指数 P 值划分等级，$P \leqslant 1$，未污染；$P>1$，已经污染，并且 P 值越大地下水污染越严重。

依据《地表水和污水监测技术规范》（HJ/T91—2002）及《地下水环境监测技术规范》（HJ/T164—2004），分别在研究区域龙潭区和研究区域丰满区采集地下水样进行测定。通过样本检测分析，共检测出 4 种重金属污染物、41 种有机污染物（表 6-118）。

鉴于部分污染物暂不能查找到环境中的背景值，因此将对照区的浓度值设为参考值。根据前述计算方法对各单项水质参数进行评价，然后对地下水环境质量进行综合评价。

表 6-118　松花江龙潭断面地下水污染物的检出浓度

水样项目		研究区							对照区			
		1#	2#	3#	4#	5#	6#	平均值	1#	2#	3#	平均值
PAHs	萘	0.3	0.162	0.11	0.076	0.134	0.234	0.169	0.197	0.219	0.168	0.195
	苊烯	0.001	0.001	0.001	0.002	0.001	0.004	0.002	0.002	0.002	0.001	0.002
	苊	0.004	0.004	0.003	0.009	0.004	0.005	0.005	0.006	0.005	0.004	0.005
	芴	0.102	0.089	0.098	0.096	0.099	0.1	0.097	0.193	0.179	0.178	0.183
	菲	0.029	0.019	0.019	0.033	0.028	0.031	0.027	0.025	0.038	0.023	0.029
	蒽	0.002	0.002	0.002	0.003	0.029	0.003	0.007	0.002	0.004	0.002	0.003
	荧蒽	0.004	0.003	0.003	0.003	0.003	0.004	0.003	0.004	0.005	0.003	0.004
	芘	0.008	0.006	0.006	0.007	0.005	0.005	0.006	0.01	0.009	0.01	0.010
	苯并 [a] 蒽	0.007	0.007	0.007	0.007	0.007	0.007	0.007	0.007	0.013	0.007	0.009
	屈	0.008	0.008	0.007	0.007	0.007	0.007	0.007	0.007	0.014	0.007	0.009
	苯并 [b] 荧蒽	0.009	0.008	0.008	0.008	0.008	0.009	0.008	0.008	0.017	0.008	0.011
	苯并 [k] 荧蒽	0.012	0.012	0.012	0.012	0.012	0.013	0.012	0.012	0.024	0.012	0.016
	苯并 [a] 芘	0.012	0.011	0.011	0.011	0.012	0.011	0.011	0.011	0.022	0.011	0.015
	茚 (1, 2, 3-c、d) 芘	0.012	0.011	0.012	0.011	0.011	0.012	0.012	0.011	0.023	0.011	0.015
	苯并 [g, h, i] 苝	0.011	0.01	0.011	0.01	0.01	0.011	0.011	0.012	0.021	0.011	0.015
	总量	0.521	0.353	0.31	0.296	0.37	0.456	—	0.507	0.595	0.456	—
PCB	2, 2′, 5, 5′- 四氯联苯	0.008	0.013	0.044	0.091	0.004	0.002	0.027	0.084	0.002	0.002	0.088
	2, 2′, 4, 5, 5′- 五氯联苯	—	—	0.002	—	0.002	0.001	0.001	—	0.003	0.004	0.007
	2, 2′, 3, 3′, 4, 4′, 5, 5′-八氯联苯	0.158	0.145	0.164	0.154	0.152	0.119	0.149	0.255	0.271	0.218	0.744
	总量	0.166	0.158	0.21	0.245	0.158	0.122	—	0.339	0.276	0.224	—
硝基苯		0.093	0.209	0.128	0.127	0.096	0.111	0.127	0.116	0.109	0.097	0.1207
有机氯农药	β-六六六	3.614	3.643	3.825	20.082	3.02	2.323	6.085	17.967	2.803	3.305	8.025
	γ-六六六	0.027	0.04	0.027	0.027	0.027	0.029	0.030	0.029	0.057	0.027	0.038
	Δ-六六六	—	—	—	0.018	0.001	—	0.003	—	0.002	—	0.001
	Heptachlor 七氯	0.114	0.075	0.043	0.033	0.037	0.033	0.056	0.078	0.316	0.082	0.159
	Endrin 异狄氏剂	0.126	0.163	0.05	0.44	0.355	0.043	0.196	0.075	0.759	0.077	0.304
	Heptachlor epoxide 环氧庚氯烷	0.522	0.462	0.539	0.464	0.467	0.453	0.485	1.026	0.978	1.033	1.012
	Endrin aldehyde 异狄氏醛	0.003	0.002	—	—	—	—	0.003	—	—	—	0.000
	p, p′-DDD	0.029	0.03	0.029	0.029	0.029	0.029	0.029	0.029	0.058	0.029	0.039

水样项目		研究区							对照区			
		1#	2#	3#	4#	5#	6#	平均值	1#	2#	3#	平均值
OPs	敌敌畏	0.044	0.032	0.036	0.036	0.032	0.036	0.036	0.038	0.128	0.036	0.067
	地虫磷	0.019	0.018	0.019	0.019	0.02	0.019	0.019	0.018	0.039	0.019	0.025
	二嗪农	0.029	0.023	0.013	0.014	0.014	0.013	0.018	0.015	0.041	0.013	0.023
	杀螟硫磷	0.074	0.066	0.071	0.063	0.076	0.064	0.069	0.091	0.148	0.088	0.109
	甲基嘧啶磷	0.021	0.021	0.021	0.021	0.021	0.021	0.021	0.021	0.043	0.021	0.028
	马拉硫磷	0.093	0.074	0.094	0.071	0.088	0.084	0.084	0.109	0.164	0.095	0.123
	毒死蜱	0.107	0.095	0.086	0.09	0.137	0.11	0.104	0.1	0.249	0.105	0.151
	毒虫畏	0.022	0.019	0.019	0.024	0.019	0.021	0.021	0.02	0.038	0.021	0.026
	杀扑磷	0.028	0.028	0.028	0.028	0.028	0.028	0.028	0.028	0.057	0.028	0.038
	乙硫磷	0.032	0.033	0.032	0.031	0.031	0.032	0.032	0.03	0.062	0.031	0.041
	三硫磷	0.031	0.031	0.031	0.031	0.031	0.031	0.031	0.031	0.061	0.031	0.041
	伏杀磷	0.052	0.039	0.033	0.037	0.034	0.036	0.039	0.034	0.068	0.033	0.045
	甲基毒死蜱	0.403	0.325	0.203	0.302	0.279	0.575	0.348	0.154	0.369	0.103	0.209
Cr		10.871	7.828	4.44	8.18	12.948	16.96	10.205	—	—	—	—
Cd		—	0.139	0.53	1.29	0.008	0.99	0.493	—	—	—	—
Pb		2.096	0.893	3.53	7.24	0.813	7.13	3.617	—	—	—	—
Hg		—	—	—	—	—	—	0.000	—	—	—	—

根据以上内梅罗污染综合指数法计算得到松花江段龙潭区地表水环境的污染综合指数为：$P=7.2641$，即研究区域的地下水环境已经受到污染。

2）环境污染的生物毒性综合效应评估

（1）特征污染物权重。研究区特征污染物致癌性分类权重见表 6-119。

表 6-119　松花江特征污染物 IARC 化学物质致癌性分类与 IRIS 化学物质致癌性分类

序号	污染物	权重	
		IARC	IRIS
1	Cr（VI/III）	G1/G3	A/C
2	七氯	G2B	B2
3	As	G1	A
4	苯并（a）芘	G2B	B2
5	β-六六六	G2B	B2
6	甲基毒死蜱	G4	D
7	Pb	G2B	B2
8	Hg	G4	D
9	苯并［a］蒽	G2B	B2
10	硝基苯	G2B	B2
11	四氯间二甲基苯	G4	D

（2）生物毒性评价。评价方法如下。

Ⅰ. 潜在生物毒性指数法——以 Cr 为例。根据 Cr 对斜生栅藻等三种藻类的 EC_{50}，按照公式

$$TU = \frac{100}{IC_{50}(\text{或}EC_{50})}$$

计算吉林省 16 家企业排放污水的毒性单位，并代入公式

$$PEEP = \log\left[1 + n\left(\sum_{1}^{n}\frac{TU_i}{N}\right)Q\right]$$

计算 PEEP 值，见表 6-120。

表 6-120　吉林省综合生物毒理指标综合评价

污染源	斜生栅藻 TU	普通小球藻 TU	理纤维藻 TU	污染物量/（m³/a）	PEEP
"中国石油" 吉林石化公司污水处理厂	200	20	29.41	50479430	10.10
吉林晨鸣纸业有限责任公司	200	20	29.41	27123300	9.83
吉林化纤集团有限责任公司	200	20	29.41	16484800	9.61
吉林铁合金股份有限责任公司	200	20	29.41	10486006	9.42
中钢集团吉林炭素股份有限公司	200	20	29.41	9611283	9.38
"中国石油" 吉林石化公司电石厂	200	20	29.41	7371890	9.26
"中国石油" 吉林石化公司有机合成厂	200	20	29.41	5446132	9.13
"中国石油" 吉林石化公司化肥厂	200	20	29.41	4569534	9.06
"中国石油" 吉林石化公司炼油厂	200	20	29.41	4059585	9.01
"中国石油" 吉林石化公司聚乙烯厂	200	20	29.41	2034970	8.71
"中国石油" 吉林石化公司丙烯腈厂	200	20	29.41	1832838	8.66
吉林燃料乙醇有限责任公司	200	20	29.41	1794425	8.65
"中国石油" 吉林石化公司动力一厂	200	20	29.41	1582320	8.60
华润雪花啤酒（吉林）有限公司	200	20	29.41	1536000	8.58
吉林市华康益民木糖有限公司	200	20	29.41	1293600	8.51
"中国石油" 吉林石化公司合成树脂厂	200	20	29.41	1284810	8.51

从表 6-122 可以看出，吉林省 16 家企业的综合毒性 PEEP 均大于 6，说明污水在排放前需根据毒性削减评价程序制订有毒污染物削减计划，采取治理措施。

Ⅱ. 综合毒性风险评价。根据 Cr 对斜生栅藻等三种藻类的 EC_{50}，计算其毒性单位，并对其赋值，见表 6-121 和表 6-122。

表 6-121　不同藻类 Cr 的 EC_{50}　　　　（单位：mg/L）

藻类	EC_{50}
斜生栅藻	0.5
普通小球藻	5
理纤维藻	3.4

表 6-122　毒性赋值表

藻类	TU	WS
斜生栅藻	200	4
普通小球藻	20	4
理纤维藻	29.41	4

由公式

$$TRI = \frac{\sum\limits_{1}^{N} WS_i}{N(WS_{max})} \times 100$$

计算得出综合毒性风险指数 TRI = 100%，对照风险等级表可知，属于Ⅲ级高度毒性风险。

6.2.3.2　环境污染健康效应评估

运用健康状态指数法对松花江区域环境污染健康效应进行评估。

对于每种标志物，其变化因子按下式计算：

$$AF = \frac{m_u}{m_c}$$

式中，m_u 为某样品标志物平均值；m_c 为对照样品标志物平均值。

由表 6-123 可以看出，研究区男性体内 1-羟基芘的平均浓度为 0.207μg/L；女性体内的 1-羟基芘的平均浓度为 0.291μg/L。对照区男性体内 1-羟基芘的平均浓度为 0.419μg/L；女性体内 1-羟基芘的平均浓度为 0.182μg/L。研究区男性群体 1-羟基芘浓度低于对照区，AF = 0.49 < 0.50，与对照区相比有很大的变化，但这种变化处于强烈自然因子诱导的变化范围之内；研究区女性群体 1-羟基芘浓度高于对照区，AF = 1.60 > 1.20，变化幅度大于 20%，且与对照差异显著，且这种变化是生物体最早的生理学响应。

表 6-123　人群体内 1-羟基芘的平均浓度　　　　　　（单位：μg/L）

项目	研究区	对照区	AF
男性	0.207	0.419	0.49
女性	0.291	0.182	1.60
合计	0.242	0.327	0.74

总人群的 1-羟基芘的变化因子 AF = 0.74 < 0.80，且研究区人群体内 1-羟基芘的平均浓度比对照区人群体内浓度低 25.99%，变化率大于 20%，与特定临界值（表 6-124）进行比较，发现这种变化是生物体最早的生理学响应。

表 6-124　生物标志物变化水平（AL）的确定

响应值持续降低的因子		响应值持续增加或钟形响应的因子		生物学相关性
AF>0.80	NA	AF<1.20	NA	与对照相比，有较小变化（±20%）；虽然具有统计学显著性，但并不认为是显著的生物学变化
AF<0.80	–	AF>1.20	+	变化幅度大于20%，且与对照差异显著。这种变化是生物体最早的生理学响应
AF<0.50	–	AF>2.00	++	与对照相比有很大的变化，但这种变化处于强烈自然因子诱导的变化范围之内
AF<0.15	–	AF>3.00	+++	变化幅度超出自然逆境诱导的范围，表明健康状态发生了病理性变化

AF. 变化幅度；NA. 无变化；+. 增加；–. 减小

6.2.3.3　区域人群健康危害评估

运用健康风险评价方法对松花江区域进行人群健康危害评估。

1）剂量-反应关系评估

依据毒理学研究资料，将重点研究物质分为有阈化学物和无阈化学物；对于有阈化学物，因其暴露与人群健康效应之间的定量关系是以该物质的参考剂量（RfD）来表示的，参考剂量主要参照美国环保局综合风险信息数据库（IRIS）的最新数据。无阈化学物的剂量与致癌反应率之间的定量关系以致癌强度系数（CPF）表示，某些物质的致癌强度系数可查阅 IRIS 数据库，对于不能直接查到致癌强度系数的物质，则根据毒理资料和人群流行病学资料估算。根据所查询的资料确定的重点研究物质的 RfD 或 CPF 见表 6-125。

表 6-125　化学物质毒理学数值

致癌斜率因子 SF/[mg/(kg·d)]			非致癌参考剂量 RfD		
污染物	经口摄入	皮肤接触	污染物	经口摄入	皮肤接触
砷	1.50E+00	1.50E+00	铬（三价）	1.50E+00	1.95E-02
铅	8.50E-03	—	汞	3.00E-04	2.10E-05
硝基苯	1.40E-01	1.40E-01			
苯并[a]蒽	7.30E-01	7.30E-01			
苯并[a]芘	7.30E+00	7.30E+00			
七氯	4.50E+00	4.50E+00			
β-六六六	1.80E+00	1.80E+00			

2）暴露评价

暴露评价是对人群暴露于环境介质中有害污染因子的强度、频率和时间进行测量、估算或预测的过程。为了进行暴露评价，需要确定人群对环境中化学物质的暴露途径、暴露浓度、暴露频率和暴露持续时间，在获得以上参数的基础上，利用 EPA 的暴露评价模型计算人群对于有害污染因子的暴露剂量。

（1）暴露途径。人群对于化学物质的暴露途径有三种：皮肤接触、经口（包括食品摄入和饮水）和呼吸。研究对松花江典型污染区段（吉林江段）地表水、地下水、鱼类、水稻、玉米进行采样与分析，筛选出这些介质中主要的特征污染物 Cr、七氯、As、苯并（a）芘、β-六六六、Pb、Hg、苯并（a）蒽、硝基苯。根据其理化性质及有关调查数据和毒理学资料，本研究考虑皮肤接触水、饮水摄入、食物摄入 3 种具体途径。

（2）暴露模型。不同情况的暴露模型如下。

Ⅰ．皮肤接触水。对于接触水的皮肤暴露（包括日常洗漱、洗澡的皮肤暴露）剂量可通过下式计算得到：

$$\text{AbsorbedDose} = \frac{\text{CW} \times \text{SA} \times \text{PC} \times \text{ET} \times \text{EF} \times \text{ED} \times \text{CF}}{\text{BW} \times \text{AT}}$$

式中，CW 为水中污染物浓度（mg/L）；SA 为皮肤接触表面积（cm²）；PC 为具体的化学物质皮肤渗透常数（cm/h）；ET 为暴露时间（h/d）；EF 为暴露频率（d/a）；ED 为暴露持续时间（a）；CF 为转换因子（1 L/1000cm³）；BW 为体重（kg）；AT 为平均接触时间（d）。

Ⅱ．饮水摄入。人体饮水途径下对污染物暴露的日均剂量的计算方法：

$$\text{Intake} = \frac{\text{CW} \times \text{IR} \times \text{EF} \times \text{ED}}{\text{BW} \times \text{AT}}$$

式中，CW 为水中污染物浓度（mg/L）；IR 为摄入率（L/d）；EF 为暴露频率（d/a）；ED 为暴露持续时间（a）；BW 为体重（kg）；AT 为平均接触时间（d）。

Ⅲ．食物摄入。人体经食物摄入对污染物暴露的日均剂量的计算方法：

$$\text{ADD} = \frac{\text{CF} \times \text{IR} \times \text{FI} \times \text{EF} \times \text{ED}}{\text{BW} \times \text{AT}}$$

式中，CF 为食品中污染物浓度（mg/kg）；IR 为摄入率（kg/meal）；FI 为被摄入污染源比例（无量纲）；EF 为暴露频率（meal/a）；ED 为暴露持续时间（a）；BW 为体重（kg）；AT 为平均时间（d）。

（3）暴露参数。暴露参数如表 6-126 ~ 表 6-128 所示。

表 6-126 皮肤摄入暴露量参数

参数	成人参考值	数据来源
SA	男：19 600	EPA
	女：16 900	EPA
ET	0.2	EPA
EF	365	EPA
ED	30	EPA
CF	1.00E–03	EPA
BW	男：82.19	EPA
	女：69.45	EPA
AT	致癌：70×365	EPA
	非致癌：ED×365	EPA

表 6-127　饮水暴露参数

参数	成人参考值	数据来源
IR	2.00	EPA
EF	365	EPA
ED	30	EPA
BW	男：82.19	EPA
	女：69.45	EPA
AT	致癌：70×365	EPA
	非致癌：ED×365	EPA

表 6-128　食品摄入暴露参数

参数	成人参考值	数据来源
IR	2.00	EPA
EF	365	EPA
ED	30	EPA
BW	男：82.19	EPA
	女：69.45	EPA
AT	致癌：70×365	EPA
	非致癌：ED×365	EPA

（4）暴露剂量计算。根据暴露参数模型，计算重金属和有机物在不同介质不同途径下的暴露剂量见表 6-129。由表可以看出，重金属污染物的暴露剂量中，Cr> Pb> As> Hg，Cr 的贡献率最大为 82.2%，其次是 Pb 为 17.6%；通过鱼类摄入为重金属污染物的主要暴露途径，其次为通过玉米摄入；人群有机污染物暴露剂量中，β-六六六> 七氯> 硝基苯> 苯并 [a] 芘> 苯并 [a] 蒽，β-六六六贡献率最大为 62.5%，其次是七氯为 13.5%；通过皮肤接触摄入为有机污染物的主要暴露途径，其次为玉米摄入。

表 6-129　重金属和有机物不同暴露途径下的日均暴露剂量

［单位：mg/（kg·d）]

		污染物	水稻摄入	玉米摄入	鱼类摄入	饮水摄入	皮肤接触	∑暴露剂量
男性	重金属	Cr	4.10E-03	5.41E-03	9.64E-03	1.66E-04	3.05E-03	2.24E-02
		As	—	—	—		6.55E-05	6.55E-05
		Pb	1.07E-03	3.11E-03		2.51E-05	5.81E-04	4.78E-03
		Hg	3.63E-06	6.09E-06		—	2.13E-06	1.19E-05
		合计	5.17E-03	8.53E-03	9.64E-03	1.91E-04	3.70E-03	2.72E-02
	有机物	七氯	9.30E-06	4.59E-05	5.42E-10	9.40E-07	5.19E-06	6.13E-05
		苯并 [a] 芘	5.62E-06	7.54E-06	1.41E-10	1.30E-07	6.18E-07	1.39E-05
		β-六六六	3.26E-05	2.04E-05	1.57E-09	7.02E-05	1.59E-04	2.83E-04
		苯并 [a] 蒽	5.10E-06	6.45E-06	2.77E-10	7.30E-08	3.76E-07	1.20E-05
		硝基苯	2.60E-05	2.65E-05	—	1.26E-06	7.12E-06	6.09E-05
		合计	7.86E-05	1.07E-04	2.53E-09	7.26E-05	1.72E-04	4.31E-04

	污染物		水稻摄入	玉米摄入	鱼类摄入	饮水摄入	皮肤接触	Σ暴露剂量
女性	重金属	Cr	4.85E-03	6.41E-03	1.14E-02	1.96E-04	2.63E-03	2.55E-02
		As	—	—	—		5.65E-05	5.65E-05
		Pb	1.27E-03	3.68E-03	—	2.98E-05	5.01E-04	5.47E-03
		Hg	4.29E-06	7.21E-06		—	1.84E-06	1.33E-05
		合计	6.12E-03	1.01E-02	1.14E-02	2.26E-04	3.19E-03	3.10E-02
	有机物	七氯	1.10E-05	5.43E-05	6.42E-10	1.11E-06	3.62E-07	7.00E-05
		苯并[a]芘	6.65E-06	8.92E-06	1.67E-10	1.54E-07	5.33E-07	1.63E-05
		β-六六六	3.86E-05	2.41E-05	1.86E-09	8.31E-05	1.37E-04	2.83E-04
		苯并[a]蒽	6.03E-06	7.63E-06	3.28E-10	8.64E-08	3.24E-07	1.41E-05
		硝基苯	3.08E-05	3.14E-05	—	1.49E-06	6.14E-05	6.98E-05
		合计	9.30E-05	1.26E-04	2.99E-09	8.59E-05	1.48E-04	4.53E-04

3) 风险表征

(1) 健康风险评价方法。首先将待评价物质分为有阈化合物和无阈化合物。有阈化合物和无阈化合物的健康风险分别按照以下公式计算：

$$R = \frac{ADD}{RfD} \times 10^{-6}$$

式中，R 为发生某种特定有害健康效应而造成等效死亡的终身风险；ADD 为有阈化学污染物的日均暴露剂量 $[mg/(kg \cdot d)]$；RfD 为化学污染物的某种暴露途径下的参考剂量 $[mg/(kg \cdot d)]$；10^{-6} 为与 RfD 相对应的假设可接受的风险水平。

$$R = q(人) \times ADD$$

式中，R 为人群患癌终身超额风险（无量纲），指 0 岁人群的期望寿命 70 年；ADD 为日均暴露剂量 $[mg/(kg \cdot d)]$；q（人）为由动物推算出来人的致癌强度系数 $[mg/(kg \cdot d)]$。

(2) 健康风险计算结果。根据化学物质的致癌性资料，将 Hg、Cd 和有机物归为有阈化合物，其余元素归为无阈化合物，然后按照美国 EPA 推荐的健康风险评价模型和评价参数计算各重金属通过各种暴露途径对研究地区人群造成的健康风险。

由表 6-130 可知，松花江典型污染区段（吉林江段）人群健康风险中致癌风险大于非致癌风险，有机污染物的健康风险大于重金属的健康风险，重金属中致癌风险大于非致癌风险。

致癌风险高于美国环保署（US EPA）推荐的最大可接受风险水平 1×10^{-4}，非致癌风险低于英国皇家协会、瑞典环境保护局及荷兰建设环境部等推荐的最大可接受风险水平 10^{-6}，表明当地居民在当前暴露途径下，As、Pb 两种重金属元素和 β-六六六、七氯、硝基苯、苯并[a]芘、苯并[a]蒽等 5 种有机污染物对人体健康存在威胁，有潜在的致癌性。

表 6-130　重金属和有机物成人健康年风险

		污染物	水稻摄入	玉米摄入	鱼摄入	饮水	皮肤接触	Σ暴露风险
男性	重金属	Cr	2.73E-09	3.61E-09	6.43E-09	1.10E-10	1.57E-07	1.70E-07
		As	—	—			9.82E-05	9.82E-05
		Pb	9.09E-06	2.64E-05	—	2.14E-07	—	3.57E-05
		Hg	1.21E-08	2.03E-08			1.02E-07	1.34E-07
		合计	9.11E-06	2.64E-05	6.43E-09	2.14E-07	9.85E-05	1.34E-04
	有机物	七氯	4.18E-05	2.06E-04	2.44E-09	4.23E-06	1.89E-05	2.71E-04
		苯并 [a] 芘	4.10E-05	5.50E-05	1.03E-09	9.47E-07	4.51E-06	1.02E-04
		β-六六六	5.86E-05	3.67E-05	2.82E-09	1.26E-10	2.87E-04	5.09E-04
		苯并 [a] 蒽	3.72E-06	4.71E-06	2.03E-10	5.33E-08	2.75E-07	8.75E-06
		硝基苯	3.64E-06	3.72E-06	—	1.76E-07	9.97E-07	8.53E-06
		合计	1.49E-04	3.07E-04	6.50E-09	1.32E-04	3.12E-04	8.99E-04
女性	重金属	Cr	3.24E-09	4.27E-09	7.61E-09	1.31E-10	1.35E-07	1.50E-07
		As	—	—			8.47E-05	8.47E-05
		Pb	1.08E-05	3.13E-05		2.53E-07	—	4.23E-05
		Hg	1.43E-08	2.40E-08		0.00E+00	8.76E-08	1.26E-07
		合计	1.08E-05	3.13E-05	7.61E-09	2.53E-07	8.49E-05	1.27E-04
	有机物	七氯	4.95E-05	2.44E-04	2.89E-09	5.00E-06	1.63E-05	3.15E-04
		苯并 [a] 芘	4.85E-05	6.51E-05	1.22E-09	1.12E-06	3.89E-06	1.19E-04
		β-六六六	6.94E-05	4.35E-05	3.34E-09	1.50E-04	2.47E-04	5.10E-04
		苯并 [a] 蒽	4.40E-06	5.57E-06	2.40E-10	6.31E-08	2.37E-07	1.03E-05
		硝基苯	4.31E-06	4.40E-06	—	2.08E-07	8.60E-07	9.78E-06
		合计	1.76E-04	3.63E-04	7.69E-09	1.56E-04	2.69E-04	9.64E-04

研究发现，研究区非致癌风险元素主要为 Hg 和 Cr，主要暴露途径为食物摄入；致癌风险污染物主要为 As、Pb、β-六六六、七氯、硝基苯、苯并 [a] 芘、苯并 [a] 蒽，主要暴露途径为皮肤接触摄入；致癌风险均大于国际上有关机构推荐的最大可接受风险水平，研究区居民存在致癌健康风险。

6.3　兰州区域环境污染与健康特征识别与评估方法研究

6.3.1　兰州大气污染示范区概况

兰州位于我国黄土高原西端，黄土高原、青藏高原、内蒙古高原和甘南高原、陇西丘陵地带结合部，地处黄河上游、甘肃省中部及我国陆地板块几何中心，深居大陆腹地。全市总面积 1.31 万 km²，其中市区面积 1631.6km²。2008 年全市户籍总人口 322.28 万人，其中非农业人口 201.63 万人，居住着汉、回、藏、东乡、裕固、撒拉等 38 个民族。兰州是一座老工业城市，其工业生产结构以石化、电力、建材、金属冶炼、机械和纺织为主导，受长期的产业结构影响，能源结构以燃煤为主，以油、气和焦炭为辅。兰州大部分地区属于温带半干旱大陆性季风气候，温差大、降水少，冬季较长。兰州风速小，静风天气多。市区月均风速为 $0.26 \sim 1.54 \text{m/s}$，年均风速为 1.0m/s，冬季风速较小，为 $0.26 \sim 0.54 \text{m/s}$，静风频率达到 76.7%，其中静风最大频率出现在一月份。另外，由于兰州特殊的盆地地形，当地一年四季有逆温，且冬季出现天数最多，可达 99%，逆温层厚度以 12 月份最大，平均为 700m 左右。由于兰州地区有显著的风速小、大气层结稳定、逆温频率高等盆地气候特征，因此造成兰州市大气污染不易扩散的现象。兰州现辖城关、七里河、西固、安宁、红古五区和永登、榆中、皋兰三县。在城市功能布局上中，位于兰州西部的西固区是以石油化工为主的综合工业区，是我国西部重要的石油化工产业基地。而位于兰州东南部的榆中县则以农业经济为主。为了探讨兰州市大气污染对健康影响状况和损害特征，选择污染较为严重的西固区为研究区，污染较轻的榆中县为对照区开展相关工作。

西固区（图6-57）总面积为 385km^2，总人口 33 万人，其中城镇人口 27 万人。西固区以石油化工、能源、装备制造等工业为支柱产业，工业经济总量占全区经济的 3/5，占兰州市工业经济总量的近 2/5、甘肃省的近 1/10。西固区是甘肃省和兰州市的核心工业区、中国西部最大的石油化工基地。除中国石油兰州石化公司是我国石化工业的老骨干企业外，还有铝冶炼、火力发电、供水、化纤、棉纺印染及建材等工业企业。区内现有中石油兰州石化分公司（含炼油厂、化肥厂、石化厂、橡胶厂、污水处理厂等）、兰州石油化工公司、西固热电公司、新西部维尼纶有限公司、三毛集团等，工业污染较为严重。

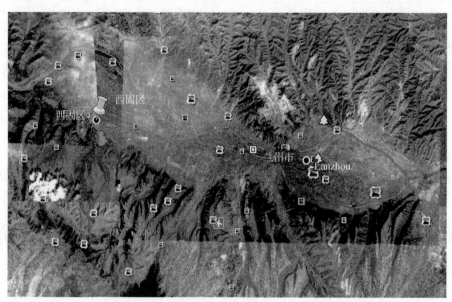

图6-57 兰州市西固区（研究区）地形地貌图

榆中县（图6-58）位于兰州市东部，总人口 42.4 万人，全县总面积 3301km^2，海拔为 $1480 \sim 3670 \text{m}$。榆中县盆地地势平缓连片，日照充足，热量丰富，灌溉条件好，使得该县农业经济发达，产值较高，特别是蔬菜产业发展较迅速。工业以水泥、造纸、陶瓷等工业企业为主。

图 6-58　兰州市榆中县（对照区）地形地貌图

6.3.2　兰州区域环境污染与健康特征识别研究

通过对研究区各环境介质中污染物的溯源检测，对污染物质进行识别，结合优先控制污染物黑名单，筛选研究区特征污染物。通过资料收集与现场调查相结合的方法，了解人群基本信息，以及暴露人群的体内负荷、不良症状、健康状况等情况。主要采用资料收集、流行病学调查、环境污染调查和生物样本检测的方法对区域人群进行暴露特征和健康损害的识别和分析。

6.3.2.1　环境样品采集方案

1）采样点布设

兰州市大气环境监测共布设 6 个监测点位。研究区布设 4 个采样点，分别为省建设四公司居民区（A1）、兰苑建国宾馆（A2）、兰炼一小/西固二小（夏季为兰炼一小、冬季为西固二小）（A3）、兰化一小（A4）。对照区布设 2 个采样点，分别为榆中县文成小学（B1）和第九中学（B2）。

兰州市所处的自然地理环境和局地地形条件，不利于空气的流动交换，气象特点为风速小、静风频率高、逆温层厚、低层大气常处于稳定状态。兰州冬季地面静风频率高达92.6%，逆温频率高达 84.9%，逆温层厚度可达 798m，大气稳定度稳定和极稳定出现的频率为 81.21%（兰州市环境保护局，1996；杨民等，2001）。本研究大气污染现场监测时间分别为 2010 年 7 月和 2011 年 1 月，监测期间研究区与对照区的风速均值为 1.37m/s，属于蒲福风级中的 1 级风，风速较小（表 6-131）。由于影响大气污染物迁移扩散的上述三个气象条件都比较稳定，因此近地面大气污染物垂直分布变化不大。

表 6-131　环境监测期间研究区与对照区风速　（单位：m/s）

日期	1 月 15 日	1 月 16 日	1 月 17 日	1 月 18 日	1 月 19 日	平均值
研究区	1.12	1.42	1.15	1.25	1.13	1.21
对照区	1.34	1.79	0.95	1.62	1.15	1.37
日期	7 月 15 日	7 月 16 日	7 月 17 日	7 月 18 日	7 月 19 日	平均值
研究区	1.27	1.35	1.17	1.33	1.14	1.25
对照区	1.45	1.96	1.12	2.05	1.7	1.66

《环境空气质量监测规范（试行）》（国家环保总局公告 2007 年第 4 号）规定（国家环境保护局，2007），监测点位设定高度范围为距离地面 1.5～15m，若在此高度范围内无监测条件，可将监测点位提高到距离地面 25m。综合考虑相关规范、监测实际情况及兰州气象条件，对本研究监测点位进行布设。监测点位布设情况如表 6-132 及图 6-59 所示。

表 6-132　采样点位基本信息

区域		采样点编号及名称	具体位置	距地面高度/m	海拔与经纬度
西固区	A1	甘肃省建设四公司居民区	楼房顶部	30	H：1659m；N：36°05′19.3″ E：103°37′52.0″；精度：9.7m
	A2	兰苑建国宾馆	宾馆楼顶	15	H：1659m；N：36°05′19.3″ E：103°37′52.0″；精度：9.7m
	A3	西固区第二小学（冬季）	楼房顶部	15	H：1536m；N：36°06′20.0″ E：103°37′03.3″；精度：7.5m
		兰炼第一小学（夏季）	校内操场	1.5	H：1536m；N：36°05′07.6″ E：103°38′54.0″；精度：10.5m
	A4	兰化第一小学	校内操场	1.5	H：1580m；N：36°05′50.1″ E：103°36′46.1″；精度：8.4m
榆中县	B1	榆中县文成小学	校内操场	1.5	H：1976m；N：35°50′31.5″ E：104°06′46.0″；精度：5.3m
	B2	榆中县第九中学	校内操场	1.5	H：1973m；N：36°50′17.8″ E：104°07′12.8″；精度：5.1m

2）监测项目

根据兰州市污染源结构，参照相关资料，选择常规大气污染物、重金属、有机污染物进行监测。具体监测指标如下。

无机污染物：颗粒物（TSP、PM_{10}、$PM_{2.5}$）、SO_2、NO_x；

颗粒物中重金属：镉（Cd）、铅（Pb）、铬（Cr）、铜（Cu）、锌（Zn）、镍（Ni）；

有机污染物：非甲烷总烃、硝基苯、苯；

图 6-59　采样点位基本信息

颗粒物中有机污染物：多环芳烃（PAHs）。

3）采样时间、频率和所用仪器

采样时间分别为 2010 年夏季（7 月 15 ~ 19 日）和 2011 年冬季（1 月 15 ~ 19 日）；在项目研究区与对照区共计 6 个点位同步布点监测 TSP、PM_{10}、$PM_{2.5}$、SO_2、NO_x 及颗粒物上的重金属和多环芳烃；在项目研究区与对照区共计 3 个点位同步布点监测非甲烷总烃、硝基苯、苯。具体采样仪器、点位与采样方式见表 6-133。

表 6-133　采样仪器、点位与采样方式

监测指标	采样仪器	采样点位	采样方式
TSP	智能中流量空气总悬浮微粒采样器 TH-150A 型、TH-150C 型	W1/W2/W3/W4/Q1/Q2	TSP、PM_{10}、$PM_{2.5}$、SO_2、NO_x：每天 24 小时连续采样；非甲烷总烃、硝基苯、苯：每天采样 4 次（时间：8：00、12：00、16：00、20：00）
PM_{10}	崂应 2050 型空气/智能 TSP 综合采集器		
$PM_{2.5}$	北京迪克公司 $PM_{2.5}$ 颗粒物采样器		
SO_2、NO_x	崂应 2022 型空气/24 小时恒温自动连续采样器		
非甲烷总烃、硝基苯、苯	针管采样器	W2/W4/Q1	

6.3.2.2　测定方法

1）无机污染物

分别按照《环境空气　总悬浮颗粒物的测定 重量法》（GB/T 15432—1995）、《环境空气　二氧化硫的测定 甲醛吸收–副玫瑰苯胺分光光度法》（HJ 482—2009）、《环境空气　氮氧化物的测定　盐酸萘乙二胺分光光度法》（HJ 479—2009）等标准对颗粒物（TSP、PM_{10}、$PM_{2.5}$）、SO_2、NO_x 进行测定。测定仪器与检出限见表 6-134。

表 6-134　测定方法仪器与检出限

监测项目	监测方法	仪器	检出限
颗粒物	重量法	电子分析天平 METTLER	0.0001g
氮氧化物	盐酸萘乙二胺分光光度法	紫外可见分光光度计	0.006 mg/m³
SO₂	甲醛吸收–副玫瑰苯胺分光光度法	紫外可见分光光度计	0.004 mg/m³
Cu	原子吸收分光光度法	原子吸收光谱仪 SOLAAR M6AAS	0.039mg/L
Ni	原子吸收分光光度法	原子吸收光谱仪 SOLAAR M6AAS	0.025mg/L
Zn	原子吸收分光光度法	原子吸收光谱仪 SOLAAR M6AAS	0.044mg/L
Pb	原子吸收分光光度法	原子吸收光谱仪 SOLAAR M6AAS	0.086mg/L
Cd	原子吸收分光光度法	原子吸收光谱仪 SOLAAR M6AAS	0.147mg/L
Cr	原子吸收分光光度法	原子吸收光谱仪 SOLAAR M6AAS	0.236mg/L
苯	气相色谱法	气相色谱，安捷伦 6890	0.01mg/m³
非甲烷烃	气相色谱法	气相色谱 PE-clarns500	总烃：0.012 mg/m³ 甲烷：0.016 mg/m³
硝基苯	锌还原–盐酸萘乙二胺分光光度法	分光光度计，7230G	0.01mg/m³
PAHs	气相色谱法	气相色谱质谱联用 Varian 240-MS/431-GC	最低为 1.2ng/m³

2）重金属

采用原子吸收分光光度法对颗粒物上的重金属进行测定。测定仪器与检出限见表 6-134。

3）有机污染物

非甲烷总烃、苯采用气相色谱法进行测定；硝基苯采用锌还原–盐酸萘乙二胺分光光度法进行测定；颗粒物中 16 种 PAHs 采用气象色谱法进行检测。测定仪器与检出限见表 6-134。

6.3.2.3　监测结果分析

1）无机物污染分析

（1）大气污染物时空分布特征。根据我国环境空气质量标准（GB 3095—2012）可知，TSP、PM_{10}、$PM_{2.5}$、SO_2 和 NO_x 的二级标准日均值分别为 0.3 mg/m³、0.12 mg/m³、0.075 mg/m³、0.15 mg/m³ 和 0.10 mg/m³（GB 3095—2012）。研究区与对照区各点位 TSP、PM_{10}、$PM_{2.5}$、SO_2 和 NO_x 监测浓度见表 6-135、表 6-136 及图 6-60 ~ 图 6-66。

表 6-135　大气中颗粒物的监测结果　　　　　　　　（单位：mg/m³）

季节	研究区	ρ（TSP）	ρ（PM_{10}）	ρ（$PM_{2.5}$）
冬	西固区	0.421±0.098 a	0.333±0.069 a	0.103±0.043 a
	榆中县	0.235±0.032 b	0.161±0.038 b	0.071±0.031 a
夏	西固区	0.253±0.084 a	0.169±0.026 a	0.045±0.021 a
	榆中县	0.136±0.020 b	0.125±0.012 b	0.033±0.020 a

不同字母表示有显著差异（$P<0.05$）

表 6-136 大气中 SO$_2$ 和 NO$_x$ 的监测结果 （单位：mg/m³）

季节	研究区	ρ（SO$_2$）	ρ（NO$_x$）
冬	西固区	0.086±0.033 a	0.194±0.134 a
	榆中县	0.025±0.014 b	0.077±0.052 b
夏	西固区	0.071±0.019 a	0.103±0.042 a
	榆中县	0.053±0.005 b	0.022±0.004 b

不同字母表示有显著差异（$P<0.05$）

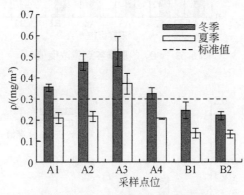

图 6-60 TSP 冬夏季各点位浓度值

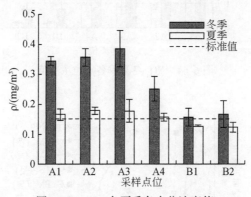

图 6-61 PM$_{10}$冬夏季各点位浓度值

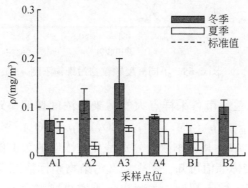

图 6-62 PM$_{2.5}$冬夏季各点位浓度值

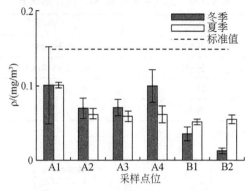

图 6-63 SO₂ 冬夏季各点位浓度值

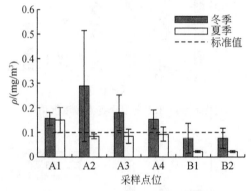

图 6-64 NOₓ 冬夏季各点位浓度值

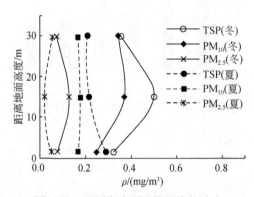

图 6-65 不同高度颗粒物污染物浓度

Ⅰ.季节变化特征。兰州市各采样点大气污染物浓度普遍呈现冬季高于夏季的趋势。其中，ρ（TSP）、ρ（PM$_{10}$）、ρ（PM$_{2.5}$）、ρ（SO$_2$）、ρ（NO$_x$）季节差异最大的采样点分别是 A2、A3、A2、A4、A2，其冬季浓度分别是夏季浓度的 2.1 倍、2.1 倍、5.6 倍、1.6 倍和 3.4 倍。对比污染物标准值可知，冬季大气污染物超标情况高于夏季。其中，PM$_{10}$ 和 PM$_{2.5}$ 超标情况较严重，SO$_2$ 均未超标。兰州市冬季燃煤取暖会导致大气污染物浓度升高，

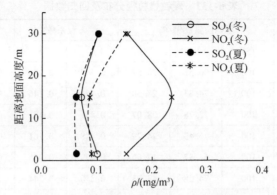

图 6-66　不同高度 SO_2 和 NO_x 污染物浓度

加之其冬季呈现风速小、静风频率高、逆温层厚度大（王希波等，2007）等不利于污染物扩散的气象特征，造成兰州市大气污染物有明显的季节差异。

Ⅱ. 空间分布特征。从区域空间分布上分析，西固区大气污染物浓度普遍高于榆中县。冬夏两季西固区 ρ（TSP）、ρ（PM_{10}）、ρ（SO_2）、ρ（NO_x）显著高于榆中县（$p<0.05$）。西固区污染物超标频率与超标倍数明显高于榆中县。

兰州市西固区、榆中县两区不同的功能定位使得区域内支柱产业不同，以工业为主的西固区大气污染高于以农业为主的榆中县，因此，兰州大气污染表现出明显的区域差异。

从垂直空间分布上分析可知，不同污染物在不同季节的垂直梯度变化不同。冬季 ρ（TSP）、ρ（PM_{10}）、ρ（$PM_{2.5}$）均表现为随高度的增加呈先增大后减小的趋势。夏季 ρ（TSP）随高度的升高而减小，15m 与 30m 的浓度差异不大；ρ（PM_{10}）随高度的升高变化不明显；ρ（$PM_{2.5}$）随高度的升高呈先减小后增大的趋势。冬夏两季的 ρ（SO_2）和夏季的 ρ（NO_x）随高度的升高均表现为先减小后增加的趋势，冬季的 ρ（NO_x）则表现出相反的趋势。

兰州市西固区为重工业区，工业污染源多为高排放点源，距离地面越高的采样点其污染物浓度越高，因此，夏季 ρ（SO_2）和 ρ（NO_x）的最大值分布在 30m 处，夏季的颗粒物由于同时受到重力作用，其最大值多在 15m 和 30m 处。冬季兰州市燃煤供暖致使近地面污染有所加重，ρ（SO_2）和 ρ（NO_x）的最大值分布在 1.5m 和 30m 处，颗粒物由于重力作用和近地面污染扩散作用最高值出现在 15m 处。可见，在垂直梯度上污染物浓度有一定差异，为使评价城市人群大气污染物暴露时更为全面，在大气污染物监测时可同时考虑垂直梯度变化。

（2）颗粒物构成特征分析。对兰州各采样点颗粒物的粒径分布进行回归分析，回归方程为 $Y=a+bX$，其中，Y 为颗粒物累积质量百分比；X 为颗粒物直径。根据得到的回归方程计算颗粒物的质量中值直径（MMD）。由表 6-137 可知，兰州不同研究区域的 MMD分布为 3.2～7.9 μm，即 TSP 中 50% 的重量为粒径小于 3.2～7.9 μm 的颗粒物，细颗粒所占比重较大。

表 6-137 颗粒物粒径分布及回归数据

季节	研究区	采样点	累积质量比例/%			方程系数		R^2	MMD/μm
			TSP	PM_{10}	$PM_{2.5}$	a	b		
冬	西固区	A1	100	96.51	20.57	0.449	0.214	0.655	4.0
		A2	100	74.83	23.58	0.454	0.146	0.890	6.3
		A3	100	72.78	28.07	0.431	0.181	0.922	5.0
		A4	100	76.43	24.29	0.448	0.161	0.877	6.3
	榆中县	B1	100	62.82	17.66	0.499	0.035	0.961	7.9
		B2	100	74.88	43.93	0.340	0.344	0.959	3.2
夏	西固区	A1	100	78.34	27.07	0.431	0.196	0.867	5.0
		A2	100	81.49	9.16	0.528	0.037	0.793	7.9
		A3	100	47.11	14.69	0.532	0.063	1.000	6.3
		A4	100	75.86	24.03	0.450	0.155	0.882	6.3
	榆中县	B1	100	91.53	21.05	0.451	0.197	0.710	5.0
		B2	100	92.33	27.68	0.413	0.265	0.709	4.0

颗粒物粒径越小，危害越大（张远航等，1998）。冬季 A1、A3、B2 和夏季 A1、B1、B2 采样点颗粒物的 MMD≤5 μm，以能沉积在肺部深处的细颗粒物为主，严重危害人体健康，尤其对位于学校采样点的敏感人群危害更大。

2）颗粒物中重金属污染分析

（1）颗粒物中重金属时空分布特征。颗粒物中重金属时空分布特征分析如下。

Ⅰ．季节变化特征。由表 6-138 可知，附着于 TSP、PM_{10} 上的重金属浓度普遍表现为冬季高于夏季，附着于 $PM_{2.5}$ 上的重金属则没有显著的季节变化规律。

附着于 TSP 中铜、镍、铅、镉、铬的浓度 [ρ（Cu）、ρ（Ni）、ρ（Pb）、ρ（Cd）、ρ（Cr）] 及附着于 PM_{10} 中 ρ（Cu）、ρ（Pb）、ρ（Cd）、ρ（Cr）在两区均表现为冬季高于夏季，$PM_{2.5}$ 中只有 ρ（Pb）有同样的规律；附着在三种类型颗粒物中锌的浓度 [ρ（Zn）] 在两区均表现为夏季高于冬季；附着于 PM_{10}、$PM_{2.5}$ 中的其他重金属没有显著的季节变化规律。

大气颗粒物中重金属主要有自然源和人为源两种，一般时间和区域尺度上浓度变化不大的重金属主要来源于自然源，浓度变化较大的重金属主要来源于人为污染源。兰州 TSP、PM_{10} 上重金属浓度有明显的季节差异，主要由以下两个方面造成：第一，兰州冬季燃煤取暖会排放大量颗粒物和重金属，使得大气污染物浓度升高；第二，兰州冬季气象特点不利于污染物扩散，进一步加重空气污染状况。ρ（Zn）表现出相反的季节规律，这与元素性质、风速、湿度、气压、污染源排放等多方面因素有关，需要进一步研究和探讨。$PM_{2.5}$ 主要来源于污染源排放和二次转化，其中二次转化与前体物种类、浓度及光照情况等密切相关，这可能是细颗粒物上重金属浓度季节变化没有显著规律的原因。

表 6-138　兰州市不同区域不同季节大气颗粒物重金属含量　（单位：ng/m³）

附着物	季节	区域	Cu	Zn	Ni	Pb	Cd	Cr
PM₂.₅	冬季	研究区	64.58±12.43	220.72±66.06	9.32±5.41	115.03±63.54	0.26±0.20	16.62±4.81
		对照区	51.52±15.40	158.09±76.56	4.80±2.74	147.24±69.04	0.68±1.02	19.06±13.42
	夏季	研究区	58.71±20.44	302.36±68.28	9.59±6.79	90.30±27.68	0.35±0.29	18.93±7.08
		对照区	—	268.06±113.08	4.27±3.81	78.92±18.78	0.16±0.08	19.55±4.16
PM₁₀	冬季	研究区	91.20±53.39	315.19±94.76	16.28±9.68	220.86±95.27	0.83±0.46	19.85±6.55
		对照区	235.20±79.09	270.90±95.69	5.49±1.67	246.51±107.84	0.96±0.62	26.19±20.03
	夏季	研究区	59.85±23.71	450.48±145.72	10.98±4.99	98.78±72.83	0.59±0.41	19.41±10.72
		对照区	10.21	306.98±149.46	6.58±2.11	100.59±36.71	0.34±0.32	21.29±6.28
TSP	冬季	研究区	215.38±91.77	521.87±102.97	41.99±21.22	379.17±99.03	1.86±0.44	36.44±11.65
		对照区	295.86±62.82	390.13±109.64	9.57±2.42	294.54±111.02	1.52±0.79	27.29±8.38
	夏季	研究区	60.31±17.57	579.82±162.86	29.83±12.87	179.73±45.66	0.87±0.72	25.46±12.31
		对照区	27.54±5.96	463.38±198.29	9.03±2.92	123.75±31.63	0.48±0.28	24.92±1.49

Ⅱ. 区域分布特征。兰州大气 TSP 上重金属浓度区域分布普遍表现为研究区大于对照区的趋势，PM₁₀、PM₂.₅ 上重金属区域变化规律不明显。

附着于 TSP 中的 ρ（Zn）、ρ（Ni）、ρ（Pb）、ρ（Cd）、ρ（Cr）及附着于 PM₁₀ 和 PM₂.₅ 中的 ρ（Zn）、ρ（Ni）冬夏两季均表现为研究区大于对照区；附着于 TSP 和 PM₁₀ 中的 ρ（Cu）在冬季表现为研究区小于对照区，夏季表现为研究区大于对照区；附着于 PM₁₀、PM₂.₅ 中的其他重金属没有显著的季节变化规律。

兰州大气 TSP 重金属浓度的区域特征符合兰州的城市功能定位（研究区为市区内的工业区，对照区为郊区的蔬菜基地），工业区（研究区）内 TSP 重金属浓度高于非工业区（对照区）。

Ⅲ. 垂直分布特征。将研究区各采样点监测数据按不同监测高度重新组合计算，分析不同垂直高度大气颗粒物重金属污染特征。由图 6-67 ~ 图 6-72 可知，兰州大气颗粒物重金属浓度垂直分布特征普遍表现出冬季随高度的增加先增大后减小、夏季随高度的增加先减小后增大的趋势。

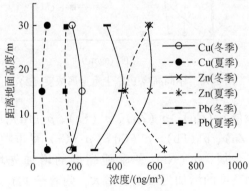

图 6-67　不同高度 TSP 上重金属浓度（1）

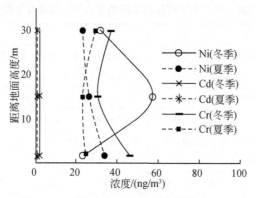

图 6-68　不同高度 TSP 上重金属浓度 （2）

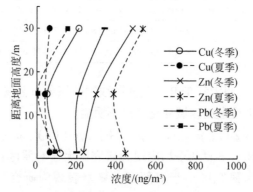

图 6-69　不同高度 PM_{10} 上重金属浓度 （1）

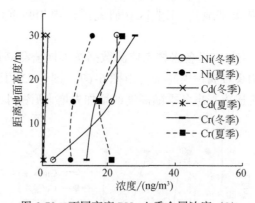

图 6-70　不同高度 PM_{10} 上重金属浓度 （2）

　　附着于 TSP 中的重金属 ρ（Cu）、ρ（Zn）、ρ（Pb）、ρ（Ni），冬季随高度的增加先增大后减小，ρ（Cu）、ρ（Zn）、ρ（Pb）、ρ（Cd）、ρ（Cr）夏季随高度的增加先减小后增大；附着于 PM_{10} 中的重金属，ρ（Ni）冬季随高度的增加先增大后减小，ρ（Pb）、ρ（Cu）、ρ（Zn）夏季随高度的增加先减小后增大；附着于 $PM_{2.5}$ 中的重金属，ρ（Cu）、ρ（Zn）、ρ（Ni）、ρ（Pb）、ρ（Cd）冬季随高度的增加先增大后减小，夏季随高度的增

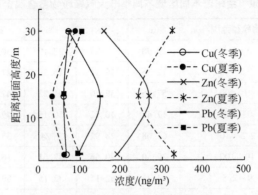

图 6-71　不同高度 PM$_{2.5}$ 上重金属浓度（1）

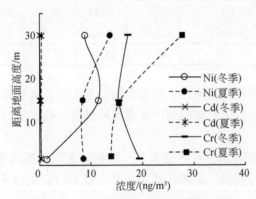

图 6-72　不同高度 PM$_{2.5}$ 上重金属浓度（2）

加先减小后增大。

区域特点及气象特征可能是引起垂直方向大气颗粒物中重金属浓度分布规律的主要原因。工业污染点源一般为 20m 以上的高烟囱，在兰州冬季逆温条件下，工业污染物以熏烟烟羽模式扩散，近地面交通污染与冬季居民燃煤取暖污染向上弥散，当工业污染与地面污染重叠时会造成局部区域污染较高，这可能是冬季颗粒物重金属浓度最大值多出现在距离地面 15m 处的原因；兰州市夏季大气对流状况优于冬季，工业高点源污染物便于向高空扩散，此时不会与近地面交通和人为污染共同作用，因此可能使得夏季颗粒物重金属浓度最大值多出现在 1.5m 和 30m 处。

（2）重金属分布构成分析。由兰州各重金属在不同粒径颗粒物上的分配比例（表 6-139）可知，重金属主要附着在粒径小于 10μm 的细颗粒物上。冬季研究区的 Zn、Pb、Cr 和对照区的 Cu、Zn、Ni、Pb、Cd、Cr 在粒径小于 10μm 颗粒物上的分配比例均大于 50%，其中对照区的 Cr 比例达 95.99%；夏季研究区的 Cu、Zn、Pb、Cd、Cr 和对照区的 Zn、Ni、Pb、Cd、Cr 在粒径小于 10μm 的颗粒物上的分配比例均大于 50%，其中研究区的 Cu 比例达 99.24%。

表 6-139   兰州市不同区域不同季节大气颗粒物重金属含量比例

季节	研究区域	颗粒物粒径范围/μm	Cu	Zn	Ni	Pb	Cd	Cr
冬季	研究区	0~2.5	29.98	42.29	22.19	30.34	13.78	45.61
		2.5~10	12.36	18.11	16.59	27.91	31.10	8.87
		10~100	57.66	39.60	61.22	41.75	55.12	45.52
	对照区	0~2.5	17.42	40.52	50.15	49.99	44.90	69.84
		2.5~10	62.08	28.92	7.24	33.70	18.35	26.15
		10~100	20.50	30.56	42.61	16.31	36.75	4.01
夏季	研究区	0~2.5	97.35	52.15	32.15	50.24	40.24	74.37
		2.5~10	1.89	25.54	4.67	4.72	27.15	1.86
		10~100	0.76	22.31	63.18	45.04	32.61	23.77
	对照区	0~2.5	—	57.85	47.27	63.78	33.26	78.45
		2.5~10	37.07	8.40	25.54	17.51	37.72	6.98
		10~100	62.93	33.75	27.19	18.71	29.02	14.57

细颗粒物可通过呼吸进入肺泡内，引起损伤。其上负载的有毒有害重金属，会对人体健康产生严重危害，因此应进行颗粒物中重金属的健康风险评价。

3）有机物污染水平

（1）非甲烷总烃、硝基苯、苯污染水平。研究区夏季选择两个点位进行有机物监测，冬季增加至三个点位进行监测，对照区选择一个样点进行有机物采样分析（表6-140，图6-73、图6-74）。

表 6-140   大气中苯、硝基苯、非甲烷总烃的各点位平均浓度值（单位：mg/m³）

区域	非甲烷总烃		硝基苯		苯	
	冬季	夏季	冬季	夏季	冬季	夏季
W2	0.673	3.733	0.045	0.018	0.034	未检出
W3	0.823	—	0.029	—	0.032	未检出
W4	0.797	3.783	0.031	0.012	0.027	未检出
Q1	0.299	3.985	0.031	0.010	0.022	未检出
研究区均值	0.764	3.758	0.035	0.015	0.031	未检出
对照区均值	0.299	3.985	0.031	0.010	0.022	未检出

非甲烷总烃：冬季表现为研究区浓度值高于对照区，约为对照区的2.5倍；夏季表现为对照区浓度值高于研究区；研究区与对照区在季节比较上，均表现为夏季浓度值远高于冬季，为4~13倍，这可能与非甲烷总烃的易挥发性有关。

硝基苯：研究区与对照区在季节比较上，均表现为冬季浓度值高于夏季，但区域浓度均值差异不大。

苯：冬季表现为研究区浓度值高于对照区，约为1.4倍；而夏季，研究区、对照区均

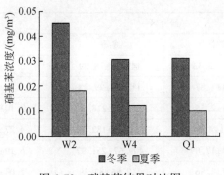

图 6-73　硝基苯结果对比图

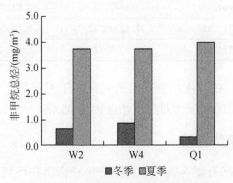

图 6-74　非甲烷总烃的结果对比图

未检出。《室内空气质量标准》（GB/T 18883—2002）（国家环境保护局，2002）中规定苯小时均值标准值为 0.11mg/m³，从表中可以看出研究区与对照区的苯均未超过标准。

（2）PM₁₀中 PAHs 的污染水平。如表 6-141 所示，研究区冬季 PAHs 浓度含量排在前三位的污染物分别为苯并（b）荧蒽、屈、苯并（a）蒽，浓度值分别高达 409.67ng/m³、380.85ng/m³、308.84ng/m³。研究区、对照区苯并（a）芘浓度值均表现为冬季明显高于夏季；其中，研究区冬季均值约为夏季的 26.46 倍；对照区冬季均值约为夏季的 29.41 倍。

表 6-141　PAHs 监测结果　　　　　　　　　　　　（单位：ng/m³）

物质名称	研究区		对照区	
	夏季	冬季	夏季	冬季
萘	2.10±1.08	ND	2.71±1.50	ND
苊	0.85±0.34	10.34±4.57	0.55±0.30	7.35±3.71
二氢苊	1.97±0.64	1.62±0.60	2.13±0.61	0.30±0.3
芴	6.27±1.10	13.53±5.73	6.24±0.96	7.57±2.81
菲	16.43±3.11	146.89±45.45	14.36±4.35	67.67±10.45
蒽	2.23±0.43	28.29±13.31	1.86±0.50	12.74±2.84

物质名称	研究区		对照区	
	夏季	冬季	夏季	冬季
荧蒽	11.39±2.33	142.59±28.89	6.17±2.00	82.43±14.51
芘	9.24±1.87	112.85±29.33	7.78±3.22	69.21±14.22
苯并 [a] 蒽	7.53±2.55	308.84±218.25	3.10±0.55	115.57±77.73
䓛	12.01±4.37	380.85±182.10	4.27±0.86	175.16±139.98
苯并 [b] 荧蒽	22.14±17.09	409.67±251.97	6.19±1.02	193.03±149.36
苯并 [k] 荧蒽	6.17±3.56	117.86±82.39	2.03±0.33	50.28±39.45
苯并 [a] 芘	5.67±1.60	150.04±109.55	2.51±0.49	73.83±68.69
茚并[1, 2, 3-c、d]芘	5.38±1.76	5.86±3.79	2.62±0.47	3.40±2.75
二苯并 [a, h] 蒽	0.70±1.21	17.24±13.45	0.10±0.13	7.71±5.66
苯并 [ghi] 苝	3.45±1.03	9.00±7.82	1.64±0.17	4.46±3.97

冬夏两季，苯并 [a] 芘浓度均表现为研究区高于对照区；冬季，研究区浓度为对照区的 2.03 倍；夏季，研究区浓度为对照区浓度的 2.05 倍。

6.3.2.4 特征污染物筛选

特征污染物是指从众多有毒有害化学污染物中筛选出在环境中出现概率高、对人体健康和生态平衡危害大，并具有潜在环境威胁的污染物。

1）特征污染物筛选步骤

兰州市作为空气污染严重的城市之一，科研人员已进行了大量研究工作，因此，兰州大气特征污染物筛选的首要步骤为在综述前人研究的基础，充分分析污染源特征，确定环境目标污染物；其次对筛选出的污染较严重、危害较大的目标污染物进行环境检测和分析；最后利用特征污染物筛选方法，结合检测结果，确定特征污染物。

2）特征污染物筛选方法

特征污染物筛选方法主要有模糊综合评判法、综合评分法、密切值法、Hasse 图解法和潜在危害指数法等。

本课题针对污染典型区域复合型、结构型污染的特点，比较各种方法的优缺点，采用综合评分与潜在危害指数相结合的方法进行特征污染物的筛选（黄震，1997；翟平阳等，2000；陈晓秋，2006；胡冠九，2007；崔健升等，2009；宋利臣等，2010）。

3）筛选因子及权重

采用打分的方式，以待选污染物的综合得分排出先后次序，从而达到筛选的目的。选取 9 个单项因子，分别为：区域污染物检出率、环境（健康）影响度、潜在危害指数、是否属于有毒化学品、区域污染源的检出情况、是否环境激素、是否为美国 EPA《优先有机控制污染物》、是否为中国《优先有机控制污染物》、是否为持久性有机污染物。根据以上 9 个因子污染物筛选的重要性赋予权重，以 100 分计，各因子指标代码和分权重见表 6-142。

表 6-142 综合评分法指标构成和权重

序号	单项因子	指标代码	指标权重
1	环境中的检出率	A	25
2	潜在危害指数	B	10
3	环境健康影响度	C	10
4	是否属于有毒化学品	D	6
5	区域污染源的检出情况	E	12
6	是否为环境激素	F	10
7	是否为美国优先控制污染物	G	7
8	是否为中国优先控制污染物	H	12
9	是否为持久性有机污染物	I	8
	合计		100

4）计算方法

（1）综合评价值计算方法。

综合评价值 = A×25 + B×10 + C×10 + D×6 + E×12 + F×10 + G×7 + H×12 + I×8

（2）各因子计算方式。各因子计算方式如下。

I. 污染物的检出率反映了该化合物在环境中的发生量和分布程度，共分为 5 级：检出率为 1% ~ 20.0%，分值为 1；检出率为 20.1% ~ 40.0%，分值为 2；检出率为 40.1% ~ 60.0%，分值为 3；检出率为 60.1% ~ 80.0%，分值为 4；检出率大于 80% 时，分值为 5。

II. 潜在危害指数的计算公式见 3.1.2。

III. 环境（健康）影响度的计算公式如下：

$$AS_i = C_i / AMEG_i$$

式中，AS_i 为化合物 i 在大气中的环境影响度；C_i 为化合物 i 在大气中的浓度；$AMEG_i$ 为化合物 i 在大气中的环境目标值。

本课题污染物环境（健康）影响度值最小为 0.000 02，最大为 1543.700 00，数值差距较大，且分布不均匀，因此采用几何分级法，利用等比级数定义分级标准，即

$$a_n = a_1 q^n$$

式中，a_n 为最大值；a_1 为最小值；n 为级数，本研究分为 5 级。

分级区间及赋值分别为：0.000 02 ~ 0.000 75，分值为 1；0.000 76 ~ 0.028 74，分值为 2；0.028 75 ~ 1.087 04，分值为 3；1.087 05 ~ 41.101 36，分值为 4；大于 41.101 37，分值为 5。

IV. 其他因子。是否属于有毒化学品、区域污染源的检出情况、是否为环境激素、是否为美国《优先控制污染物》、是否为中国《优先控制机污染物》、是否为持久性有机污染物，6 类因子为是时，分值为 1，为否时，分值为 0。

5）筛选结果

根据上述评分标准和总分计算方法对区域污染物进行评分，按总分值的大小排序，将综合评价指数大于 210 分的污染物确定为特征污染物。

通过上述筛选步骤、原则和方法，得到兰州地区各污染物 9 个因子计算及归类结果如表 6-143 所示，赋值打分情况如表 6-144 所示。

表 6-143　污染物各因子计算及归类结果

序号	污染物	环境中的检出率/%	潜在危害指数	环境健康影响度	是否属于有毒化学品	区域污染源的检出情况	是否为环境激素	是否为美国优先控制污染物	是否为中国优先控制污染物	是否为持久性有机污染物
1	TSP	100.00	12	0.791 67	否	有检出	否	否	否	否
2	PM$_{10}$	100.00	12	1.298 33	否	有检出	否	是	否	否
3	PM$_{2.5}$	100.00	16	0.969 23	否	有检出	否	是	是	否
4	SO$_2$	100.00	12	0.391 67	是	有检出	否	是	否	否
5	NO$_x$	100.00	12	1.000 00	是	有检出	否	是	否	否
6	Zn	100.00	12	118.586 25	否	有检出	否	是	否	否
7	Pb	97.00	22	1543.700 00	是	有检出	是	是	是	否
8	Cu	100.00	20	149.617 50	否	有检出	否	是	是	否
9	Cr	97.00	30	49.895 00	是	有检出	否	是	是	否
10	Ni	100.00	26	207.500 00	是	有检出	否	是	是	否
11	Cd	100.00	30	21.550 00	是	有检出	是	是	是	否
12	苯	50.00	14.5	3.732 39	是	有检出	否	是	是	否
13	非甲烷总烃	98.00	4	0.022 75	是	有检出	否	否	否	否
14	硝基苯	75.00	12	183.458 33	是	有检出	否	是	是	否
15	萘	43.00	9	0.000 02	是	有检出	否	是	是	否
16	苊	100.00	9	0.000 02	是	有检出	否	是	否	否
17	二氢苊	100.00	9	0.000 02	是	有检出	否	是	否	否
18	芴	100.00	9	0.000 02	是	有检出	否	是	否	否
19	菲	100.00	3	0.017 02	是	有检出	否	是	否	否
20	蒽	100.00	6	0.000 09	是	有检出	否	是	否	否
21	荧蒽	100.00	10	0.000 41	是	有检出	否	是	是	否
22	芘	100.00	6	0.000 10	是	有检出	否	是	否	否

续表

序号	污染物	环境中的检出率/%	潜在危害指数	环境健康影响度	是否属于有毒化学品	区域污染源的检出情况	是否为环境激素	是否为美国优先控制污染物	是否为中国优先控制污染物	是否为持久性有机污染物
23	苯并 [a] 蒽	100.00	26	0.971 39	是	有检出	否	是	否	否
24	屈	100.00	12	0.026 66	是	有检出	否	是	否	否
25	苯并 [b] 荧蒽	100.00	12	0.073 52	是	有检出	否	是	是	否
26	苯并 [k] 荧蒽	100.00	12	0.010 79	是	有检出	否	是	是	否
27	苯并 [a] 芘	100.00	27.5	1 172.050 00	是	有检出	是	是	是	否
28	茚并 [1, 2, 3-c,d] 芘	100.00	12	0.001 08	是	有检出	否	是	否	否
29	二苯并 [a, h] 蒽	71.00	30	31.500 00	是	有检出	否	是	是	否
30	苯并 [g, h, i] 芘	100.00	9	0.000 02	是	有检出	否	是	是	否

表 6-144　污染物各因子赋值结果

序号	污染物	环境中的检出率/%	潜在危害指数	环境健康影响度	是否属于有毒化学品	区域污染源的检出情况	是否为环境激素	是否为美国优先控制污染物	是否为中国优先控制污染物	是否为持久性有机污染物
1	TSP	5	2	3	0	1	0	0	0	0
2	PM$_{10}$	5	2	4	0	1	0	1	0	0
3	PM$_{2.5}$	5	3	3	0	1	0	1	0	0
4	SO$_2$	5	2	3	1	1	0	1	0	0
5	NO$_x$	5	2	3	1	1	0	1	0	0
6	Zn	5	2	5	0	1	0	1	0	0
7	Pb	5	4	5	1	1	1	1	1	0
8	Cu	5	4	5	0	1	0	1	1	0
9	Cr	5	5	5	1	1	0	1	1	0

续表

序号	污染物	环境中的检出率/%	潜在危害指数	环境健康影响度	是否属于有毒化学品	区域污染源的检出情况	是否为环境激素	是否为美国优先控制污染物	是否为中国优先控制污染物	是否为持久性有机污染物
10	Ni	5	5	5	1	1	0	1	1	0
11	Cd	5	5	4	1	1	1	1	1	0
12	苯	3	3	4	1	1	0	1	1	0
13	非甲烷总烃	5	1	2	1	1	0	0	0	0
14	硝基苯	4	2	5	1	1	0	1	1	0
15	萘	3	2	1	1	1	0	1	1	0
16	苊	5	2	1	1	1	0	1	0	0
17	二氢苊	5	2	1	1	1	0	1	0	0
18	芴	5	2	1	1	1	0	1	0	0
19	菲	5	1	2	1	1	0	1	0	0
20	蒽	5	1	1	1	1	0	1	0	0
21	荧蒽	5	2	1	1	1	0	1	1	0
22	芘	5	1	1	1	1	0	1	0	0
23	苯并[a]蒽	5	5	3	1	1	0	1	0	0
24	屈	5	2	2	1	1	0	1	0	0
25	苯并[b]荧蒽	5	2	3	1	1	0	1	1	0
26	苯并[k]荧蒽	5	2	2	1	1	1	1	1	0
27	苯并[a]芘	5	5	5	1	1	1	1	1	0
28	茚并[1,2,3-c,d]芘	5	2	2	1	1	0	1	1	0
29	二苯并[a,h]蒽	4	5	4	1	1	0	1	0	0
30	苯并[g,h,i]苝	5	2	1	1	1	0	1	1	0

6）特征污染物

通过综合评价值公式，加上权重对因子的影响后，计算得到各污染物分值见表 6-145。综合分值总分为 280 分，选择 210 分以上污染物作为区域特征污染物，其中苯并（a）芘综合分值最高，为 272，由此带来的潜在健康风险也最大。由于重金属与有机物大部分附着在颗粒物上，且本实验测定的为颗粒物上重金属和有机物的含量，因此 TSP、PM_{10}、$PM_{2.5}$ 也应入选特征污染物范畴。本区域筛选出的特征污染物及排序见表 6-146。

表 6-145　污染物综合分值结果

序号	污染物	综合分值	备注
1	TSP	187	
2	PM_{10}	204	
3	$PM_{2.5}$	204	
4	SO_2	200	
5	NO_x	200	
6	Zn	214	
7	Pb	262	
8	Cu	246	
9	Cr	262	
10	Ni	262	
11	Cd	262	
12	苯	182	
13	非甲烷总烃	173	
14	硝基苯	207	
15	萘	142	
16	苊	180	总分为 280 分，
17	二氢苊	180	210 分以上污染物入选
18	芴	180	
19	菲	180	
20	蒽	170	
21	荧蒽	192	
22	芘	170	
23	苯并 [a] 蒽	230	
24	屈	190	
25	苯并 [b] 荧蒽	212	
26	苯并 [k] 荧蒽	202	
27	苯并 [a] 芘	272	
28	茚并 [1, 2, 3-c、d] 芘	202	
29	二苯并 [a, h] 蒽	215	
30	苯并 [g, h, i] 苝	192	

表 6-146　兰州大气污染特征污染物筛选排序结果

序号	污染物	综合分值
1	苯并 [a] 芘	272
2	Pb	262
3	Cr	262
4	Ni	262
5	Cd	262
6	Cu	246
7	苯并 [a] 蒽	230
8	二苯并 [a, h] 蒽	215
9	Zn	214
10	苯并 [b] 荧蒽	212
11	PM_{10}	184
12	$PM_{2.5}$	174
13	TSP	167

6.3.2.5　人群健康暴露特征分析

（1）调查方法。调查方法如下。

Ⅰ.儿童健康调查。儿童健康调查主要有以下两种。

第一，问卷调查。

在研究区西固区选择了 2 所学校，分别为西固一小、西固二小，对照区榆中县选择了一所学校，为文成小学。采用整群抽样的方法对三所小学四至六年级学生开展问卷调查，研究区获得调查问卷 664 份，对照区获得调查问卷 316 份。

问卷内容包括一般情况、家居环境、生活习惯及健康状况等。问卷调查前，课题组专门召开研讨会，邀请环境与健康专家对调查问卷内容进行研讨、把关。现场调查前，对调查人员进行了统一的严格培训，且调查员均为兰州大学医学院医学专业硕士，具有一定的专业知识背景。本次调查通过召开家长会，由讲解员讲解，家长填问卷的方式进行。

第二，儿童体检。

在研究区与对照区三所小学参加问卷调查的学生中筛选出符合调查要求的儿童进行个体常规检查，其中，研究区对 233 名儿童进行了体检，对照区对 217 名儿童进行了体检，男女比例接近 1∶1。分别对儿童生长发育指标、肺功能指标及免疫指标进行了检查。生长发育指标包括：年龄、性别、身高、体重等；肺功能指标包括：用力肺活量（FVC）、一秒用力呼气容积（FEV1）、三秒用力呼气容积（FEV3）、最大呼气流速值（PEF）、最大呼气中段流量（MMEF）；免疫指标包括：唾液分泌型免疫球蛋白（SIgA）。

儿童体检全过程注重质量控制，体检采样单位为甘肃省 CDC，测量肺功能前询问儿童是否有不适症状，排除患病儿童；测量时严格按照相关操作，指导儿童呼吸方式，进行肺功能测量；测定唾液 SIgA 时，严格按照相关测定要求操作。项目负责单位负责现场督导与质量控制。

Ⅱ. 成人健康调查。采用问卷调查方式对研究区、对照区成人的暴露情况进行了调查。在研究区西固区选择了西固中路社区和兰坪坡路社区，分别进行宣传动员，对符合调查条件的人员进行问卷调查。在对照区榆中县选择城关区进行宣传，选择符合条件的人员进行问卷调查（①在当地居住 3 年以上；②无职业暴露史）。研究区获得调查问卷 160 份，对照区获得调查问卷 159 份。

问卷内容包括一般情况、家居环境、生活习惯及健康状况等。问卷调查前，课题组专门召开研讨会，邀请环境与健康专家对调查问卷内容进行研讨、把关。现场调查前，对调查人员进行了统一的严格培训，调查员均为当地疾控中心专业人员，具有一定的专业知识背景。本次调查通过召开家长会，由讲解员讲解，家长填问卷的方式进行。

（2）调查结果分析。调查结果分析如下。

Ⅰ. 儿童健康调查结果分析。主要分析以下两个方面的情况。

第一，调查对象生长发育指标分析。

研究区、对照区共 450 名学生进行体检，其中研究区男生 117 人，女生 116 人，对照区男生 111 人，女生 106 人，男女比例接近 1：1（表 6-147）。

表 6-147　调查对象生长发育指标分布

区域	点位	样本量		身高/cm		体重/kg	
		男	女	男	女	男	女
研究区	西固一小	58	60	135.29	134.33	30.05	29.18
	西固二小	59	56	136.97	136.41	32	31.2
	均值	117	116	136.13	135.37	31.03	30.19
对照区	文成小学	111	106	137.73	137.27	29.76	29.17

通过分析得到 9～12 岁儿童平均体重为 30.23kg，其中女孩平均体重为 29.85kg，男孩平均体重为 30.60kg；儿童平均身高为 136.33cm，其中女孩平均身高为 136.00cm，男孩平均身高为 136.66cm。

第二，调查对象患病情况。

表 6-148、图 6-75 为研究区与对照区调查对象患病率情况。患病率研究区高于对照区的疾病为：气管支气管炎、花粉化学物过敏、慢性鼻炎和哮喘病；研究区存在而对照区不存在的疾病为：肺结核和螨虫过敏；患病率对照区高于研究区的疾病为：慢性咽炎、湿疹、化学品过敏、其他物质过敏和先天性心脏病。通过卡方检验可知，研究区与对照区慢性咽炎的患病率有差异（$P<0.05$），其余疾病的患病率均无差异（$P>0.05$）。

表 6-148　调查对象患病率情况

疾病	研究区		对照区		P 值
	例数	患病率/%	例数	患病率/%	
哮喘病	7	1.05	3	0.95	>0.05
气管支气管炎	52	7.83	22	6.96	

续表

疾病	研究区		对照区		P 值
	例数	患病率/%	例数	患病率/%	
慢性咽炎	36	5.42	23	7.28	<0.05
慢性鼻炎	18	2.71	7	2.22	
肺结核	1	0.15	0	0.00	
螨虫过敏	1	0.15	0	0.00	
化学品过敏	10	1.51	6	1.90	>0.05
花粉化学物过敏	18	2.71	8	2.53	
其他物质过敏	6	0.90	4	1.27	
湿疹	23	3.46	16	5.06	
先天性心脏病	1	0.15	1	0.32	

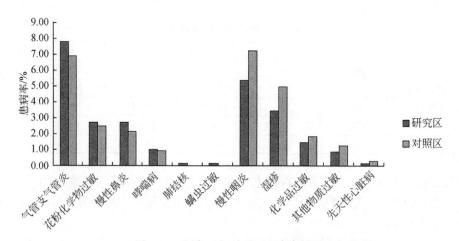

图 6-75　研究区与对照区患病率情况

Ⅱ. 成人健康调查结果分析。对研究区、对照区成人进行了问卷调查，其中研究区共 160 人，男性 85 人，女性 75 人；对照区共 159 人，其中男性 78 人，女性 81 人。男女比例接近 1：1。

表 6-149、图 6-76 为研究区与对照区调查对象患病率情况。患病率研究区高于对照区的疾病为：哮喘病、气管支气管炎、慢性咽炎、慢性鼻炎、食物药物过敏、花粉化学物过敏、其他物质过敏、心脏病、慢性结膜炎；患病率对照区高于研究区的疾病为其他疾病；研究区、对照区都没有的疾病为肺结核、螨虫过敏及肺气肿。通过卡方检验可知，研究区与对照区慢性鼻炎的患病率有差异（P<0.05），其余疾病的患病率均无差异（P>0.05）。

表 6-149　调查对象患病率情况

疾病	研究区		对照区		P 值
	例数	患病率/%	例数	患病率/%	
哮喘病	2	1.25	0	0.00	
气管炎和支气管炎	10	6.25	6	3.77	>0.05
慢性咽炎	24	15.00	14	8.81	
慢性鼻炎	15	9.38	6	3.77	<0.05
肺结核	0	0.00	0	0.00	—
螨虫过敏	0	0.00	0	0.00	
食物药物过敏	6	3.75	5	3.14	
花粉和化学物	5	3.13	4	2.52	>0.05
其他物质过敏	2	1.25	1	0.63	
心脏病	5	3.13	3	1.89%	
肺气肿	0	0.00	0	0.00	—
慢性结膜炎	5	3.13	3	1.89	>0.05
其他	2	1.25	4	2.52	

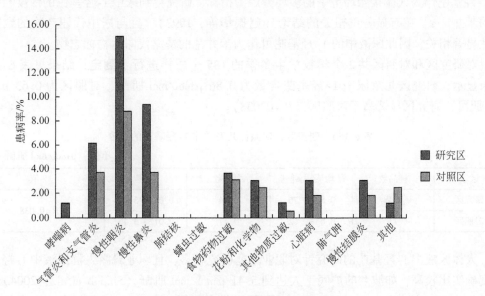

图 6-76　研究区与对照区患病率情况

6.3.2.6　人群内暴露负荷分析

1）污染物负荷及暴露标志物检测方法

（1）样品的采集。儿童尿液采集：儿童尿样的采集时间为 2011 年 1 月 18 日（冬季），在研究区与对照区三所小学（在此三所小学进行了空气样本检测及问卷调查工作）参加问卷调查的学生中筛选出符合调查要求的儿童采集其晨尿，共采集 160 份，样品采集后于

–20℃避光保存。成人尿液、血液采集：通过初步筛查研究区与对照区获得的调查问卷，选出符合调查要求的成人进行内负荷调查，每个区域各采集100份成人晨尿、静脉血样品，样品采集后于冷冻保存。

（2）测定方法。尿液中1-OHP检测采用高效液相–荧光监测法进行分析。实验中进行严格的质量控制，样品前处理过程中，每一组10个样品加入一个基质加标的样品进行质量控制，HPLC分析过程中，每运行10个样品作一个标样控制。基质加标测定1-羟基芘的回收率为94.8%~108.7%。尿液及血液中重金属检测采用电感耦合等离子体质谱法进行测定。

2）污染物负荷及暴露标志物指标分析

（1）体内暴露标志物分析。生物标志物是环境与健康识别技术和评估方法的核心技术。1987年美国国家生物标志物研究委员会将生物标志物划分为3类：暴露生物标志物、效应生物标志物和易感性生物标志物。其中暴露标志物主要测定体内某些外来化合物，或检测该化学物质与体内内源性物质相互作用的产物，或与暴露有关的其他指标。

通过特征污染物的筛选可知兰州区域大气污染物中苯并［a］芘综合评分值最高，健康危害风险也最大，因此我们测定了研究区与对照区成人及儿童尿液中苯并［a］芘的暴露标志物——1-羟基芘。

1-羟基芘是人体接触PAHs的一个灵敏而实用的指标。在职业暴露等环境中，用人尿中1-羟基芘作为人体接触环境中的多环芳烃的指标，研究得到尿中1-羟基芘的浓度与空气中的苯并［a］芘有显著正相关的结论（赵振华等，1992），且与尿中代谢产物的致突变活性显著相关，因此尿液中的1-羟基芘可作为苯并芘的暴露代谢生物标志物。

对研究区和对照区共2个学校学生冬季的185个尿样进行了测定，结果见表6-150。结果显示，研究区儿童尿中1-羟基芘含量为0.86 μmol/mol 肌酐，对照区为0.63 μmol/mol 肌酐，研究区显著高于对照区（$P=0.038$）。

表 6-150　研究区、对照区儿童尿中1-羟基芘的浓度

（单位：μmol/mol 肌酐）

区域	样品数	平均值±标准差	中位数	范围	P 值
研究区	112	0.86±0.76	0.64	0.028~5.93	$P=0.038$
对照区	73	0.63±0.62	0.47	0.012~3.46	

人体尿液中1-羟基芘的研究针对职业暴露研究较多，且职业暴露人群尿液中1-羟基芘浓度确实比较高，如波兰的炉底工人达到5.41 μmol/mol 肌酐（Simioli et al.，2004），中国的焦化工人也达到了3.19 μmol/mol 肌酐（段小丽等，2005）。近些年来，国内外也有一些研究人员以1-羟基芘为生物标志物，监测了儿童体内的PAHs暴露水平，不同国家和地区儿童体内的1-羟基芘的浓度差异较大。在一些发达国家，如美国儿童尿中的1-羟基芘浓度很低，为0.048 μmol/mol 肌酐（Huang et al.，2004），波兰索斯诺维茨儿童尿中1-羟基芘浓度为0.34 μmol/mol 肌酐（Siwińska et al.，1998）。国内的大同市儿童尿中的1-羟基芘浓度为0.50 μmol/mol 肌酐（段小丽等，2003）。

从表6-151中可以看出，研究区成人尿液中1-羟基芘含量为0.3223μmol/mol，对照区为0.2840μmol/mol，研究区与对照区无明显差异（$P>0.05$）

表 6-151 对照区与研究区成人尿液中 1-羟基芘含量 （单位：μmol/mol 肌酐）

区域	样品数	平均值	中位数	P 值
研究区	100	0.3223±0.5884	0.1644	P>0.05
对照区	100	0.2840±0.3989	0.1680	

（2）成人尿液及血液中重金属测定分析。通过特征污染物的筛选可知兰州区域大气污染物中重金属综合评分值都较高，健康危害风险也较大，并且测定的 6 种重金属均筛选为特征污染物，因此我们测定了研究区与对照区成人尿液及血液中的 6 种重金属。

从图 6-77 中可以看出，血样中重金属含量为：Zn>Cu>Ni>Pb>Cr>Cd；尿液中重金属含量为：Zn>Cu>Ni>Pb>Cr>Cd。

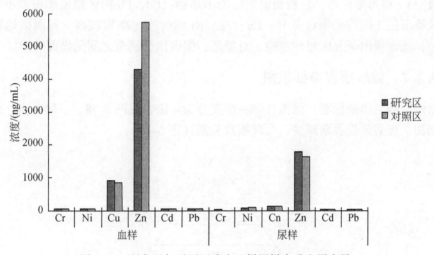

图 6-77 研究区与对照区成人血样尿样中重金属含量

从表 6-152 中可以看出，血样中的 Cr 在研究区、对照区检测值均低于 EHC 标准值；Cu、Zn 检出率较高，Cu 在研究区和对照区均存在个别超标，研究区超标率为 2.2%，对照区超标率为 0.93%，研究区、对照区差异不显著。Zn、Ni 两区超标率均较高，但 Ni 两区之间无显著性差异，而 Zn 对照区显著高于研究区。

表 6-152 对照区与研究区成人血样尿样中重金属检出率与超标率

项目		检出率/%		EHC /(ng/mL)	超标率/%		浓度/(ng/mL)		P
		研究区	对照区		研究区	对照区	研究区	对照区	
血样	Cr	90.11	64.42	70	1.10	2.81	37.08	30.61	<0.01
	Ni	34.06	79.44	1.05	34.06	79.44	42.35	45.07	0.093
	Cu	100	98.13	1170	4.39	3.74	918.97	851.41	0.027
	Zn	100	98.13	700	100	100	4291.18	5749.24	<0.01
	Cd	17.58	17.76	10	1.10	8.41	5.02	8.49	0.02
	Pb	36.26	61.68	100	2.20	10.28	34.77	67.08	<0.01

项目		检出率/%		EHC /(ng/mL)	超标率/%		浓度/(ng/mL)		P
		研究区	对照区		研究区	对照区	研究区	对照区	
尿样	Cr	3.12	0	11	1.04	0	10.95	0.00	—
	Ni	61.45	60.57	5.2	59.38	54.81	67.97	73.15	0.554
	Cu	82.29	67.31	76.8	59.37	47.11	133.86	132.21	0.844
	Zn	68.75	57.69	600	56.25	45.19	1763.34	1642.58	0.455
	Cd	28.12	26.92	2	20.83	19.23	3.54	3.80	0.716
	Pb	78.12	64.42	250	1.04	0	44.19	39.56	0.425

尿液中 Cr 检出率极低，且检出值两区均不超标；Cd、Pb 两区检出率相差不大，且超标情况及检出值之间均无明显差异；Cu、Zn、Ni 两区检出率均较高，且两区均存在一定程度超标，且表现出研究区超标率高于对照区，但两区检测值之间无显著差异。

6.3.2.7　健康损害特征识别

根据慢性咽炎诊断标准，将慢性咽炎级度分为 4 级，见图 6-78。一般而言，随着炎症级度的增加，患病数量逐渐减少，呈现指数关系（图 6-79）。

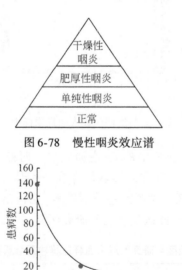

图 6-78　慢性咽炎效应谱

图 6-79　不同级度慢性咽炎可能患病人数示意图

根据兰州地区人群健康状况分为 4 级，分别为死亡人群、患病人群、亚健康人群及健康人群，兰州区域人群疾病效应谱见图 6-80。从图中可以看出，兰州市死亡率排在前四位的疾病为循环系统疾病、肿瘤、呼吸系统疾病及疾病与死亡的外因；兰州市患病率排在前四位的疾病为消化系统疾病、呼吸系统疾病、循环系统疾病及皮肤和皮下组织疾病。

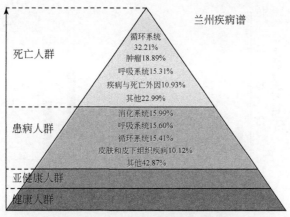

图 6-80 兰州区域人群疾病效应谱

6.3.2.8 构成法判断死因顺位

从 2011 年开始，甘肃省开展了疾病死因上报工作，上报内容包括死者姓名、性别、出生日期、死亡事件、户籍、生前常住地址、直接导致死亡原因及根本死亡原因等，并按照 ICD-10 进行疾病分类。根据兰州市 2011 年 8 月至 2012 年 8 月期间各医院向甘肃省疾病预防控制中心上报的死因情况数据，分析西固区和榆中县的死亡疾病构成及死因顺位构成。

西固区、榆中县死亡人数前三位的年龄段为：70~79 岁、80~89 岁和 60~69 岁（图 6-81、图 6-82）。其中，西固死亡人数最多的排在前三位的年龄段分别死亡 88 人、50 人和 44 人，分别占西固区死亡总人数的 33.98%、19.31% 和 16.99%；榆中县死亡人数最多的排在前三位的年龄段分别死亡 64 人、39 人和 32 人，分别占榆中县死亡总人数的 26.23%、15.98% 和 13.11%。

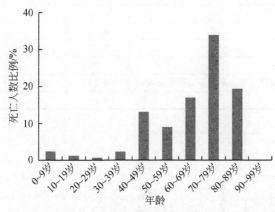

图 6-81 2011 年 8 月至 2012 年 8 月西固区死亡人员年龄分布图

根据 ICD-10 疾病分类，西固区前三种死因分别为循环系统疾病、肿瘤和呼吸系统疾病；榆中县前三种死因分别为循环系统疾病、呼吸系统疾病及疾病和死亡的外因。西固区总人口为 33 万人，榆中县总人口为 42.4 万人，2011 年 8 月至 2012 年 8 月上报的死亡人数相差不大，但值得一提的是，西固区肿瘤死亡人数及构成比均明显高于榆中县（表 6-153、图 6-83、图 6-84）。

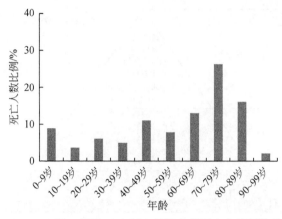

图 6-82　2011 年 8 月至 2012 年 8 月榆中县死亡人员年龄分布图

表 6-153　西固区及榆中县各类疾病的死因顺位

疾病病名	西固区		榆中县	
	构成比例/%	死因顺位	构成比例/%	死因顺位
某些传染病和寄生虫病	2.32	8	1.23	10
肿瘤	27.03	2	10.25	4
血液及造血器官疾病和某些涉及免疫系统的疾患	0.39	11	0.41	11
内分泌、营养和代谢疾病	3.09	6	2.46	7
精神和行为疾患	0.39	11	0.00	
神经系统疾病	2.70	7	2.46	7
循环系统疾病	33.59	1	30.74	1
呼吸系统疾病	11.58	3	19.26	2
消化系统疾病	6.95	4	4.51	6
肌肉骨骼系统和结缔组织疾病	0.39	11	0.00	0
泌尿生殖系统疾病	0.77	10	1.23	10
起源于围产期的某些情况	0.77	10	5.74	5
先天畸形、变形和染色体异常	1.54	9	1.64	9
症状、体征和临床与实验室异常所见，不可归类在他处者	4.25	5	2.05	8
疾病和死亡的外因	4.25	5	18.03	3

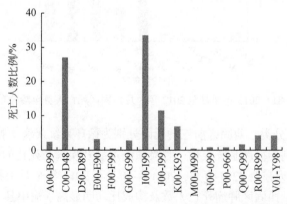

图 6-83　2011 年 8 月至 2012 年 8 月西固区死亡人员死因构成图

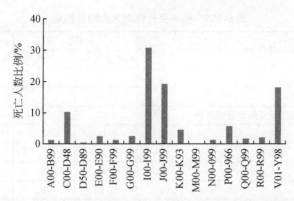

图 6-84 2011 年 8 月至 2012 年 8 月榆中县死亡人员死因构成图

A00-B99：某些传染病和寄生虫病；C00-D48：肿瘤；D50-D89 血液及造血器官疾病和某些涉及免疫系统的疾患；
E00-E90 内分泌、营养和代谢疾病；F00-F99 精神和行为疾患；G00-G99 神经系统疾病；I00-I99 循环系统疾病；
J00-J99 呼吸系统疾病；K00-K93 消化系统疾病；M00-M99 肌肉骨骼系统和结缔组织疾病；N00-099 泌尿生殖系
统疾病；P00-966 起源于围产期的某些情况；Q00-Q99 先天畸形、变形和染色体异常；R00-R99 症状、体征和临
床与实验室异常所见，不可归类在他处者；V01-Y98 疾病和死亡的外因

根据表 6-154 可知，西固区男性死因前三类疾病分别为循环系统疾病、肿瘤、呼吸系统疾病；女性死因三类疾病分别为循环系统疾病、肿瘤、呼吸系统疾病，女性死因前三位疾病分别为循环系统疾病、肿瘤、消化系统疾病；由表 6-155 可知，榆中县男性死因前三类疾病分别为循环系统疾病、疾病和死亡的外因、呼吸系统疾病，女性死因前三类疾病分别为循环系统疾病、呼吸系统疾病、疾病和死亡的外因。肿瘤虽未列入榆中县男女死亡的前三类疾病，但所占比例仍较大，排第四位。

表 6-154 西固区分性别死因顺位构成

疾病病名	男性		女性	
	构成比例/%	死因顺位	构成比例/%	死因顺位
某些传染病和寄生虫病	2.27	7	2.41	5
肿瘤	26.70	2	27.71	2
血液及造血器官疾病和某些涉及免疫系统的疾患	0.57	9	0.00	11
内分泌、营养和代谢疾病	3.98	5	1.20	6
精神和行为疾患	0.57	9	0.00	—
神经系统疾病	3.41	6	1.20	6
循环系统疾病	30.68	1	39.76	1
呼吸系统疾病	14.20	3	6.02	4
消化系统疾病	5.68	4	9.64	3
肌肉骨骼系统和结缔组织疾病	0.57	9	0.00	—
泌尿生殖系统疾病	0.57	9	1.20	6
起源于围产期的某些情况	0.57	9	1.20	6
先天畸形、变形和染色体异常	1.70	8	1.20	6
症状、体征和临床与实验室异常所见，不可归类在他处者	3.41	6	6.02	4
疾病和死亡的外因	5.11	4	2.41	5

表 6-155　榆中县分性别死因顺位构成

疾病病名	男性		女性	
	构成比例/%	死因顺位	构成比例/%	死因顺位
某些传染病和寄生虫病	1.24	8	1.20	7
肿瘤	10.56	4	9.64	4
血液及造血器官疾病和某些涉及免疫系统的疾患	0.62	9	0.00	11
内分泌、营养和代谢疾病	1.86	7	3.61	5
精神和行为疾患	0.00	—	0.00	—
神经系统疾病	2.48	6	2.41	6
循环系统疾病	31.06	1	30.12	1
呼吸系统疾病	15.53	3	26.51	2
消化系统疾病	5.59	4	2.41	6
肌肉骨骼系统和结缔组织疾病	0.00	—	0.00	—
泌尿生殖系统疾病	1.86	7	0.00	—
起源于围产期的某些情况	6.83	5	3.61	5
先天畸形、变形和染色体异常	0.62	9	3.61	5
症状、体征和临床与实验室异常所见，不可归类在他处者	1.24	8	3.61	5
疾病和死亡的外因	20.50	2	13.25	3

6.3.3　兰州区域环境污染与健康损害评估研究

兰州区域环境污染与健康损害评估包括环境污染评估、健康效应评估和区域人群健康危害评估。

6.3.3.1　区域环境污染评估

1）区域环境污染状况评估

（1）空气质量指数法（AQI）评估。在环境污染调查和特征污因子筛选的基础上，依据国家相关评价技术规范，采用空气质量指数法（AQI）进行环境污染评估，结果如表 6-156 所示。

表 6-156　不同区域环境空气质量指数

季节	研究区	采样点	IAQI			AQI	等级
			PM_{10}	$PM_{2.5}$	SO_2		
冬	西固区	A1	196	97	76	196	四级
		A2	208	146	60	208	五级
		A3	248	197	61	248	五级
		A4	150	105	75	150	三级
	榆中县	B1	103	61	36	103	三级
		B2	97	129	13	129	三级

季节	研究区	采样点	IAQI			AQI	等级
			PM_{10}	$PM_{2.5}$	SO_2		
夏	西固区	A1	108	78	76	108	三级
		A2	114	29	56	114	三级
		A3	113	75	55	113	三级
		A4	103	68	56	103	三级
	榆中县	B1	88	42	51	88	二级
		B2	78	53	52	78	二级

由表 6-156 可知，兰州市 AQI 冬季高于夏季、西固区大于榆中县。西固区各采样点污染等级普遍高于榆中县，其中冬季 A3 采样点的 AQI 最高，污染最为严重。

兰州市 AQI 有明显的空间和季节分布特征，与污染物浓度分布特征一致。兰州市颗粒物空气质量分指数（IAQI）普遍高于 SO_2，说明兰州市颗粒物污染较为严重，需对颗粒物的健康危害作进一步分析。

（2）潜在生态危害指数法评估。在环境污染调查和特征污因子物筛选的基础上，依据国家相关评价技术规范，采用潜在生态危害指数法进行环境污染评估。

$$C_f^i = \frac{C^i}{C_n^i} \quad E_r^i = T_r^i \cdot C_f^i$$

$$RI = \sum_i^m E_r^i = \sum_i^m T_r^i \cdot C_f^i = \sum_i^m T_r^i \cdot \frac{C^i}{C_n^i}$$

式中，C_f^i 为第 i 中重金属的污染系数；C^i 为样品中第 i 种重金属含量的实测值（mg/kg）；C_n^i 为第 i 种重金属的背景值（mg/kg）；E_r^i 为第 i 种重金属的潜在生态风险系数；T_r^i 为第 i 种污染物的毒性系数，反映其毒性水平和生物对其污染的敏感性；RI 为多种污染物的潜在生态风险指数。

潜在生态风险评价指标的分级见表 6-157。

表 6-157　潜在生态风险评价指标的分级

E_r^i	单因子生态危害程度	RI	总的潜在生态危险程度
<40	轻微	<150	轻微
40~80	中	150~300	中等
80~160	较强	300~600	强
160~320	强	>600	极强
>320	极强		

重金属在不同粒径颗粒物中的浓度均值见表 6-158。颗粒物重金属潜在生态危害指数见表 6-159。

表 6-158　兰州市不同区域不同季节大气颗粒物重金属含量　（单位：ng/m³）

附着物	季节	区域	Cu	Zn	Ni	Pb	Cd	Cr
PM$_{2.5}$	冬季	A	64.58±12.43	220.72±66.06	9.32±5.41	115.03±63.54	0.26±0.20	16.62±4.81
		B	51.52±15.40	158.09±76.56	4.80±2.74	147.24±69.04	0.68±1.02	19.06±13.42
	夏季	A	58.71±20.44	302.36±68.28	9.59±6.79	90.30±27.68	0.35±0.29	18.93±7.08
		B	—	268.06±113.08	4.27±3.81	78.92±18.78	0.16±0.08	19.55±4.16
PM$_{10}$	冬季	A	91.20±53.39	315.19±94.76	16.28±9.68	220.86±95.27	0.83±0.46	19.85±6.55
		B	235.20±79.09	270.90±95.69	5.49±1.67	246.51±107.84	0.96±0.62	26.19±20.03
	夏季	A	59.85±23.71	450.48±145.72	10.98±4.99	98.78±72.83	0.59±0.41	19.41±10.72
		B	10.21	306.98±149.46	6.58±2.11	100.59±36.71	0.34±0.32	21.29±6.28
TSP	冬季	A	215.38±91.77	521.87±102.97	41.99±21.22	379.17±99.03	1.86±0.44	36.44±11.65
		B	295.86±62.82	390.13±109.64	9.57±2.42	294.54±111.02	1.52±0.79	27.29±8.38
	夏季	A	60.31±17.57	579.82±162.86	29.83±12.87	179.73±45.66	0.87±0.72	25.46±12.31
		B	27.54±5.96	463.38±198.29	9.03±2.92	123.75±31.63	0.48±0.28	24.92±1.49

表 6-159　兰州市大气颗粒物重金属潜在生态危害系数及生态风险指数

颗粒物		潜在生态风险系数 E_r^i						潜在生态风险指数 RI
		Cd	Cr	Cu	Pb	Ni	Zn	
TSP	研究区	943.97	2.58	76.85	26.85	112.15	25.67	1188.06
	对照区	1280.17	3.51	168.52	13.96	153.40	38.04	1657.61
PM$_{10}$	研究区	1047.41	2.15	71.23	15.05	96.95	26.89	1259.69
	对照区	1280.17	4.44	245.76	17.19	162.32	39.65	1749.54
PM$_{2.5}$	研究区	1163.79	12.62	260.38	36.33	198.08	64.46	1735.67
	对照区	1616.38	21.34	461.09	32.37	300.66	91.00	2522.84

由表 6-159 可知，在 TSP、PM$_{10}$ 中，Cr、Pb、Zn 的生态危害程度为轻微，Ni 的生态危害程度为较强，而 Cu 处于中等~较强，Cd 的生态危害程度为极强；在 PM$_{2.5}$ 中，Cr、Pb 的生态危害程度为轻微，Zn 处于中等~较强，Ni 的生态危害程度为强，Cu 的生态危害程度为强~极强。按生态危害程度排序，大气颗粒物中重金属元素的生态危害顺序为：Cd>Cu>Ni>Zn>Pb>Cr。多种重金属联合的潜在生态风险指数显示，TSP、PM$_{10}$、PM$_{2.5}$ 的重金属潜在生态风险程度均为极强，其中 PM$_{2.5}$ 的潜在生态风险指数最高，其顺序为 PM$_{2.5}$>PM$_{10}$>TSP，而且多种重金属的联合生态风险指数中主要的贡献因子是 Cd。对照区的颗粒物浓度要小于研究区，但是由表 6-159 可知，对照区大气颗粒物中重金属生态危害指数要大于研究区。

2）环境污染的生物毒性综合效应评估

（1）特征污染物权重。研究区特征污染物致癌性分类权重见表 6-160。

表 6-160　兰州特征污染物 IARC 化学物质致癌性分类与 IRIS 化学物质致癌性分类

序号	污染物	权重	
		IARC	IRIS
1	苯并［a］芘	G2B	B2

序号	污染物	权重	
		IARC	IRIS
2	Pb	G2B	B2
3	Cr	G1/G3	A/C
4	Ni	G1	A
5	Cd	G2A	B1
6	Cu	G3	C
7	苯并 [a] 蒽	G2B	B2
8	二苯并 [a, h] 蒽	G2B	B2
9	Zn	G4	E
10	苯并 [b] 荧蒽	G2B	B2

（2）生物毒性评价。运用综合毒性风险评价对兰州区域生物毒性进行评价（以 Zn 为例）。根据前期试验和文献报道，大气提取物中 Zn 对斜生栅藻等三种藻类的 EC_{50} 见表6-161，根据 EC_{50} 计算其毒性单位，并对其赋值，见表6-162。

表 6-161　不同藻类 Zn 的 EC_{50} 　　　（单位：mg/L）

藻类	EC_{50}
斜生栅藻	0.0446
月牙藻	0.38
蛋白核小球藻	0.473

表 6-162　毒性赋值表

藻类	TU	WS
斜生栅藻	2242.15	4
月牙藻	263.16	4
蛋白核小球藻	211.42	4

由公式

$$TRI = \frac{(\sum_1^N WS_i)}{N(WS_{max})} \times 100$$

计算得出综合毒性风险指数 TRI＝100%，对照风险等级表可知，属于Ⅲ级高度毒性风险。

6.3.3.2　环境污染健康效应评估

运用健康状态指数法对兰州区域环境污染健康效应进行评估。对于每种标志物，其变化因子按下式计算：

$$AF = \frac{m_u}{m_c}$$

式中，m_u 为某样品标志物平均值；m_c 为对照样品标志物平均值。

由表 6-163 可以看出，研究区儿童体内 1-羟基芘的平均浓度为 $0.86\mu mol/mol$ 肌酐，对照区儿童体内 1-羟基芘的平均浓度为 $0.63\mu mol/mol$ 肌酐，研究区儿童体内 1-羟基芘浓度高于对照区，AF=1.37>1.20，变化率大于 20%，与特定临界值（表 6-164）进行比较，发现这种变化是生物体最早的生理学响应。

表 6-163　人群体内 1-羟基芘的平均浓度　　（单位：μmol/mol 肌酐）

项目	研究区	对照区	AF
儿童	0.86	0.63	1.37
成人	0.3223	0.2840	1.13

表 6-164　生物标志物变化水平（AL）的确定

响应值持续降低的因子		响应值持续增加或钟形响应的因子		生物学相关性
AF>0.80	NA	AF<1.20	NA	与对照相比，有较小变化（±20%）；虽然具有统计学显著性，但并不认为是显著的生物学变化
AF<0.80	-	AF>1.20	+	变化幅度大于 20%，且与对照差异显著。这种变化是生物体最早的生理学响应
AF<0.50	-	AF>2.00	++	与对照相比有很大的变化，但这种变化处于强烈自然因子诱导的变化范围之内
AF<0.15	-	AF>3.00	+++	变化幅度超出自然逆境诱导的范围，表明健康状态发生了病理性变化

AF. 变化幅度；NA. 无变化；+. 增加；-. 减小

研究区成人体内 1-羟基芘的平均浓度为 $0.3223\ \mu mol/mol$ 肌酐，对照区成人体内 1-羟基芘的平均浓度为 $0.2840\mu mol/mol$ 肌酐，AF=1.13<1.20，与对照相比，有较小变化（±20%）；虽然具有统计学显著性，但并不认为是显著的生物学变化。

6.3.3.3　区域人群健康危害评估

运用人群健康状况评估和健康风险评价两种方法对兰州区域进行人群健康危害评估。

1）区域人群健康状况评估

（1）兰州人群健康状况评估指标体系框架。通常健康评估指标围绕能反映人的身体素质和文化素质两方面的内容来选择。本研究为了评估区域环境污染的健康影响，在前人研究结果基础上，主要考虑兰州区域大气污染特征、人群特征和健康效应（疾病）等方面对人群平均寿命预期的影响，筛选了人群健康损害特征指标 49 种，构成区域人群健康状况评估指标体系，具体见表 6-165。

表 6-165　兰州市人群健康状况评估指标体系框架

目标层	分类指标	指标名称	相关系数	P 值
健康指数	环境污染特征	废气排放量	0.214	<0.05
	人群特征	平均预期寿命	1	<0.01
		老年人口抚养比	0.327	<0.05
		儿童人口抚养比	−0.493	<0.01
	人群暴露特征	人口出生率/%	−0.708	<0.01
		孕产妇死亡率/%	−0.87	<0.01
		新生儿死亡率/%	−0.829	<0.01
		婴幼儿死亡率/%	−0.825	<0.01
		5 岁以下儿童死亡率/%	−0.833	<0.01
	人群健康损害特征	呼吸系统疾病死亡率/%	−0.816	<0.01
		心脏病死亡率/%	−0.418	<0.05
		消化系统疾病死亡率/%	−0.774	<0.01
		传染病（不含呼吸道结核）死亡率/%	−0.818	<0.01
		内分泌、营养和代谢疾病死亡率/%	−0.358	<0.05
		泌尿生殖系统疾病死亡率/%	−0.797	<0.01

　　兰州市为大气污染较严重的城市，因此在环境污染类分类指标体系时，考虑了 PM_{10}、SO_2 的大气污染指数，以及工业废气排放量、工业粉尘排放量、工业烟气排放量等反映大气污染的指标，通过查找相关统计数据，计算得到环境污染特征指标与平均预期寿命之间的相关关系。通过分析可知，除废气排放量与平均预期寿命具有相关性外，其他污染指标与其并不具有相关性，因此确定废气排放量作为环境污染特征指标入选。

　　在建立人群特征指标及人群暴露特征指标时，选择数据全面尽可能多的指标作相关性分析。通过分析可知，人群特征指标为平均预期寿命、老年人口抚养比、儿童人口抚养比；人群健康损害指标为呼吸系统疾病死亡率、心脏病死亡率、消化系统疾病死亡率、传染病（不含呼吸道结核）死亡率、内分泌、营养和代谢疾病死亡率、泌尿生殖系统疾病死亡率。人群相关参数中，除平均预期寿命和老年人口抚养比与平均预期寿命为正相关外，其他指标的增加均会对平均预期寿命产生负面影响。

　　（2）健康指数的计算。具体如下。

　　I．指标值的无量纲化。所选择健康指标的数值，其计量单位各不相同，无法计算成一个综合数值。因此，需要对指标值进行无量纲化处理。应用指数化方法进行处理，具体方法是应用美国大卫·莫里斯和詹姆斯·格蒙特提出的指数法将各指标值转换成指数。指数的计算方法如下：

$$P = \frac{M_i - N_0}{M_h - N_0} \times 100$$

式中，P 为健康指标指数；M_i 为健康指标数值；N_0 为指标最低数值；M_h 为指标最高数值。

　　指数值从 0 到 100，0 为最低值，100 为最高值。对人体健康有正影响的指标（相关系数为正值），其指数值为上述公式计算的所得值；对人体健康为负影响的指标（相关系数为负值），其指数值为 100 减去公式计算值所得的数值。指数值越高，表示状态越好。

Ⅱ. 区域人群健康评估指标权重系数。所选的各种健康指标与健康的关系程度各不相同，即对寿命长短的影响程度不同。因此，要对上述所求得的各指标的指数值进行权重处理。以各个健康指标与平均预期寿命的相关系数作为区域人群健康评估指标权重系数，将计算所得的各指标的指数值进行调整，得到调整后的指数。

Ⅲ. 健康指数的计算。按照逐级递归的原则，利用调整后的各指标的指数计算出各个类指标的类指数，然后，再按此原则利用类指数计算各区域的健康指数。计算公式如下：

$$V = \frac{\sum\limits_{i=1}^{n} P_i}{n}$$

式中，V 为类指数；P 为指标指数；n 为指标个数。

$$W = \frac{\sum\limits_{i=1}^{N} V_i}{N}$$

式中，W 为健康指数；V 为类指数；N 为类指数个数。

由此可知，区域人群健康状况指数是从众多与影响区域人群健康有关的指标值综合计算得出来的，基本上能反映一个地区环境污染的居民健康影响状况，健康指数越大，说明该地区人群的健康状况越好，环境污染的健康影响越小。

(3) 兰州不同区域各健康指标数值。通过查找环境统计数据、第六次全国普查人口数据及兰州市不同区域医院获得的疾病死亡数据（表 6-166），计算兰州市不同区域健康指标指数 P、类指数 V 及区域健康指数 W（表 6-167）。

表 6-166 兰州市人群健康状况评估指标数值

目标层	分类指标	指标名称	西固区	榆中县
健康指数	环境污染特征	废气排放量/(万标立方米/年)	4 002 173	2 571 253
	人群特征	平均预期寿命/岁	81.43	75.13
		老年人口抚养比/%	13.47	10.60
		儿童人口抚养比/%	16.97	18.02
	人群暴露特征	人口出生率/%	—	—
		孕产妇死亡率/%	—	—
		新生儿死亡率/%	—	—
		婴幼儿死亡率/%	—	—
		5 岁以下儿童死亡率/%	—	—
	人群健康损害特征	呼吸系统疾病死亡率/%	8.80E-05	1.08E-04
		心脏病死亡率/%	—	—
		消化系统疾病死亡率/%	5.22E-05	2.74E-05
		传染病（不含呼吸道结核）死亡率/%	1.65E-05	9.15E-06
		内分泌、营养和代谢疾病死亡率/%	2.20E-05	1.37E-05
		泌尿生殖系统疾病死亡率/%	5.50E-06	6.86E-06

表 6-167 兰州市人群健康状况评估指标健康指数

目标层	分类指标	指标名称	西固区			榆中县		
			P	*V*	*W*	*P*	*V*	*W*
健康指数	环境污染特征	废气排放量/(万标立方米/年)	21.40	21.40		21.40	21.40	
	人群特征	平均预期寿命/岁	100.00			100.00		
		老年人口抚养比/%	0.00	49.76		0.00	49.75	
		儿童人口抚养比/%	49.28			49.25		
	人群健康损害特征	呼吸系统疾病死亡率/%	0.00		37.90	0.00		40.69
		心脏病死亡率/%						
		消化系统疾病死亡率/%	33.54			61.57		
		传染病（不含呼吸道结核）死亡率/%	70.89	42.55		79.94	50.91	
		内分泌、营养和代谢疾病死亡率/%	28.64			33.36		
		泌尿生殖系统疾病死亡率/%	79.70			79.70		

从表 6-167 中可知，由于环境污染特征可分析指标数为 1，故环境指标类指数 *V* 没有差异；人群特征类指数 *V* 总体相差不大说明，在人群特征上两个区域没有明显不同；人群健康损害类指数 *V* 及总体健康指数为西固区小于榆中县，说明西固区人群健康状况劣于榆中县。西固区作为兰州市主要城区，其医疗条件优于榆中县，经济水平也高于榆中县，但是其疾病死亡率类健康指数却低于榆中县，这与西固区的重工业经济类别有一定关系，尽管在分析环境污染特征指标时，由于指标数目较小而隐去了环境对健康影响的差异，但是环境污染对健康的实际影响不能忽略。再后期收集到有关污染相关大量数据后，应进一步分析环境污染对健康的影响。

2）健康风险评价

（1）颗粒物污染健康风险评价。健康风险评价依据非致癌效应污染物健康风险评估模型进行，该模型如下所示：

$$R = \frac{C}{\text{RfC}} \times 10^{-6}$$

式中，*R* 为发生某种危害的健康风险；*C* 为终生日均暴露剂量或浓度（$\mu g/m^3$）；RfC 为待评物质的参考浓度（$\mu g/m^3$）。

采用世界卫生组织（WHO）发布的大气质量基准中细颗粒物的日均浓度 [ρ（PM_{10}）、ρ（$PM_{2.5}$）分别为 $0.05 mg/m^3$ 和 $0.025 mg/m^3$] 作为 RfC 值，依据非致癌效应污染物健康风险评估模型，计算不同季节水平梯度采样点与垂直梯度采样点 PM_{10} 和 $PM_{2.5}$ 的健康风险值（表 6-168）。

表 6-168 各采样点 $PM_{2.5}$ 和 PM_{10} 健康风险

颗粒物	季节	颗粒物的健康风险								
		水平梯度						垂直梯度		
		A1	A2	A3	A4	B1	B2	30 m	15 m	1.5 m
PM_{10}	冬	6.84×10^{-6}	7.12×10^{-6}	7.67×10^{-6}	4.99×10^{-6}	3.10×10^{-6}	3.33×10^{-6}	6.84×10^{-6}	7.39×10^{-6}	4.99×10^{-6}
	夏	3.30×10^{-6}	3.56×10^{-6}	3.53×10^{-6}	3.13×10^{-6}	2.54×10^{-6}	2.67×10^{-6}	3.30×10^{-6}	3.56×10^{-7}	3.34×10^{-6}
$PM_{2.5}$	冬	2.92×10^{-6}	4.48×10^{-6}	5.92×10^{-6}	3.17×10^{-6}	1.74×10^{-6}	3.91×10^{-6}	2.92×10^{-6}	5.20×10^{-6}	3.17×10^{-6}
	夏	2.28×10^{-6}	8.00×10^{-7}	2.20×10^{-6}	1.99×10^{-6}	1.17×10^{-6}	1.48×10^{-6}	2.28×10^{-6}	8.00×10^{-7}	2.08×10^{-6}

由表 6-168 可知，在水平梯度采样点中，PM_{10}、$PM_{2.5}$ 冬季健康风险的最高值与最低值采样点分别为 A3 和 B1，冬季西固区健康风险高于榆中县。从垂直梯度采样点可知，颗粒物健康风险最高值多出现在 15 m 处，说明长期生活在城市 15 m 高度处的人群具有较高的健康风险。

兰州市 PM_{10}、$PM_{2.5}$ 的健康风险值范围分别为 2.54×10^{-6} ~ 7.67×10^{-6}、8.00×10^{-7} ~ 5.92×10^{-6}，未超过美国国家环境保护局（US EPA）规定的 1×10^{-6} ~ 1×10^{-4} 可接受风险范围，但是该研究尚未分析颗粒物的负载物质，因此可能低估了大气污染物的健康危害，下一步研究将着重分析颗粒物负载组分的潜在危害。

（2）重金属污染健康风险评价。将污染物按其毒理学性质可分为非致癌污染物和致癌污染物，单一非致癌污染物、多种非致癌污染物及致癌污染物健康风险计算模型分别如下：

$$HQ = \frac{CDI(ADD)}{RfC(RfC)}$$

$$HI = HQ_1 + HQ_2 + \cdots + HQ_i$$

$$R = CDI \times SF$$

式中，HQ 为某种污染物危害墒值（无量纲）；CDI 为某种污染物长期日均暴露浓度（mg/m^3）；ADD 为长期日均暴露剂量 $[mg/(kg\cdot d)]$；RfC 为某种污染物的参考浓度（mg/m^3）；RfD 为某种污染物的参考剂量 $[mg/(kg\cdot d)]$；HI 为多种污染物危害指数（无量纲）；R 为致癌污染物的终生超额危险度（无量纲）；SF 为污染物致癌斜率因子 $[(mg/m^3)^{-1}]$。

本研究中，通过查找美国能源部风险评价信息系统获得重金属经呼吸暴露的参考浓度（RfC）及斜率因子（SF）（表 6-169）。重金属 Cu 及 Zn 没有相应的参考浓度值（RfC），采用参考剂量值（RfD）代替，计算危害墒值时采用 ADD/RfD 的模型。

第一，季节与区域健康风险评价。

由区域大气颗粒物上附着重金属的健康风险值（表 6-170）可知，不同区域和季节 Cu、Zn、Ni、Cd 和 Cr 的危害阈值 $[HQ（Cu）、HQ（Zn）、HQ（Ni）、HQ（Cd）及 HQ（Cr）]$ 均小于 1，从单一重金属来看，其健康风险均在可接受范围。不同区域和季节附着于 $PM_{2.5}$、PM_{10} 上重金属的总非致癌风险（HI）小于 1，为可接受的非致癌风险；冬季 A 区附着于 TSP 上重金属的 HI 高于 1，存在健康风险，应对该区域采取治理措施。

表 6-169 区域污染物经呼吸吸暴露的危害熵值、危害指数与致癌风险

附着物	季节	区域	HQ					HI	R				ΣR
			Cu	Zn	Ni	Cd	Cr		Ni	Pb	Cd	Cr	
PM$_{2.5}$	冬季	A	$4.61×10^{-4}$	$2.10×10^{-4}$	0.10	0.03	0.17	0.30	$2.42×10^{-6}$	$1.38×10^{-6}$	$4.61×10^{-7}$	$1.40×10^{-3}$	$1.40×10^{-3}$
		B	$3.68×10^{-4}$	$1.51×10^{-4}$	0.05	0.07	0.19	0.31	$1.25×10^{-6}$	$1.77×10^{-6}$	$1.23×10^{-6}$	$1.60×10^{-3}$	$1.60×10^{-3}$
	夏季	A	$4.19×10^{-4}$	$2.88×10^{-4}$	0.11	0.03	0.19	0.33	$2.49×10^{-6}$	$1.08×10^{-6}$	$6.30×10^{-7}$	$1.59×10^{-3}$	$1.59×10^{-3}$
		B	—	$2.55×10^{-4}$	0.05	0.02	0.20	0.26	$1.11×10^{-6}$	$9.47×10^{-7}$	$2.89×10^{-7}$	$1.64×10^{-3}$	$1.64×10^{-3}$
PM$_{10}$	冬季	A	$6.51×10^{-4}$	$3.00×10^{-4}$	0.18	0.08	0.20	0.46	$4.23×10^{-6}$	$2.65×10^{-6}$	$1.50×10^{-6}$	$1.67×10^{-3}$	$1.68×10^{-3}$
		B	$1.68×10^{-3}$	$2.58×10^{-4}$	0.06	0.10	0.26	0.42	$1.43×10^{-6}$	$2.96×10^{-6}$	$1.74×10^{-6}$	$2.20×10^{-3}$	$2.21×10^{-3}$
	夏季	A	$4.28×10^{-4}$	$2.92×10^{-4}$	0.12	0.06	0.19	0.38	$2.86×10^{-6}$	$1.19×10^{-6}$	$1.05×10^{-6}$	$1.63×10^{-3}$	$1.64×10^{-3}$
		B	$7.29×10^{-5}$	$4.29×10^{-4}$	0.07	0.03	0.21	0.31	$1.71×10^{-6}$	$1.21×10^{-6}$	$6.17×10^{-7}$	$1.79×10^{-3}$	$1.79×10^{-3}$
TSP	冬季	A	$1.54×10^{-3}$	$4.97×10^{-4}$	0.47	0.19	0.36	1.02	$1.09×10^{-5}$	$4.55×10^{-6}$	$3.35×10^{-6}$	$3.06×10^{-3}$	$3.08×10^{-3}$
		B	$2.11×10^{-3}$	$3.72×10^{-4}$	0.11	0.15	0.27	0.53	$2.49×10^{-6}$	$3.53×10^{-6}$	$2.74×10^{-6}$	$2.29×10^{-3}$	$2.30×10^{-3}$
	夏季	A	$4.31×10^{-4}$	$5.52×10^{-4}$	0.33	0.09	0.25	0.67	$7.76×10^{-6}$	$2.16×10^{-6}$	$1.57×10^{-6}$	$2.14×10^{-3}$	$2.15×10^{-3}$
		B	$1.97×10^{-4}$	$4.41×10^{-4}$	0.10	0.05	0.25	0.40	$2.35×10^{-6}$	$1.48×10^{-6}$	$8.70×10^{-7}$	$2.09×10^{-3}$	$2.09×10^{-3}$

表 6-170　风险预测模型相关参数

名称	经呼吸暴露的 RfC/(mg/m³)	经口暴露的 RfD/[mg/(kg·d)]	SF/(μg/m³)⁻¹
Cu	—	0.04	—
Zn	—	0.30	—
Ni	$9.00×10^{-5}$		$2.60×10^{-4}$
Pb		—	$1.20×10^{-5}$
Cd	$1.00×10^{-5}$		$1.80×10^{-3}$
Cr	$1.00×10^{-4}$		$8.40×10^{-2}$

在不同区域不同季节里，附着于 3 种类型颗粒物上的 Ni、Pb、Cd 3 种重金属的致癌风险 [R (Ni)、R (Pb)、R (Cd)] 分布范围是：$2.89×10^{-7} \sim 1.09×10^{-5}$，均未超过美国环保局 (US EPA) 所规定的 $1×10^{-6} \sim 1×10^{-4}$ 可接受风险范围；附着于 3 种类型颗粒物上 Cr 的致癌风险 [R (Cr)] 分布范围是：$1.40×10^{-3} \sim 3.06×10^{-3}$，超过了 US EPA 规定的可接受风险范围。将同一区域同一季节颗粒物中不同重金属的致癌健康风险相叠加可知，兰州市 A、B 两区不同季节的 ∑R 分布范围是：$1.40×10^{-3} \sim 3.08×10^{-3}$，超过可接受健康风险范围，应进行污染治理。

计算 HQ (Cu) 和 HQ (Zn) 时采用经口摄入途径的参考剂量，可能低于 Cu 和 Zn 的实际经呼吸摄入的参考浓度，使得这两种重金属的 HQ 值远小于其他重金属，在一定程度上可能低估了其风险值。

第二，垂直空间健康风险评价。

对 A 区颗粒物重金属污染垂直分布数值进行健康风险评价可知（表 6-171），不同高度不同季节附着于 PM₂.₅ 和 PM₁₀ 上的重金属 HI 均小于 1，属于可接受水平；冬季 15m 高度 TSP 的重金属 HI 大于 1，属于不可接受水平；由于 R(Cr) 较高，不同类型颗粒物上重金属的总致癌风险 ∑R 均超过 US EPA 所规定的 $1×10^{-6} \sim 1×10^{-4}$ 的可接受风险范围，应进行污染治理。

冬季重金属垂直梯度上非致癌风险与致癌风险最大值多出现在 15m 处，夏季则多出现在 1.5m 和 30m 处，这与大气颗粒物重金属浓度的垂直特征一致。

（3）有机物污染健康风险评价。大气颗粒物重金属污染主要暴露途径为经呼吸摄入。以苯并 [a] 芘为代表的 PAHs 也主要是通过呼吸道吸入，从而导致明显的健康损害效应。

个体日均暴露剂量率计算采用下面的公式：

$$ADD = \frac{C \cdot IR \cdot ED}{BW \cdot AT}$$

式中，ADD 为终生日均暴露剂量率，单位为 mg/(kg·d)；C 为该致癌物在环境介质中的平均浓度 (mg/m³)；IR 为成年人摄入环境介质的日均摄入量 (g/d、m³/d 或 L/d)；BW 为成年人的平均体重 (kg)；ED 为暴露时间 (a)；AT 为平均时间 (a)。

本研究采用的呼吸速率为 20m³/d；暴露频率为 365d/a；平均时间采用 ED×365d/a。

表6-171　垂直梯度污染物经呼吸暴露的危害熵值、危害指数与致癌风险

附着物	季节	高度/m	HQ					HI	R				ΣR
			Cu	Zn	Ni	Cd	Cr		Ni	Pb	Cd	Cr	
PM$_{2.5}$	冬季	30	5.14×10^{-4}	1.50×10^{-4}	0.10	0.01	0.17	0.28	2.30×10^{-6}	8.36×10^{-7}	1.89×10^{-7}	1.46×10^{-3}	1.46×10^{-3}
		15	4.20×10^{-4}	2.56×10^{-4}	0.13	0.03	0.15	0.32	2.99×10^{-6}	1.78×10^{-6}	6.21×10^{-7}	1.29×10^{-3}	1.30×10^{-3}
		1.5	4.77×10^{-4}	1.80×10^{-4}	0.02	0.02	0.19	0.24	4.09×10^{-7}	1.13×10^{-6}	4.13×10^{-7}	1.64×10^{-3}	1.64×10^{-3}
	夏季	30	6.23×10^{-4}	3.08×10^{-4}	0.15	0.05	0.28	0.48	3.58×10^{-6}	1.25×10^{-6}	8.70×10^{-7}	2.35×10^{-3}	2.36×10^{-3}
		15	2.30×10^{-4}	2.30×10^{-4}	0.09	0.02	0.16	0.27	2.21×10^{-6}	6.90×10^{-7}	2.93×10^{-7}	1.33×10^{-3}	1.33×10^{-3}
		1.5	4.12×10^{-4}	3.10×10^{-4}	0.10	0.04	0.14	0.27	2.23×10^{-6}	1.20×10^{-6}	6.79×10^{-7}	1.17×10^{-3}	1.17×10^{-3}
PM$_{10}$	冬季	30	1.50×10^{-3}	4.58×10^{-4}	0.25	0.17	0.24	0.66	5.88×10^{-6}	4.06×10^{-6}	2.97×10^{-6}	2.02×10^{-3}	2.03×10^{-3}
		15	3.76×10^{-4}	2.82×10^{-4}	0.24	0.10	0.17	0.51	5.52×10^{-6}	2.51×10^{-6}	1.71×10^{-6}	1.46×10^{-3}	1.47×10^{-3}
		1.5	8.27×10^{-4}	2.25×10^{-4}	0.04	0.04	0.21	0.29	9.91×10^{-5}	2.41×10^{-6}	6.66×10^{-6}	1.78×10^{-3}	1.78×10^{-3}
	夏季	30	4.73×10^{-4}	5.08×10^{-4}	0.17	0.05	0.28	0.50	3.93×10^{-6}	1.83×10^{-6}	9.64×10^{-7}	2.37×10^{-3}	2.38×10^{-3}
		15	2.79×10^{-4}	3.68×10^{-4}	0.10	0.07	0.17	0.34	2.43×10^{-6}	6.39×10^{-8}	1.18×10^{-6}	1.39×10^{-3}	1.39×10^{-3}
		1.5	4.56×10^{-4}	4.22×10^{-4}	0.10	0.06	0.14	0.29	2.28×10^{-6}	1.14×10^{-6}	1.04×10^{-6}	1.14×10^{-3}	1.14×10^{-3}
TSP	冬季	30	1.37×10^{-3}	5.33×10^{-4}	0.36	0.19	0.37	0.92	8.31×10^{-6}	4.31×10^{-6}	3.46×10^{-6}	3.11×10^{-3}	3.13×10^{-3}
		15	1.73×10^{-3}	5.42×10^{-4}	0.64	0.19	0.31	1.13	1.49×10^{-5}	5.23×10^{-6}	3.45×10^{-6}	2.57×10^{-3}	2.59×10^{-3}
		1.5	1.28×10^{-3}	3.98×10^{-4}	0.26	0.17	0.46	0.89	6.08×10^{-6}	3.57×10^{-6}	3.13×10^{-6}	3.85×10^{-3}	3.86×10^{-3}
	夏季	30	4.96×10^{-4}	5.42×10^{-4}	0.26	0.09	0.30	0.64	6.02×10^{-6}	1.96×10^{-6}	1.63×10^{-6}	2.48×10^{-3}	2.49×10^{-3}
		15	2.95×10^{-4}	4.31×10^{-4}	0.29	0.07	0.23	0.59	6.82×10^{-6}	1.89×10^{-6}	1.26×10^{-6}	1.93×10^{-3}	1.94×10^{-3}
		1.5	4.66×10^{-4}	6.05×10^{-4}	0.38	0.09	0.25	0.72	8.82×10^{-6}	2.34×10^{-6}	1.71×10^{-6}	2.08×10^{-3}	2.09×10^{-3}

现场环境监测结果表明：研究区冬季苯并［a］芘的浓度为 150ng/m³，对照区冬季苯并［a］芘的浓度值为 74ng/m³。根据相关文献资料，成人摄入环境介质的日均摄入量为 15m³；儿童日均摄入量为 12m³；对研究区、对照区 319 名成人进行调查，统计得到平均体重为 63.55kg；对研究区、对照区 9～12 岁儿童共 550 名学生进行体检，分析得到平均体重为 30.2 kg；研究区居民户外时间为 3.43h，户内时间为 20.57h；对照区居民户外时间为 5.67h，户内时间为 18.33h。

由以上计算暴露剂量如下：①成人。研究区致癌物终生日均暴露剂量率 ADD = 3.52×10^{-5} mg/(kg·d)；对照区致癌物终生日均暴露剂量率 ADD = 1.76×10^{-5} mg/(kg·d)。②儿童。研究区致癌物终生日均暴露剂量率 ADD = 5.96×10^{-5} mg/(kg·d)；对照区致癌物终生日均暴露剂量率 ADD = 2.92×10^{-5} mg/(kg·d)。

第一，成人健康风险评价。

对于致癌化合物，采用以下模型进行致癌风险的计算：

$$R = Q \cdot D$$

式中，R 为人群终身超额风险；Q 为致癌强度系数；D 为致癌物终生日均暴露剂量率。

Ⅰ. 研究区人群终身超额风险 R：

$$R = Q \cdot D = 3.9 \times 3.52 \times 10^{-5} = 1.37 \times 10^{-4}$$

其中，致癌强度系数采用 US EPA 推荐值 $Q = 3.9$ [mg/(kg·d)]；D 值为研究区 ADD，为 3.13×10^{-5} mg/(kg·d)。

该计算结果表明，研究区居民在 3.52×10^{-5} mg/(kg·d) 的日均暴露剂量率下，人群终生致癌超额风险为 1.37×10^{-4}。美国环保局认为，当人群终生患癌超额风险为 1×10^{-6}～1×10^{-4} 时的致癌物的浓度或剂量为可接受水平；当终生患癌超额风险低于 10^{-6} 时，通常认为危险管理必要性不大；当终生患癌超额风险大于 10^{-4} 时，认为该致癌物的浓度或剂量是不可接受的，就必须采取必要的危险管理措施。参照美国环保局的判定标准，研究区居民居住环境的苯并［a］芘致人群终生患癌超额风险为 1.37×10^{-4} 是不可接受的，应采取必要的危险管理措施。

Ⅱ. 对照区人群终身超额风险 R：

$$R = Q \cdot D = 3.9 \times 1.54 \times 10^{-5} = 6.86 \times 10^{-5}$$

其中，致癌强度系数采用 US EPA 推荐值 $Q = 3.9$ [mg/(kg·d)]；D 值为对照区 ADD，为 1.76×10^{-5}。

该计算结果表明，对照区居民在 1.76×10^{-5} mg/(kg·d) 的日均暴露剂量率下，人群终生致癌超额风险为 6.86×10^{-5}，榆中县冬季采暖方式对大气环境有一定影响，也应采取一定的措施加以控制。

第二，儿童健康风险评价。

采用 $R = Q \cdot D$ 公式进行计算。

Ⅰ. 研究区儿童终生超额风险 R：

$$R = Q \cdot D = 2.32 \times 10^{-4}$$

其中，$D = 5.96 \times 10^{-5}$。

Ⅱ. 对照区儿童终生超额风险 R：

$$R = Q \cdot D = 1.13 \times 10^{-4}$$

式中，R 为人群终生超额风险；Q 为致癌强度系数（$[mg/(kg \cdot d)]$）；D 为致癌物终生日均暴露剂量率 $[mg/(kg \cdot d)]$，$D = 2.92 \times 10^{-5}$。

参照 US EPA 的判定标准，冬季研究区和对照区儿童居住环境的苯并（a）芘致人群终生患癌超额风险均处于不可接受范围内，其中研究区冬季儿童的终生患癌超额风险最高，应采取必要的危险管理措施。

6.3.4　兰州区域环境污染与健康损害相关关系判断

根据环境污染与健康危害的识别和特征研究，主要采用定性和定量两类方法进行环境污染与健康相关关系的判断。

6.3.4.1　定性分析

根据污染典型区域环境污染调查、识别和评估结果，依据特征污染因子的毒性、致病机理，以及暴露途径和暴露剂量，对环境污染与健康相关关系进行定性描述。在流行病学调查中，常通过相关性分析、回归分析、多元分析等各种统计学方法处理，寻找到事物内在的联系和事物之间的相关性，为进一步研究提供依据。生物样品的采集、检测参看 3.4.3.6。

对研究区儿童尿液 1-羟基芘浓度和与大气中多环芳烃浓度作相关性分析。表 6-172 为不同区域儿童尿液中 1-羟基芘的浓度值，通过比较分析可知研究区对照区儿童尿液中 1-羟基芘浓度有显著差异（$P = 0.038$）。西固区为石化工业基地，大气污染比较严重，特别是有机物污染不可忽视，而榆中县为农业经济为主的产业基地，大气污染较小。通过分析 1-羟基芘与大气中多环芳烃（PAHs）之间的相关关系可知（表 6-173），两者之间积差相关系数为 0.239，P 值为 0.018，秩相关系数为 0.253，P 值为 0.012，均有显著性，说明不同区域儿童尿液中 1-羟基芘浓度值与大气中 PAHs 浓度呈正相关，并且研究区显著高于对照区，应引起重视并采取一定的措施进行控制和处理。

表 6-172　研究区、对照区儿童尿中 1-羟基芘的浓度

（单位：μmol/mol 肌酐）

区域	样品数	平均值±标准差	中位数	范围	P 值
研究区	112	0.86±0.76	0.64	0.028～5.93	$P = 0.038$
对照区	73	0.63±0.62	0.47	0.012～3.46	

表 6-173　儿童尿液中 1-羟基芘浓度与大气中 PAHs 浓度的相关系数

儿童尿液中 1-羟基芘的浓度	积差相关系数	P 值	秩相关系数	P 值
	0.239	0.018	0.253	0.012

6.3.4.2 混杂因子分析

混杂因子是指既与疾病有关，又与暴露有关，在比较组之间分布不均匀，导致歪曲(夸大或缩小)暴露与疾病之间的关系的因素，它既是所研究疾病的独立危险因子，在非暴露组中它也必定是一个危险因子。在实际工作中获得的相关数据受多种因素的影响，为了控制混杂因子可以选择分层分析方法及多因素分析法等，如协方差分析、logistic回归分析、线形回归、比例风险回归等。本研究中儿童尿液中1-羟基芘除了与环境污染物有直接关系外，还受到多重因素的影响，运用多元逐步回归法对多因素进行筛选和剔除。

对西固区儿童尿液中1-羟基芘浓度（Y）与性别（$X1$）、年龄（$X2$）、身高（$X3$）、体重（$X4$）、在本地居住时间（$X5$）、家庭住房类型（$X6$）、是否集中供暖（$X7$）、父亲是否抽烟（$X8$）因素进行逐步回归分析。选择变量显著性P值小于0.05的变量，其余变量进行剔除，入选变量为父亲是否吸烟（$X8$）和家庭住房类型（$X6$）。由统计数据可知，当引入$X8$变量时，其复相关系数为0.520，当引入$X8$、$X6$时，其复相关系数为0.688，说明两类模型均可用。模型相关系数如表6-174所示，根据结果可得到以下模型：

$$Y = -3.392 + 0.479X6 + 0.452X8$$

从模型可以看出，父亲是否吸烟和家庭住房类型对儿童尿液中1-羟基芘浓度有直接影响。

表6-174　1-羟基芘浓度与吸烟和家庭住房类型的逐步回归分析

自变量参数	非标准偏回归系数		标准化偏回归系数	t	P值
	系数	标准误差			
常数项	-3.392	1.423	—	-2.284	0.03
$X8$	2.569	1.086	0.479	2.366	0.034
$X6$	1.115	0.499	0.452	2.234	0.044

参 考 文 献

陈晓秋. 2006. 水环境优先控制有机污染物的筛选方法探讨. 福建分析测试，(1)：15-17.

崔建升，徐富春，刘定，等. 2009. 优先污染物筛选方法进展. 中国环境科学学会2009年学术年会论文集.

段小丽，魏复盛，张军峰，等. 2005. 人尿中1-羟基芘浓度与多环芳烃日暴露量的关系. 环境化学，2005，24(1)：86-88.

段小丽，赵振华，丁中华，等. 2003. 大同市居民尿中1-羟基芘的十年变化趋势. 中国环境监测，2003，19(5)：51-53.

国家环境保护局. 2007. 环境空气质量监测规范[26] (试行).

胡冠九. 2007. 环境优先污染物简易筛选法初探. 环境科学与管理，(9)：47-49.

黄震. 1997. 综合评分指标体系在环境优先污染物筛选中的应用. 上海环境科学，(6)：19-21.

黄志勇. 2006. 氢化物发生-原子荧光光谱法测定茶叶中微量砷和汞的含量. 中国卫生检验，16(11)：1317，1318.

兰州市环境保护局. 1996. 兰州市环境质量报告书（1991-1995）.

李述信. 1987. 原子吸收光谱分析中的干扰及消除方法. 北京：北京大学出版社.

刘征涛，姜福欣，王婉华，等．2006．长江河口区域有机污染物的特征分析．环境科学研究，19（2）：1-5.

栾云霞，李伟国，陆安详，等．2009．原子荧光光谱法同时测定土壤中的砷和汞．安徽农业科学，37（12）：5344-5346.

倪小英．2008．稻米重金属检测及前处理方法研究．长沙：湖南大学．

彭绍洪，陈烈强，甘舸，等．2006．废旧电路板真空热解．化工学报，11（57）：2720-2726.

宋利臣，叶珍，马云，等．2010．潜在危害指数在水环境优先污染物筛选中的改进与应用．环境科学与管理，（9）：20-22.

孙华．2008．顶空气相色谱法测定土壤中挥发性有机物．环境科学与管理，33（6）：134-137.

万连印．2009．微波消解–石墨炉原子吸收法测定土壤中的铅和镉．烟草科技，（4）：46-49.

王松涛．2009．电子废弃物热处理过程产物分析．成都：西南交通大学．

王希波，马安青，安兴琴．2007．兰州市主要大气污染物浓度季节变化时空特征分析．中国环境监测，23（4）：61-64.

杨民，王锡稳，李文莉，等．2001．兰州市气象与污染环境背景综述．甘肃气象，19（4）：11-15.

翟平阳，刘玉萍，倪艳芳，等．2000．松花江水中优先污染物的筛选研究．北方环境，（3）：19-21.

张远航，邵可生，唐孝炎，等．1998．中国城市光化学烟雾污染研究．北京大学学报：自然科学版，34（2-3）：392-400.

赵兴敏，董德明，王文涛，等．2009．用流动注射氢化物原子吸收法测定土壤中砷和沉积物中的汞．吉林大学学报：理学版，47（6）：1303-1308.

赵振华，金文熠，田德海，等．1992．在高浓度多环芳烃环境中暴露后人尿中1-羟基芘的变化．环境科学，13（3）：69-73.

浙江省土壤普查办公室．1994．浙江土壤．杭州：浙江科学技术出版社．

周文敏，傅德黔，孙宗光．1991．中国水中优先控制污染物黑名单的确定．中国环境科学研究，4（6）：9-12.

Alvarado J S, Rose C. 2004. Static headspace analysis of volatile organic compounds in soil and vegetation samples for site characterization. Talanta, 62（1）：17-23.

Eskilsson S C, Björklund E. 2000. Analytical-scale microwave-assisted extraction. Journal of Chromatography A, 902（1）：227-250.

Guo Z, Jin Q, Fan G, et al. 2001. Microwave-assisted extraction of effective constituents from a Chinese herbal medicine Radix puerariae. Analytica chimica acta, 436（1）：41-47.

Huang W, Grainger J, Patterson Jr D G, et al. 2004. Comparison of 1-hydroxypyrene exposure in the US population with that in occupational exposure studies. International archives of occupational and environmental health, 77（7）：491-498.

Luo W, Zhang Y, Li H. 2003. Children's blood lead levels after the phasing out of leaded gasoline inShantou, China. Archives of Environmental Health：An International Journal, 58（3）：184-187.

Macarovscha G T, Bortoleto G G, Cadore S. 2007. Silica modified with zirconium oxide for on-line determination of inorganic arsenic using a hydride generation-atomic absorption system. Talanta, 71（3）：1150-1154.

Roper W L, Houk V N, Falk H, et al. 1991. Preventing lead poisoning in young children：A statement by the Centers for Disease Control, October 1991. Centers for Disease Control, Atlanta, GA（United States）.

Serrano A, Gallego M. 2006. Sorption study of 25 volatile organic compounds in several Mediterranean soils using headspace-gas chromatography-mass spectrometry. Journal of Chromatography A, 1118（2）：261-270.

Simioli P, Luoi S, Gregorio P, et al. 2004. Non-smoking coke oven workers show an occupational PAH exposure-related increase in urinary mutagents. Mutat Res, 562: 103-110.

Siwińska E, Mielżyńska D, Smolik E, et al. 1998. Evaluation of intra-and interindividual variation of urinary 1-hydroxypyrene, a biomarker of exposure to polycyclic aromatic hydrocarbons. Science of the total environment, 217 (1): 175-183.

World Health Organization. 1994. Environmental health criteria 162: brominated diphenyl ethers. Geneva: WHO.

附　录　一

美国环保局（US EPA）和加利福尼亚州环境保护局（CalEPA）推荐的部分污染物毒性参数

序号	污染物名称	污染物英文名	CAS 编号	经口摄入致癌斜率因子 SFo /[mg/(kg·d)]	呼吸吸入致癌斜率因子 SFi /[mg/(kg·d)]	单位致癌因子 URF /(μg/m³)	经口摄入参考剂量 RfDo /[mg/(kg·d)]	呼吸吸入参考剂量 RfDi /[mg/(kg·d)]	参考浓度 RfC /(mg/m³)
金属及无机物									
1	铍	beryllium	7440-41-7	—	8.4 E+0	2.4 E-3	2E-3	—	2E-5
2	铬（Ⅲ）	chromium Ⅲ	18540-29-9	—	—	—	1.5	—	—
3	铬（Ⅳ）	chromium Ⅳ	18540-29-9	4.2 E-1	5.1 E+2	1.5 E-1	0.003	0.003	0.0001
4	钴	cobalt	7440-48-4	—	—	—	0.06	—	1.0E-05
5	镍	nickel	7440-02-0	—	9.1 E-1	2.6 E-4	0.02	—	—
6	钒	vanadium	7440-62-2	—	—	—	0.007	—	—
7	锌	zinc	7440-66-6	—	—	—	0.3	—	—
8	氰化物	cyanide	57-12-5	—	—	—	0.02	—	—
9	砷（无机）	arsenic（inorganic）	7440-38-2	1.5	12	3.3 E-3	3E-4	3E-4	—
10	镉	cadmium	7440-43-9	—	1.5 E+1	4.2 E-3	1E-3	—	—
有机物									
11	苊	acenaphthene	83-32-9	0.6	—	—	0.06	—	—
12	乙醛	acetaldehyde	75-07-0	—	7.0 E-2	2.0 E-5	—	—	0.009
13	丙烯酰胺	acrylamide	79-06-1	4.5	4.5 E+0	1.3 E-3	0.002	—	—
14	丙烯腈	acrylonitrile	107-13-1	0.001	0.24	2.9 E-4	0.54	0.54	2E-3
15	烯丙基氯	allyl chloride	75-36-5	—	2.1 E-2	6.0 E-6	—	—	0.001

续表

有机物

序号	污染物名称	污染物英文名	CAS编号	经口摄入致癌斜率因子 SFo /[mg/(kg·d)]	呼吸吸入致癌斜率因子 SFi /[mg/(kg·d)]	单位致癌因子 URF /(μg/m³)	经口摄入参考剂量 RfDo /[mg/(kg·d)]	呼吸吸入参考剂量 RfDi /[mg/(kg·d)]	参考浓度 RfC /(mg/m³)
16	丙烯酸	acrylic acid	79-0-7	—	—	—	0.5	—	0.001
17	苯胺	aniline	62-53-3	—	5.7E-3	1.6 E-6	—	—	1E-3
18	苯并 [a] 蒽	benzo [a] anthracene	56-55-3	0.73	3.9 E-1	1.1 E-4	—	—	—
19	苯	benzene	71-43-2	0.029	1.0 E-1	2.9 E-5	—	—	—
20	对二氨基联苯	benzidine	92-87-5	230	5.0 E+2	1.4 E-1	3E-3	—	—
21	苯并 [a] 芘	benzo [a] pyrene	50-32-8	7.3	3.9 E+0	1.1 E-3	—	—	—
22	苯并 [b] 荧蒽	benzo [b] fluoranthene	205-99-2	0.73	3.9 E-1	1.1 E-4	—	—	—
23	苯并 [k] 荧蒽	benzo [k] fluoranthrene	207-08-9	0.073	3.9 E-1	1.1 E-4	—	—	—
24	氯化苄	benzyl chloride	100-44-7	0.17	1.7 E-1	4.9 E-5	—	—	—
25	一溴二氯甲烷	bromodichloromethane	75-27-4	0.062	—	—	0.02	—	—
26	二氯乙醚	bis (2-chloroethyl) ether	111-44-4	—	2.5 E+0	7.1 E-4	—	—	—
27	二氯甲醚	bis (chloromethyl) ether	542-88-1	220	4.6 E+1	1.3 E-2	—	—	—
28	1，3-丁二烯	1，3-Butadiene	106-99-0	—	6.0 E-1	1.7 E-4	—	—	—
29	四氯化碳	carbon tetrachloride	56-23-5	0.13	1.5 E-1	4.2 E-5	7E-4	—	—
30	2，3，7，8-四氯二苯并对二噁英	chlorinated dibenzo-p-dioxins	1746-01-6	150000	1.3 E+5	3.8 E+1	—	—	—
31	氯苯	chlorobenzene	108-90-7	—	—	—	0.02	—	0.02

续表

序号	污染物名称	污染物英文名	CAS 编号	经口摄入致癌斜率因子 SFo /[mg/(kg·d)]	呼吸吸入致癌斜率因子 SFi /[mg/(kg·d)]	单位致癌因子 URF /(μg/m³)	经口摄入参考剂量 RfDo /[mg/(kg·d)]	呼吸吸入参考剂量 RfDi /[mg/(kg·d)]	参考浓度 RfC /(mg/m³)
					有机物				
32	氯甲烷	chloromethane	74-87-3	0.013	0.0063	—	—	—	0.3
33	三氯甲烷	chloroform	67-66-3	0.0061	1.9 E-2	5.3 E-6	0.01	—	—
34	屈	chrysene	218-01-9	0.0073	3.9 E-2	1.1 E-5	—	—	—
35	1,2,3-三溴氯丙烷	1,2-dibromo-3-chloropropane	96-12-8	1.4	7.0 E+0	2.0 E-3	—	—	2E-4
36	1,4-二氯苯	1,4-dichlorobenzene	106-46-7	0.024	4.0 E-2	1.1 E-5	—	—	0.8
37	3,3-二氯联苯胺	3,3-dichlorobenzidine	91-94-1	0.45	1.2 E+0	3.4 E-4	—	—	—
38	1,1-二氯乙烷	1,1-dichloroethane	75-34-3	0.6	5.7 E-3	1.6 E-6	0.009	—	—
39	邻苯二甲酸二(2-乙基己)酯	bis(2-ethylhexyl)phthalate	117-81-7	0.014	8.4 E-3	2.4 E-6	0.02	—	—
40	对二甲基氨基偶氮苯	p-dimethylaminoazo-benzene	60-11-7	—	4.6	1.3 E-3	—	—	—
41	2,4-二硝基甲苯	2,4-dinitrotoluene	121-14-2	0.68	3.1 E-1	8.9 E-5	0.002	—	—
42	滴滴伊	DDE	72-55-9	0.34	—	—	—	—	—
43	滴滴涕	DDT	50-29-3	0.34	0.34	—	0.0005	—	—
44	1,4-二氧六环	1,4-Dioxane	123-91-1	0.011	2.7 E-2	7.7 E-6	—	—	—
45	环氧氯丙烷	epichlorohydrin	106-89-8	0.0099	8.0 E-2	2.3 E-5	0.002	—	0.001
46	乙苯	ethylbenzene	100-41-4	—	—	—	0.1	—	1
47	二溴化乙烯	ethylene dibromide	106-93-4	85	2.5 E-1	7.1 E-5	—	—	—
48	二氯乙烷	ethylene dichloride	107-06-2	0.091	7.2 E-2	2.1 E-5	—	—	—

续表

序号	污染物名称	污染物英文名	CAS编号	经口摄入致癌斜率因子 SFo /[mg/(kg·d)]	呼吸吸入致癌因子 SFi /[mg/(kg·d)]	单位致癌因子 URF /(μg/m³)	经口摄入参考剂量 RfDo /[mg/(kg·d)]	呼吸吸入参考剂量 RfDi /[mg/(kg·d)]	参考浓度 RfC /(mg/m³)
					有机物				
49	环氧乙烷	ethylene oxide	75-21-8	1.02	3.1 E-1	8.8 E-5	—	—	—
50	乙烯硫脲	ethylene thiourea	96-45-7	0.11	4.5 E-2	1.3 E-5	8E-5	—	—
51	甲醛	formaldehyde	50-00-0	—	2.1 E-2	6.0 E-6	0.2	—	—
52	六氯苯	hexachlorobenzene	118-74-1	1.6	1.8 E+0	5.1 E-4	0.0008	—	—
53	肼	hydrazine	302-01-2	3	1.7 E+1	4.9 E-3	—	—	—
54	α-六六六	hexachlorocyclohexane, α-(α-HCH)	319-84-6	6.3	6.3	—	—	—	—
55	β-六六六	hexachlorocyclohexane, β-(β-HCH)	319-85-7	1.8	1.8	—	—	—	—
56	茚并[1,2,3-cd]芘	indeno [1,2,3-cd] pyrene	193-39-5	0.73	3.9 E-1	1.1 E-4	—	—	—
57	林丹	lindane	58-89-9	1.3	1.1 E+0	3.1 E-4	0.0003	—	—
58	甲基胆蒽	3-methylcholanthrene	56-49-5	25.5	2.2 E+1	6.3 E-3	—	—	—
59	甲基䓛	5-methylchrysene	3697-24-3	1.2 E+1	3.9 E+0	1.1 E-3	—	—	—
60	4,4'-亚甲基联苯胺	4,4'-methylenedianiline	101-77-9	0.13	1.6 E+0	4.6 E-4	0.0007	—	—
61	萘	naphthalene	91-20-3	—	1.2 E-1	3.4 E-5	0.02	—	0.003
62	硝基苊	5-nitroacenaphthene	602-87-9	—	1.3 E-1	3.7 E-5	—	—	—
63	硝基联苯	6-nitrochrysene	7496-02-8	1.2 E+2	3.9 E+1	1.1 E-2	—	—	—
64	硝基芴	2-nitrofluorene	607-57-8	1.2 E-1	3.9 E-2	1.1 E-5	—	—	—
65	硝基芘	1-nitropyrene	5522-43-0	1.2 E+0	3.9 E-1	1.1 E-4	—	—	—
66	硝基二芘	4-nitropyrene	57835-92-4	1.2 E+0	3.9 E-1	1.1 E-4	—	—	—
67	亚硝基二丁胺	N-nitrosodi-n-butylamine	924-16-3	5.4	1.1 E+1	3.1 E-3	—	—	—

续表

序号	污染物名称	污染物英文名	CAS 编号	经口摄入致癌斜率因子 SFo /[mg/(kg·d)]	呼吸吸入致癌斜率因子 SFi /[mg/(kg·d)]	单位致癌因子 URF /(μg/m³)	经口摄入参考剂量 RfDo /[mg/(kg·d)]	呼吸吸入参考剂量 RfDi /[mg/(kg·d)]	参考浓度 RfC /(mg/m³)
					有机物				
68	甲基乙基亚硝胺	N-nitroso-N-methylethyl-amine	10595-95-6	22	2.2 E+1	6.3 E-3	—	—	—
69	丙胺	N-nitrosodi-N-propyl-amine	621-64-7	7	7.0 E+0	2.0 E-3	—	—	—
70	二乙基-N-亚硝胺	N-nitrosodiethylamine	55-18-5	—	3.6 E+1	1.0 E-2	—	—	—
71	二甲基亚硝胺	N-nitrosodimethylamine	62-75-9	51	1.6 E+1	4.6 E-3	—	—	—
72	N-亚硝基二苯胺	N-nitrosodiphenylamine	86-30-6	0.0049	9.0 E-3	2.6 E-6	—	—	—
73	N-亚硝基二甲胺	N-nitrosodimethylamine	62-75-9	—	1.6 E+1	4.6 E-3	—	—	—
74	N-亚硝基哌啶	N-nitrosopiperidine	100-75-4	37.5	9.4 E+0	2.7 E-3	—	—	—
75	1-亚硝基吡咯烷	N-nitrosopyrrolidine	930-55-2	2.1	2.1 E+0	6.0 E-4	—	—	—
76	五氯苯酚	pentachlorophenol	87-86-5	0.12	1.8 E-2	5.1 E-6	0.03	—	—
77	全氯乙烯	perchloroethylene	127-18-4	0.052	2.1 E-2	5.9 E-6	0.01	—	—
78	多氯联苯	polychlorinated biphenyls	1336-36-3	2E-5	2.0 E+0	5.7 E-4	—	—	—
79	溴酸钾	potassium bromate	7758-01-2	—	4.9 E-1	1.4 E-4	—	—	—
80	环氧丙烷	propylene oxide	75-56-9	2.4 E-1	1.3 E-2	3.7 E-6	—	—	—
81	1,1,2,2-四氯乙烷		79-34-5	0.2	2.0 E-1	5.8 E-5	—	—	—
82	硫代乙酰胺	thioacetamide	62-55-5	—	6.1 E+0	1.7 E-3	—	—	—
83	2,4-甲苯二异氰酸酯	2,4-toluene diisocyanate	584-84-9	—	3.9 E-2	1.1 E-5	—	—	7.0E-05
84	2,6-甲苯二异氰酸酯	2,6-toluene diisocyanate	91-08-7	—	3.9 E-2	1.1 E-5	—	—	—

注：①US EPA Office of Solid Waste. 2012-10-20. Data Collection for the Hazardous Waste Identification Rule Section 15.0 Human Health Benchmarks. http://cfpub.epa.gov/ncea/iris/index.cfm? fuseaction=iris.showSubstanceList；②"—"表示无此项数据

附 录 二

部分污染物毒性参数及致癌性分类权重①

污染物	致癌斜率因子 SF/[mg/(kg·d)]			证据权重	污染物	非致癌参考剂量 RfD/(mg/kg)			证据权重
	经口摄入	呼吸吸入	皮肤接触			经口摄入	呼吸吸入	皮肤接触	
砷	1.50E+00	1.51E+01	1.50E+00	A	铬（三价）	1.50E+00	—	1.95E-02	D
铬（六价）	—	4.20E+01	—	A	汞	3.00E-04	—	2.10E-05	D
镍	—	9.10E-01	—	A	铜	4.00E-02	—	4.00E-02	D
铍	—	8.40E+00	—	B1	锌	3.00E-01	—	3.00E-01	D
镉	—	1.47E+01	—	B1	氰化物	2.00E-02	—	2.00E-02	D
铅	8.50E-03	—	—	B2	甲苯	8.00E-02	1.43E+00	8.00E-02	D
苯	5.50E-02	2.73E-02	5.50E-02	A	乙苯	1.00E-01	2.86E-01	1.00E-01	D
一溴二氯甲烷	6.20E-02	1.30E-01	6.20E-02	A	氯苯	0.00E-02	1.43E-02	2.00E-02	D
三氯乙烯	1.30E-02	7.00E-03	1.30E-02	A	氯甲烷	2.57E-02	2.57E-02	2.57E-02	D
氯乙烯	7.20E-01	1.54E-02	7.20E-01	A	1,4-二氯苯	7.00E-02	2.29E-01	7.00E-02	D
1,2,3-三氯丙烷	3.00E+01	3.00E+01	3.00E+01	B1	苯乙烯	2.00E-01	2.86E-01	2.00E-01	D
四氯化碳	1.30E-01	5.25E-02	1.30E-01	B1	蒽	3.00E-01	3.00E-01	3.00E-01	D
氯仿（三氯甲烷）	3.10E-02	8.05E-02	3.10E-02	B2	芴	4.00E-02	4.00E-02	4.00E-02	D
硝基苯	1.40E-01	1.40E-01	1.40E-01	B2	苯酚	3.00E-01	5.71E-02	3.00E-01	D
1,1-二氯乙烷	5.70E-03	5.60E-03	5.70E-03	B2	六氯环戊二烯	6.00E-03	5.71E-05	6.00E-03	E
1,2-二氯乙烷	9.10E-02	9.10E-02	9.10E-02	B2	锑	4.00E-04	—	6.00E-05	E

续表

污染物	致癌斜率因子 SF / [mg/(kg·d)]			证据权重	污染物	非致癌参考剂量 RfD/(mg/kg)			证据权重
	经口摄入	呼吸吸入	皮肤接触			经口摄入	呼吸吸入	皮肤接触	
1,2-顺式-二氯乙烯	9.1E-02	—	2.6E-06		间二甲苯	2.00E+00	2.00E-01	2.00E+00	
苯并[a]蒽	7.30E-01	3.85E-01	7.30E-01	B2	邻二甲苯	2.00E+00	2.00E-01	2.00E+00	
苯并[a]芘	7.30E+00	3.85E+00	7.30E+00	B2	对二甲苯	2.00E+00	2.00E-01	2.00E+01	
苯并[b]荧蒽	7.30E-01	3.85E-01	7.30E-01	B2	2-氯酚	5.00E-03	5.00E-03	5.00E-03	
苯并[k]荧蒽	7.30E-02	3.85E-02	7.30E-02	B2	4-甲酚	5.00E-03	5.00E-03	5.00E-03	
䓛	7.30E-03	3.85E-02	7.30E-03	B2	2,4-二氯酚	3.00E-03	3.00E-03	3.00E-03	
二苯并[a,h]蒽	7.30E+00	4.20E+00	7.30E+00	B2	2,4-二硝基酚	2.00E-03	2.00E-03	2.00E-03	
茚并[1,2,3-c,d]芘	7.30E-01	3.85E-01	7.30E-01	B2	2,4,5-三氯酚	1.00E-01	1.00E-01	1.00E-01	
苊	7.3E+00	—	2.1E-04	B2	乐果	2.00E-04	2.00E-04	2.00E-04	
艾氏剂	1.70E+01	1.72E+01	1.70E+01	B2	硫丹	6.00E-03	6.00E-03	6.00E-03	
狄氏剂	1.60E+01	1.61E+01	1.60E+01	B2	邻苯二甲酸二乙酯	8.00E-01	8.00E-01	8.00E-01	
氯丹	3.50E-01	3.50E-01	3.50E-01	B2	邻苯二甲酸二丁酯	1.00E-01	1.00E-01	1.00E-01	
滴滴滴	2.40E-01	2.42E-01	2.40E-01	B2	邻苯二甲酸二正辛酯	2.00E-02	2.00E-02	2.00E-02	
滴滴伊	3.40E-01	3.40E-01	3.40E-01	B2	1,1,2-三氯丙烷	5.00E-03	5.00E-03	5.00E-03	
滴滴涕	3.40E-01	3.40E-01	3.40E-01	B2	1,1,1-三氯乙烷	2.00E+00	1.43E+00	2.00E+00	
七氯	4.50E+00	4.55E+00	4.50E+00	B2	芘	6.00E-02	6.00E-02	6.00E-02	
α-六六六	6.30E+00	6.30E+00	6.30E+00	B2	氟化物	6.00E-02	6.00E-02	6.00E-02	
β-六六六	1.80E+00	1.86E+00	1.80E+00	B2	丙酮	9.00E-01	8.86E+00	9.00E-01	
γ-六六六	1.10E+00	1.09E+00	1.10E+00	B2					
毒杀芬	1.10E+00	1.12E+00	1.10E+00	B2					
苯胺	5.70E-03	5.60E-03	5.70E-03	B2					
溴防	7.90E-03	3.85E-03	7.90E-03	B2					

续表

污染物	致癌斜率因子 SF/[mg/(kg·d)]			证据权重	污染物	非致癌参考剂量 RfD/(mg/kg)			证据权重
	经口摄入	呼吸吸入	皮肤接触			经口摄入	呼吸吸入	皮肤接触	
3,3-二氯联苯胺	4.50E-01	1.19E-03	4.50E-01	B2					
2,4-二硝基甲苯	3.10E-01	3.12E-04	3.10E-01	B2					
五氯酚	1.20E-01	1.61E-02	1.20E-01	B2					
2,4,6-三氯酚	1.10E-02	1.09E-02	1.10E-02	B2					
敌敌畏	2.90E-01	2.91E-01	2.90E-01	B2					
邻苯二甲酸二(2-乙基己)酯	1.40E-02	8.40E-03	1.40E-02	B2					
灭蚊灵	1.80E+01	1.79E+01	1.80E+01	C					
邻苯二甲酸丁苄酯	1.90E-03	1.90E-03	1.90E-03	C					
1,1,1,2-四氯乙烷	2.60E-02	2.59E-02	2.60E-02	C					
1,1,2,2-四氯乙烷	2.00E-01	2.03E-01	2.00E-01	C					
四氯乙烯	5.40E-01	2.07E-02	5.40E-01	C					
二溴氯甲烷	8.40E-02	9.45E-02	8.40E-02	C					
三氯甲烷	7.50E-03	1.65E-03	7.50E-03	C					
1,1,2-三氯乙烷	5.70E-02	5.60E-02	5.70E-02	C					
萘	—	1.19E-01	—	C					
1,1-二氯乙烯	5.00E-02	5.71E-02	5.00E-02						
多氯联苯	2.00E+00	2.00E+00	2.00E+00						
3,3-二氯联苯胺	4.50E-01	1.19E-03	4.50E-01						
六氯苯	1.60E+00	1.61E+00	1.60E+00						

①环境保护部. 2012-10-20. 污染场地风险评估技术导则（报批稿）. http://www.zhb.gov.cn/info/bgw/bbgth/200910/t20091009_162122.htm

"—"表示无此项数据